本著作为国家自然科学基金项目
"农机装备人–机–路面耦合系统动力学模型与舒适性多维评价机制的研究"
（项目编号：51405178）及
"农机装备作业人员手臂振动生物力学模型及动态响应特性研究"
（项目编号：51875230）的结题成果

农机装备舒适性评价与工效学设计方法

徐红梅　著

华中科技大学出版社
http://press.hust.edu.cn
中国 · 武汉

内 容 简 介

本书是一本深入研究农机装备舒适性评价与工效学设计方法的著作。在对舒适性的概念进行阐释的基础上,结合农机装备的结构特点与作业环境,对农机装备的舒适性重新进行了分类与界定。选取拖拉机与稻麦油联合收获机两种重要农机装备为研究对象,对其振动舒适性、操纵舒适性以及静态舒适性问题进行系统深入的研究,通过构建舒适性评价指标体系与定量综合评价模型,揭示农机装备人机系统舒适性的影响机制,探析农机装备人机系统工效学动态设计方法与流程,以期促进农机装备人机工效学设计理论与方法的高质量和可持续发展。

本书的研究内容属于国际农机工程领域人机工效学研究的重要方向与研究热点。从研究方法和手段来看,本研究创新地将机械振动理论、多体系统动力学理论、人机工效学理论、动态系统理论、有限元法、虚拟样机动态仿真技术等先进理论与方法相结合,并将其应用于农机装备振动与操纵舒适性研究,可为农机装备舒适性评价与工效学设计提供一种新方法和新途径。

本书可为农机工程与人机工程领域的专家、学者提供理论借鉴与实践参考。

图书在版编目(CIP)数据

农机装备舒适性评价与工效学设计方法 / 徐红梅著 . —武汉: 华中科技大学出版社,2022.12
ISBN 978-7-5680-8885-5

Ⅰ.①农…　Ⅱ.①徐…　Ⅲ.①农业机械－机械设计－舒适性 ②农业机械－机械设计－工效学
Ⅳ.① S220.2

中国版本图书馆 CIP 数据核字(2022)第 207662 号

农机装备舒适性评价与工效学设计方法　　　　　　　　　　　　　　　　徐红梅　著
Nongji Zhuangbei Shushixing Pingjia yu Gongxiaoxue Sheji Fangfa

策划编辑:彭中军	
责任编辑:郭星星	
封面设计:孢　子	
责任监印:朱　玢	
出版发行:华中科技大学出版社(中国·武汉)	电话:(027)81321913
武汉市东湖新技术开发区华工科技园	邮编:430223
录　　排:武汉创易图文工作室	
印　　刷:武汉开心印印刷有限公司	
开　　本:787 mm×1092 mm　1/16	
印　　张:18.25	
字　　数:478 千字	
版　　次:2022 年 12 月第 1 版第 1 次印刷	
定　　价:59.00 元	

本书若有印装质量问题,请向出版社营销中心调换
全国免费服务热线:400-6679-118　竭诚为您服务
版权所有　侵权必究

　　农机装备是建设现代农业的重要物质基础,是实现农业文明生产、农村经济发展和社会进步的基本途径。然而,受自然环境条件与经济发展水平的限制,我国农机装备的研发工作起步较晚。近年来,虽然我国农机产业规模不断扩大,农机装备总量快速增长,但与欧美等发达国家相比,我国农机装备整体发展水平还比较低,科研开发能力和制造工艺水平相对滞后,农机产品仍以技术含量较低的小型与中低端机为主,可靠性比较差,振动与操纵舒适性问题极为突出。

　　农机装备的振动与操纵舒适性研究是涉及多学科的重要课题,目前欧美等发达国家对农机装备振动与操纵舒适性的研究已达到较高的水平。但在我国,农机装备振动与操纵舒适性研究尚未引起足够重视。从目前的报道来看,有关农机装备振动与操纵舒适性的研究并不多,现有研究主要侧重于从某个角度对农机装备的静态舒适性进行定性分析与主观评价,因而无法揭示其舒适性影响机制与变化规律。在生产实践中,农机装备的振动与操纵舒适性亟待提高。上述问题的研究对提升我国农机装备的质量与市场竞争力具有重要的现实意义。

　　本书聚焦农机装备舒适性定量分析与综合定量评价问题,综合运用机械振动理论、多体系统动力学理论、虚拟样机动态仿真技术以及动作元分析法等先进理论与方法,对农机装备的振动舒适性、操纵舒适性、静态舒适性等问题进行系统深入的研究,分析人机系统设计参数与外部环境因素对农机装备舒适性的影响规律,揭示农机装备人机系统舒适性的影响机制,并以此为基础,对农机装备驾驶室与主要操纵装置进行工效学设计,实现系统人机关系的最佳匹配。研究成果不仅为农机装备的舒适性分析与人性化设计提供了科学的参考依据,还为提升农机装备的设计开发能力和制造工艺水平奠定了一定的基础。

　　本书的创新之处在于:(1)以驾驶员全身振动联合加权加速度为评价指标,综合考虑路面激励、人体自身的振动力学特性、人体与座椅之间的耦合作用、农机装备与路面之间的耦合作用等因素对农机装备振动舒适性的影响,构建了农机装备振动舒适性定量分析与综合评价模型,揭示了其振动舒适性的影响机制;(2)以坐姿舒适性与操纵舒适性的综合评分为评价指标,综合考虑操纵装置关键位置参数对农机装备操纵舒适性的影响,创新性地构建了农机装备操纵舒适性定量分析与综合评价模型,揭示了其操纵舒适性的影响机制;(3)根据优化设计理论与系统舒适性影响机制,对农机装备人机系统关键部件与设计参数进行了优化,获得系统最佳人机工程设计方案,实现了系统人机关系的最佳匹配。

　　本书共分 6 章,分别是第 1 章 绪论,第 2 章 农机装备振动舒适性评价与关键部件优化,第 3 章 农机装备操纵过程数字化描述与舒适性评价,第 4 章 农机装备操纵舒适性影响机制及关键参数优化,第 5 章 农机装备工效学设计与静态舒适性评价,第 6 章 总结与展望。书中大量图片以彩图形式给出,但考虑到印刷成本问题,本书依然采用传统的黑白印刷方式,另借助二维码技术将书稿中的彩图集中于章首的二维码中,读者可借助手机等移动设备查看原始彩图,以便更好地理解书稿内容。

　　本书是国家自然科学基金项目"农机装备人－机－路面耦合系统动力学模型与舒适性多维评价机制的研究"(51405178)及"农机装备作业人员手臂振动生物力学模型及动态响应特性研究"(51875230)资助的成果。衷心感谢课题组主要成员樊啟洲、林卫国、黄伟军、肖洋轶、曾荣、李明震、贾桂锋、王晓敏、别丽华、王少伟、文江、王坤殿、向云鹏、周杰、钟文杰、秦增志、刘爽、刘海悦、王成龙、姜威等老师和同学的辛勤努力和付出,感谢国家自然科学基金委员会的资助,感谢各位评审专家提出的修改意见和建议,感谢华中农业大学工学院领导、同事的大力支持与指导,感谢华中科技大学出版社编校老师高质量的编辑与校对,感谢家人对我的理解与付出。

　　由于笔者知识水平及其他条件有限,书中难免存在不足之处,恳请专家、学者和读者提出宝贵意见。

徐红梅
2022 年 9 月于武汉南湖·狮子山
华中农业大学

目录

CONTENTS

第1章
绪论

1.1　研究背景及意义

  农机装备是在农业生产中代替人力和畜力来进行农业耕作的现代化装备,主要包括土壤耕作机械、种植施肥机械以及作物收获机械等。农机装备是建设现代农业的重要物质基础,是实现农业文明生产、农村经济发展和社会进步的基本途径。研发推广农机装备,不仅可以提高农业劳动生产率和土地产出率,而且有利于推动农村生产力的发展和社会主义新农村建设。2014年1月,中共中央、国务院发布《关于全面深化农村改革加快推进农业现代化的若干意见》,明确提出要加快发展农机装备,推进作物生产全程机械化。

  然而,受自然环境条件与经济发展水平的限制,我国农机装备的研发工作起步较晚。近年来,虽然我国农机产业规模不断扩大,农机装备总量快速增长,但与欧美等发达国家相比,我国农机装备整体发展水平还比较低,科研开发能力和制造工艺水平相对滞后,农机产品仍以技术含量较低的小型与中低端机为主,可靠性比较差,舒适性问题极为突出。

  舒适性是衡量农机装备质量与人机工程性能的重要指标。农机装备在田间行走作业的过程中,受农田不平度、工作装置动作、传动系统运转以及自身结构特点等因素的影响,其机体会不可避免地产生强烈振动。机体振动不仅会加速农机装备零部件的磨损,降低其可靠性和使用寿命,而且会降低其振动与操纵舒适性,损害驾驶人员的身心健康,影响行车与作业安全。

  近年来,随着农机科学与人机工效学的发展,人们对农机装备振动与操纵舒适性的要求越来越高。从发展趋势看,提高农机装备的振动与操纵舒适性,已成为当前提升农机产品质量与市场竞争力的重要措施。罗锡文院士曾提出,要采用虚拟仿真技术、人机工程技术等先进设计方法,优化农机装备结构,提高农机装备的使用安全性、可靠性以及舒适性。

  农机装备的舒适性研究是涉及多学科的重要课题,目前欧美等发达国家对农机装备振动与操纵舒适性的研究已达到较高的水平,部分先进农机装备的振动与操纵舒适性甚至堪比豪华轿车。但在我国,农机装备振动与操纵舒适性研究尚未引起足够重视。从目前的报道来看,有关农机装备振动与操纵舒适性的研究并不多,现有研究主要侧重于从某个角度对农机装备的静态舒适性进行定性分析与主观评价,因而无法揭示其舒适性影响机制与变化规律。在生产实践中,农机装备的振动与操纵舒适性亟待提高。上述问题的研究对提升我国农机装备的品质与市场竞争力具有重要的现实意义。

1.2　国内外研究现状及发展动态分析

人机工效学是在 20 世纪 50 年代迅速发展起来的一门新兴的、综合性的边缘学科,主要是以人为中心,通过研究人、机、环境之间的相互关系进行人机协调设计,寻求人与机器之间的最优匹配,最大限度地发挥机器系统的功效,同时使人获得安全、健康、舒适的工作体验。经过近 70 年的发展,人机工效学的理论与方法已日趋完善,目前已被应用于汽车工程、航空航天、高速铁路等对人机舒适性要求较高的领域。

农机装备是国民经济建设的重要基础设备,但目前国内外对农机装备人机工程的研究远不及汽车及航空航天工程那么广泛和深入。近年来,随着其产业规模的不断扩大,农机装备在工农业生产中的应用越来越广泛,其复杂的作业环境和恶劣的作业条件对其人性化设计也提出了更高的要求,农机装备人机工效问题逐渐引起人们的关注。目前,国内外针对农机装备人机工效问题的研究主要集中于驾驶室工效学设计与舒适性评价两个方面。

一、农机装备舒适性分析与评价

舒适性是人机工效学中一种较为常见的主观状态表达,含义较广,目前尚无统一的标准定义。对农机装备而言,舒适性是评价其总体性能的重要指标,农机装备的舒适性主要包括静态舒适性、振动舒适性以及操纵舒适性。静态舒适性是农机装备在完成设计环节之后所确定下来的一种固有品质属性,振动与操纵舒适性研究的最终目标是实现装备的舒适性设计,使其更加符合产品的人性化需求。近年来,随着人机工效学的发展,以及"以人为本"的设计理念在农机产业的日益深入,舒适性研究已逐渐引起相关企业和研究机构的关注,并在基础理论和关键技术研究方面取得一定的成果。以下分别从静态舒适性、振动舒适性以及操纵舒适性三个方面对农机装备舒适性研究的进展进行阐述。

1.农机装备静态舒适性研究

静态舒适性是指农机装备在静止状态下提供给人体的舒适特性,强调的是人体测量参数与驾驶室结构参数之间的静态匹配关系,与驾驶座椅结构形式、几何参数、调节特性、人体坐姿及生理特征等因素有关。静态舒适性研究主要以 HFE 理论为基础,根据人体舒适坐姿要求和人体测量数据,对农机装备驾驶室内部结构布局、座椅结构形式及调整参数进行舒适性分析和人性化设计。

根据文献报道,当前有关农机装备静态舒适性的研究并不多。代表性的研究工作如下:Mehta

等发表综述性文章，从生物力学角度对拖拉机驾驶坐姿舒适性要求与坐姿不舒适度评价模型及方法进行论述；Mehta 等采用正弦激励对 9 种不同的拖拉机坐垫材料阻尼特性进行测试分析，发现材料密度、厚度及成分对阻尼特性具有重要影响，高密度聚氨酯基坐垫材料对振动更具抑制作用；Mehta 等基于人体测量学与生物力学因素对拖拉机座椅优化设计方法进行了阐述；王余锐等以某联合收获机驾驶室为研究对象，以驾驶室显示面板、操纵台模型及驾驶员坐姿模型为基础，通过操纵杆与控制台的可达性分析及驾驶员的视野模拟，对驾驶室进行人机工程分析与设计。

上述研究工作主要从人机工效学原理出发，结合人体坐姿舒适性要求，提出驾驶室结构参数设计建议，尚未涉及具体的分析方法和定量评价模型，因而难以对农机装备的静态舒适性进行客观分析和定量评价。

2.农机装备振动舒适性研究

振动舒适性亦称动态舒适性，是指农机装备在运动状态下通过座椅骨架及坐垫将机体振动传递到人体的舒适特性，强调的是机体振动对人体舒适感受、疲劳甚至健康的影响，因此与座椅动态特性、人体振动特性、人体与座椅动态接触压力以及座椅振动传递特性等因素密切相关。

为提升农机产品的质量与市场竞争力，近年来，世界各国都相继投入大量人力物力对其振动舒适性进行仿真分析与试验研究，并取得丰富的研究成果。代表性的研究工作有：Hostens 等提出一种改进的农机座椅被动空气悬架系统，相比传统被动悬架系统，该悬架系统具有更好的振动衰减性能；Temmerman 等构建了农机驾驶室悬置系统的线性数学模型，并在其基础上对悬置系统的阻尼特性参数进行优化；Marsili 等针对不同的作业环境，对拖拉机座椅振动衰减与传递特性进行了试验研究；李帅等基于波形处理和模型假设构建了拖拉机座椅的振动模型，并在其基础上对座椅弹性系数、阻尼系数、固有频率等动态特性参数进行分析研究；Shu 等通过适当简化，采用拉格朗日法建立收获机五自由度动态振动方程，并在路面随机激励与脉冲激励下对收获机的平顺性进行仿真分析；孔德刚等通过模拟拖拉机座椅振动状态，研究座椅振动加速度与频率对受试者腰部多裂肌 iEMG、竖脊肌 iEMG、心率变化以及身体疲劳的影响规律，为拖拉机座椅的舒适性设计提供参考依据。

综上分析，近年来国内外在农机装备振动舒适性研究方面已取得重要进展，但鉴于各方面条件的限制，现有研究未能综合考虑路面激励、人体自身的振动力学特性、人体与座椅之间的耦合作用、农机装备与路面之间的耦合作用等因素对其振动舒适性的影响，因而无法对农机装备的振动舒适性进行综合评价。

3.农机装备操纵舒适性研究

操纵舒适性是指驾驶员在不同的外部环境以及不同的状态之下，在一定的时间内，对农机装备相关操纵装置进行操纵时，所感受到的难易程度和舒适程度。操纵舒适性是操纵装置设计过程中的人性化考虑，因此与操纵装置的布局、反作用力、材料形状以及外部环境等因素密切相关。

与静态舒适性与振动舒适性相比，目前关于农机装备操纵舒适性的研究较少，但也不乏创新性成果。例如，Dewangan 等通过在扶手与驾驶员手臂不同位置安装振动加速度传感器、力传感器以及适配器，在不同的田间作业环境下，对手扶拖拉机驾驶员手臂系统的振动传递特性、振动能量吸收特性以及人体主观疼痛感受进行试验研究；徐清俊等依据人机工效学（早年称"人机工程学"）理论对拖拉机换挡操纵装置进行改进优化；应义斌、张立彬等基于理论分析与模态计算及振动测试相结合的方法，对拖拉机与旋耕机扶手的振动与动态特性进行研究，并在其基础上对扶手结构进行优化设计。

上述研究工作主要侧重于对农机装备操纵装置的某一种或某一类物理特性与驾驶员的交互作用进行分析研究，研究过程注重人体感受的主观表达和人体状态参数的定性描述，同时对操纵过程的动态特性与时间累积效应也有所忽略，因而难以对农机装备的操纵舒适性进行量化分析和综合评价。

二、农机装备驾驶室工效学设计

农机装备驾驶室是一个复杂的"人－机－环境"交互系统，是驾驶员与农机装备之间进行信息传输和人机对话的基本界面，其工效学设计主要是根据操作者的生理特征、心理特点以及作业习惯等因素，结合人机工效学设计原则，对驾驶室内作业空间及操纵装置进行设计与优化，为驾驶员提供一个方便而舒适的工作环境，其设计是否得当直接关系到整个人机系统的舒适性、安全性及工作效率。早在20世纪50年代，欧美的工业设计师就已经认识到农机装备驾驶室工效学设计的重要性，并开始尝试将汽车人机工效学相关理论和方法应用于拖拉机驾驶室设计，提出了全封闭驾驶室的概念。

但是在我国，农机装备的人机工效问题长期不为人所关注。直到20世纪80年代，全国人类工效学标准化技术委员会与中国人类工效学学会成立，原北京农业工程大学的周一鸣教授率先开始了拖拉机人机工效学研究，提出了拖拉机设计中的人机工效学原理，主编出版了《拖拉机人机工程学》，这是我国首本农机装备人机工效学理论专著。自20世纪50年代发展至今，农机装备人机工效学研究已有近70年的历史，期间主要经历了两个发展阶段。

第一个阶段：从20世纪50年代开始至20世纪末，此阶段农机装备人机工效学研究尚处于起步阶段，相关理论与方法还不够成熟。农机装备工效学设计主要借鉴汽车人机工效学相关理论与方法，根据J1100硬点尺寸、J826人体模型H点、J941眼椭圆、J1516踏板参考点以及J1052头部包络线等SAE人机工程标准，同时参考ISO 4253、ISO/TR 3778等国际标准，采用二维人体平面模型（图1-1所示）对驾驶室进行设计与校核，其设计过程是一个反复协商与调整的过程，以人工计算为主，周期长、成本高，而且仅适用于驾驶员静态行为的研究，但仍被国内外专家学者所广泛采用。如，Chisholm、Shao等人通过对拖拉机驾驶室座椅、操纵装置等进行设计分析，不仅给出了座椅与主要操纵装置的取值范围和最佳尺寸参数，而且对其舒适性设计准则进行了归纳总结。

第二个阶段：从21世纪初至今，是农机装备人机工效学设计理论与方法发展最为迅速的时期。截至2010年，仅国际标准化组织就已颁布了62项拖拉机人机工程设计标准。此外，中国国家标准化管理委员会也颁布了多项用于农机装备人机工程设计的标准和文件。与此同时，随着计算机技术与人体测量学的不断发展，以CATIA、Jack、RAMSIS为代表的三维数字人体建模系统也迅速开发出来，这些系统集成了人机工效学的基本理论、设计标准以及各种人体尺寸数据库，不仅具有强大的人体建模功能，而且能够完成各种复杂的人机工程分析任务。与SAE所提供的二维人体模型不同，采用三维数字人体建模系统所建立的虚拟人体属于人体运动学模型，因而可用于驾驶员动态行为的仿真。因此,在本阶段,农机装备工效学设计主要是基于各种人机工程仿真分析软件,同时结合美国 SAE 与中国 GB 相关标准,建立驾驶员的三维数字人体运动模型(图 1-2 所示),并以此为基础,对驾驶室的人机工程性能进行仿真分析与优化。

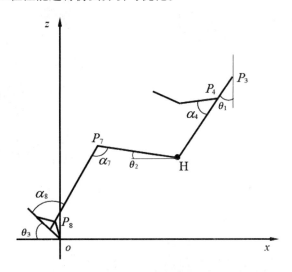

图 1-1　二维人体平面模型 - 杆状图

注：x、z 分别表示二维人体模型侧视图的水平与竖直方向；P_3 为头颈关节；P_4 为肩关节；P_7 为膝关节；P_8 为踝关节；α_4 为上臂与躯干的夹角；α_7 为小腿与大腿的夹角；α_8 为踏板平面与小腿之间的夹角；θ_1 为躯干与竖直方向之间的夹角；θ_2 为水平面与大腿之间的夹角；θ_3 为水平面与踏板平面之间的夹角。

代表性的研究工作有：Giuseppe 等人以 CATIA 软件为工具,建立了某拖拉机整机参数化模型与驾驶员数字人体的耦合模型,并根据姿势角度对驾驶员位姿进行分析与评估,调整操纵装置的形状与位置参数,对驾驶室进行重新设计与优化；Issachar, Wu 等人采用 Jack 软件建立了拖拉机驾驶室三维模型与驾驶员坐姿数字人体的耦合模型,对驾驶员视野、可伸及性等进行仿真分析,以此对驾驶室进行改进设计；Daniel 等人针对某拖拉机驾驶室,采用 RAMSIS 与 Jack 软件相结合的方法,建立了驾驶员坐姿数字人体模型,并对其驾驶姿势进行分析预测,获得了最舒服的驾驶姿势,同时对驾驶员的可伸及性与舒适性区域进行可视化分析,指出了驾驶室设计存在的不足,并对驾驶室布置进行了舒适性优化设计；梁海莎采用 CATIA 软件建立了拖拉机驾驶员三维数字人体模型,并按 H 点将其装配到拖拉机驾驶室内,建立驾驶室人机系统模型,对驾驶员上肢运动与脊椎压力进行分析与评价；苏珂等为改善某电动拖拉机的驾驶环境,采用 Jack 软件建立了驾驶员坐姿虚拟模型,并将其与 Rhino 软件中所建立的驾驶室模型进行组合,对驾驶员视野、上肢可达性以及操纵姿势舒适性进行分析,鉴别拖拉机驾驶室设计存在的缺陷；郭晖等根据人机工程相关理论,采用 RAMSIS 软件建立了拖拉机驾驶室与数字人体的耦合模型,对驾驶员的舒适性(坐姿舒适性、换挡舒适性)、仪表板盲区、后视镜视野以及手伸及范围进行分析与评价。此外,本课题组也对某拖拉机驾驶室作业空间及主要操纵装置进行了重新布局和设计,搭建了一套驾驶操纵试验平台,并将其模型与 CATIA 软件所建立的驾驶员三维数字人体模型进行组合,构建了驾驶室人机工程仿真分析系统(图 1-3 所示),对驾驶员的坐姿舒适性与操纵可达性进行了仿真分析。

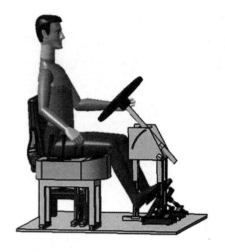

图1-2 驾驶员三维数字人体运动模型   图1-3 驾驶室人机工程仿真分析系统

1.3 研究目标及主要研究内容

一、研究目标

本书主要有三个研究目标:①构建农机装备振动舒适性定量分析与综合评价模型,揭示农机装备振动舒适性的影响机制;②构建农机装备操纵舒适性定量分析与综合评价模型,揭示农机装备操纵舒适性的影响机制;③提出农机装备人机系统工效学动态设计方法与流程,并据此对农机装备关键部件进行优化,获得系统最佳人机工程设计方案,实现系统人机关系的最佳匹配。

二、主要研究内容

本书主要以拖拉机与稻麦油联合收获机两种重要农机装备为研究对象,从人机工效学角度出发,综合运用机械振动理论、多体系统动力学理论、动作元分析法以及虚拟样机动态仿真技术,对农机装备的舒适性问题进行深入研究。

具体研究内容如下:

1.农机装备振动舒适性仿真分析与试验研究

1)农机装备人－机－路面耦合系统的建模与仿真

基于多体系统动力学理论与虚拟样机动态仿真分析技术,并结合人体动力学建模,建立农机装备人－机－路面耦合系统的动力学模型,并在其基础上对动态环境下的座椅振动特性、人体振动特性、振动传递特性以及人体与座椅动态接触压力等进行仿真研究,探讨座椅系统动力学参数对农机装备振动舒适性的影响规律,从而为座椅系统的优化设计提供参考依据。同时根据座椅振动特性、人体振动特性以及人体与座椅振动传递特性的仿真结果,对农机装备的振动舒适性进行分析和评价。

2)农机装备驾驶员的主观疲劳度分析

为验证仿真分析与评价结果的准确性与可靠性,采用 Likert 主观评价法对农机装备的振动舒适性进行评价。选取心脏、头部、肩部、背部、手臂以及臀部等关键部位作为疲劳评价部位,根据农机装备作业状态对其进行振动模拟试验,根据受试者的主观疲劳感受,参照疲劳感受评价标准对设定部位的疲劳程度进行评价。

2.农机装备操纵舒适性定量分析与综合评价

1)农机装备操纵过程的数字化描述

以方向盘、脚踏板、操纵杆等农机装备操纵装置为研究对象,采集其操纵过程中的操纵力与位移等基础数据,提取操纵过程中的动作元;采用预定动作时间标准法和多重模糊属性群决策法确定各动作元的时间约束及各设计因素的影响权重,建立多动作元耦合组矩阵,并采用该矩阵对农机装备的操纵过程进行数字化描述。

2)农机装备操纵舒适性的多维评价

以操纵过程数字化描述矩阵为基础,构建农机装备操纵装置舒适性多维评价模型,并利用动作元矩阵与设计目标的贴近度信息对操纵装置的舒适性进行定量分析和综合评价;利用负面因素追踪函数,对影响操纵装置舒适性的负面设计因素进行分析,揭示操纵装置设计因素与其舒适性之间的关系,为操纵装置舒适性优化设计提供信息反馈与数据支持。

3.农机装备操纵装置舒适性影响机制分析

基于人机工效学理论,建立农机装备操纵装置舒适性多级评价指标体系,并根据该指标体系,结合单因素与响应面试验,对驾驶室内座椅、方向盘、脚踏板以及操纵杆四个操纵装置的舒适性进行定量分析与综合评价,深入分析不同位置参数及其交互作用对各操纵装置舒适性的影响机制,并以此为基础,对各操纵装置的关键位置参数进行优化。

4.农机装备驾驶室及主要操纵装置工效学设计

以农机装备振动与操纵舒适性仿真分析和多维评价结果为基础,根据人机工效学与优化设计理论,并结合农机装备的作业环境与特点及国外农机装备舒适性设计的成熟理念,提出农机装备驾驶室舒适性设计的基本要求与思路,并据此对我国农机装备座椅、方向盘、脚踏板、操纵杆、仪表板以及作业空间等进行舒适性优化设计和布局,提高农机装备的振动与操纵舒适性,使其更加符合产品的人性化需求。

1.4 研究思路与研究方法

一、研究思路

本研究以改善农机装备的振动与操纵舒适性,提升产品质量与市场竞争力为目标,通过建立人－机－路面耦合系统动力学模型与操纵装置舒适性多维评价模型,对农机装备的振动与操纵舒适性进行仿真分析和综合评价,并以此为基础,结合人机工程与优化设计理论,对农机装备的主要操纵装置进行舒适性优化设计。图1-4所示为本研究的整体学术思路。

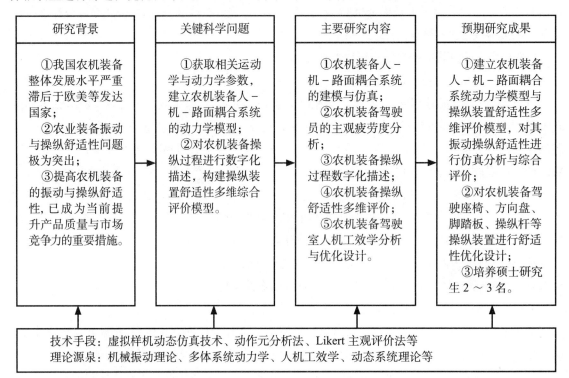

图 1-4   课题研究的整体学术思路

二、研究方法

1.农机装备人–机–路面耦合系统的建模与仿真

虚拟样机技术以仿真技术、建模技术及可视化技术为基础,利用虚拟样机代替物理样机,可以在产品推出之前对其性能、行为、功能以及可制造性进行分析和预测,从而对设计方案进行评估和优化。基于此,本书主要采用虚拟样机动态仿真技术,并结合多体系统动力学理论与人体建模方法,建立面向振动舒适性研究的农机装备人－机－路面耦合系统动力学模型。MSC.ADAMS是目前应用最为广泛的一种机械系统仿真分析软件,具有强大的建模、求解及后处理功能,因此本课题采用ADAMS软件平台,建立农机装备人－机－路面耦合系统动力学模型。以某轮式稻麦油联合收获机为例,其建模过程如下:

1)确定系统模型参数

模型参数是创建多体系统动力学模型的重要基础,参数精度对模型仿真分析结果具有重要影响。联合收获机的模型参数主要包括几何定位参数(相对位移、角度等)、运动学参数(速度、加速度等)、质量特性参数(质量、质心、转动惯量等)以及力学特性参数(刚度、阻尼等)。本课题拟采用理论计算、实验分析以及CAD建模相结合的方法确定农机装备人－机－路面耦合系统的模型参数。

2) 建立联合收获机虚拟样机模型

联合收获机的结构比较复杂,主要包括由割台、液压升降操纵机构、作物输送器、脱粒清选机构、收粮舱构成的收获系统,由传动机构、行走底盘构成的行走系统以及由发动机、传动装置构成的动力系统三大部分。考虑到联合收获机结构的复杂性,本课题拟将联合收获机多体系统拓扑成收获系统、行走系统以及动力系统三个独立的子系统,然后根据物理样机原始尺寸参数及步骤 1) 所确定的各种模型参数,采用 ADAMS/View 模块分别建立每个子系统的虚拟样机模型,再对每个子系统进行运动学仿真。在确保每个子系统仿真分析基本符合实际之后,再利用 ADAMS 软件的合并功能函数(Merge 命令)对子系统模型进行组合,最终得到收获机整机的虚拟样机模型。

3) 建立驾驶员坐姿人体模型

ADAMS.LifeMOD 是在 ADAMS 系统基础上发展起来的一种先进的人体运动学与动力学仿真分析软件,不仅可以用于建立任何生物系统的生物力学模型,而且所建立的人体模型可以方便地与 ADAMS/View 所建立的任何机械系统进行耦合分析,因此可以精确模拟人体模型与器械及环境相接触时的相互作用。基于此,本课题采用 LifeMOD 软件建立联合收获机驾驶员人体坐姿模型,其建模过程主要包括人体创建、关节设置、软组织设置以及姿势设置四个环节。

4) 建立路面激励模型

3D 道路模型主要分为 3D 等效容积路面和 3D 样条道路两种。3D 等效容积路面模型由一系列连续的三角形平面单元组成,可以对每个路面单元设置静摩擦系数和动摩擦系数,因此可以更真实地模拟实际路面不平度。基于此,本课题采用 3D 等效容积路面模型模拟联合收获机的田间作业环境。基于 ADAMS 的道路模型主要通过后缀名为 .rdf 的属性文件来表达,本课题采用三点构成法编制 3D 等效容积路面模型的频域频谱文件(.rdf),创建田间路面激励模型。

5) 建立人 - 机 - 路面耦合系统动力学模型

LifeMOD 软件具备把不同模型文件合并为一个模型的功能,因此本课题拟采用 LifeMOD 软件对步骤 2)、3)、4) 所建立的收获机虚拟样机模型与驾驶员坐姿人体模型及路面激励模型进行合并,构建收获机人 - 机 - 路面耦合系统动力学模型。合并时,首先采用 LifeMOD 软件打开坐姿人体模型,然后通过 "File → import" 菜单载入收获机虚拟样机模型与路面激励模型,选择 "Tools → Merge Two Models",即可对以上模型进行合并,得到收获机人 - 机 - 路面耦合系统动力学模型。

6) 收获机振动舒适性仿真分析与评价

以步骤 5) 所建立的收获机人 - 机 - 路面耦合系统动力学模型为基础,针对不同的行车速度,分别以座椅和人体各部位为测量点,测量座椅和人体各部位三个轴向的振动加速度,深入研究座椅振动特性、人体振动特性以及振动传递特性等,通过调整座椅系统动力学参数,探讨座椅动力学参数对人体振动特性的影响,从而为座椅系统的优化设计提供参考依据。

关于收获机的振动舒适性,课题拟从三个方面对其进行分析和评价。一是基于人体振动特性仿真结果,借鉴车辆振动舒适性评价标准与方法,计算坐姿人体躯干中心、头部、颈椎、手、脚等重要部位的振动加速度功率谱密度与 1/3 倍频程加速度均方根值,通过对 1/3 倍频程加速度均方根进行部位加权和频率加权,得到人体二次加权加速度均方根值,并以此作为人体振动舒适性综合评价指标,对农机装备的振动舒适性进行评价;二是基于座椅振动特性仿真分析结果,参照《农业轮式拖拉机和田间作业机械－驾驶员全身振动的测量》(GB/T 10910—2020)与《农业轮式拖拉机驾驶员全身振动的评价指标》(GB/T 13876—2007)标准,根据公式 $a_w = \sqrt{(1.4a_{wx})^2 + (1.4a_{wy})^2 + a_{wz}^2}$,计算驾驶员全身振动联合加权加速度 a_w,并以此作为农机装备振动舒适性的评价指标,对农机装备进行振动舒适性评价;三是基于人体座椅系统的振动传递特性数据,如座椅振动输出与输入比、座椅与人体各部位振动传递函数等,对农机装备的振动舒适性进行分析和评价。

至此,已通过联合收获机人－机－路面耦合系统的建模与仿真,完成其振动舒适性的分析和评价,其分析评价流程如图 1-5 所示。

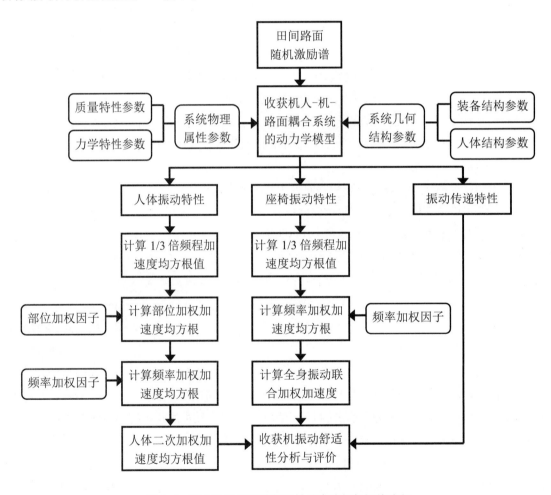

图 1-5 联合收获机振动舒适性仿真分析与评价流程

2.农机装备驾驶员的主观疲劳度分析

为验证上述仿真分析与评价结果的准确与可靠性,本课题采用了国际通用的 Likert 主观评价法对联合收获机的振动舒适性进行评价。首先选取心脏、头部、肩部、背部、手臂以及臀部等对农机装备机械振动比较敏感的身体部位作为疲劳评价部位,然后根据农机装备田间作业状态对其进行振动模拟试验。试验结束后,由受试者根据自己的主观疲劳感受,参照疲劳感受五级评分标准,对设定部位的疲劳程度进行打分和评价,并在此基础上分析研究座椅振动加速度对受试者身体不同部位的影响。

3.农机装备操纵舒适性定量分析与综合评价

1)农机装备操纵过程的数字化描述

操纵舒适性是农机装备舒适性研究的重要分支。目前相关研究主要立足于模糊分析、主观评价以及试验验证,因此很难为操纵装置的舒适性设计提供准确可靠的数据支持。动作元分析基于"微元分割"的思想,通过对操纵过程进行动作元分解,利用多动作元耦合组矩阵对操纵过程进行数字化描述。基于此,本课题采用了动作元分析法对农机装备的操纵过程进行数字化描述,并以此作为操纵装置舒适性分析和综合评价的数据基础。

基于动作元分析的操纵过程数字化描述过程如下:首先采集农机装备操纵力与位移等基础数据,提取操纵过程中的动作元;之后分别采用预定动作时间标准法和多重模糊属性群决策法,确定各动作元的时间约束及各设计要素对操纵装置舒适性的影响权重;以动作元时间约束和各因素权重约束为耦合系数对动作元进行组合,建立多动作元耦合组矩阵,实现操纵过程的数字化描述。以稻麦油联合收获机为例,假设其操纵过程 P 由 m 个动作元组成,则该操纵过程可以描述为

$$P = \sum_{k=1}^{m} \lambda_k M\left(\{w_{B_i} B_i\}, \{w_{S_j} S_j\}\right)_k \tag{1-1}$$

式中,$M(\ )_k$ 表示第 k 个动作元;λ_k 表示第 k 个动作元的时间约束系数;B_i 表示动作元第 i 个基本属性;S_j 表示动作元第 j 个辅助属性;w_{B_i} 表示第 i 个基本属性的权重系数;w_{S_j} 表示第 j 个辅助属性的权重系数。

对式(1-1)进行矩阵分解,则有

$$P = \{w_{B_i}, w_{S_j}\} \begin{bmatrix} & M_1 & M_2 & \cdots & M_m \\ B_i & x_{B_1} & x_{B_2} & \cdots & x_{B_m} \\ & \vdots & \vdots & & \vdots \\ S_j & x_{S_1} & x_{S_2} & \cdots & x_{S_m} \end{bmatrix} \{\lambda_k\} \tag{1-2}$$

式中,x 表示操纵过程各动作元各个特征属性的量值;$\{w_{B_i}, w_{S_j}\}$ 表示动作元属性集的权重。

2)农机装备操纵舒适性的多维综合评价

农机装备的操纵舒适性由多种设计因素共同决定,而且不同的设计因素对人体舒适感的影响规律也不相同,因此必须综合考虑各设计因素对操纵舒适性的影响,建立其多维综合评价模型。模型构建过程如下:

①建立多维属性复合矩阵 R_{mn}。

将式(1-2)中动作元耦合组矩阵代入物元模型 $R(M, C, x)$,建立动作元多维属性复合矩阵 R_{mn},其表达式为

$$R_{mn} = (x_{pq})_{m \times n} \tag{1-3}$$

式中,M 表示以多动作元耦合组描述的操纵过程;C 表示操纵过程的属性;x_{pq} 表示第 p 个动作元第 q 个属性对应的参数值。

②建立从优隶属度矩阵 $\tilde{R}_{mn}$。

矩阵 R_{mn} 中各属性参数值 x_{pq} 表示舒适性设计标准中对应评价指标的参数值隶属程度,若用 I

(x_{pq}) 表示 x_{pq} 所对应的满足舒适性设计的标准值,则其从优隶属度为

$$u_{pq} = \frac{x_{pq}}{I(x_{pq})} \qquad (1-4)$$

从优隶属度矩阵可表示为 $\tilde{R}_{mn} = (u_{pq})_{m \times n}$。

③建立差平方复合矩阵 R_Δ。

提取矩阵 $\tilde{R}_{mn}$ 中各评价属性隶属度最大值构成标准矩阵 R_{0n},计算标准矩阵与从优隶属度矩阵各项差的平方 $\Delta_{pq} = (u_{0q} - u_{pq})^2$,构建差平方复合矩阵,其表达式为

$$R_\Delta = (\Delta_{pq})_{m \times n} \qquad (1-5)$$

④建立操纵过程贴近度矩阵 $R_{\rho H}$。

贴近度表示属性参数值与对应指标之间相互接近的程度,因此可根据贴近度大小与标准值对各评价项进行优劣排序和类别划分。考虑到农机装备操纵过程具有连续性,本课题采用欧氏贴近度 ρH_p 作为评价系数来构建贴近度矩阵,其表达式为

$$R_{\rho H} = \begin{bmatrix} \rho H_1 & \rho H_2 & \cdots & \rho H_p \end{bmatrix} \qquad (1-6)$$

式中,$\rho H_p = 1 - \sqrt{\sum_{q=1}^{n} w_q \Delta_{pq}}$;w_q 表示第 q 个影响因素的权重系数。

根据 ρH_p 序列信息,预设舒适性评价等级区间,即可对操纵装置舒适性进行多维评价。

⑤建立负面因素追踪函数 N_{data}。

根据动作元贴近度 ρH_p 的排序状况选择需要改进的动作元,并以该动作元的 n 个属性作为矩阵的 n 个列向量,结合每个属性的设计指标进行贴近度计算,筛选与该动作元相关联、对操纵舒适性产生负面影响的设计因素,即可定义多个设计因素影响下操纵舒适性优化的目标函数,即负面因素追踪函数,其表达式为

$$N_{data} = \left\{ \xi(M_k \cup B_i \cup S_j) \middle| \rho H_\xi = \max_{\forall \xi \in (1,N)} \left(1 - \rho H_\xi\right) \right\} \qquad (1-7)$$

式中,ρH_ξ 表示动作元贴近度系数;$\max\limits_{\forall \xi \in (1,N)} \left(1 - \rho H_\xi\right)$ 表示与舒适性目标差异最大的贴近度值。

至此,已通过动作元分析完成农机装备操纵过程的数字化描述和操纵舒适性的多维综合评价,其评价流程如图 1-6 所示。

4.农机装备操纵舒适性影响机制分析

首先,基于人机工效学理论,同时结合拖拉机与联合收获机的驾驶室空间布局,搭建一台具有多自由度的农机装备驾驶室操纵舒适性试验平台;其次,全面梳理农机装备操纵装置舒适性评价指标,深入剖析各指标的影响因素,构建农机装备操纵舒适性多级评价指标体系;再次,根据操纵舒适性多级评价指标体系,结合单因素与响应面试验,对驾驶室内座椅、方向盘、脚踏板以及操纵杆四个操纵装置的舒适性进行定量分析与综合评价,深入分析不同位置参数及其交互作用对各操纵装置舒适性的影响机制;最后以此为基础,对各操纵装置的关键位置参数进行优化。

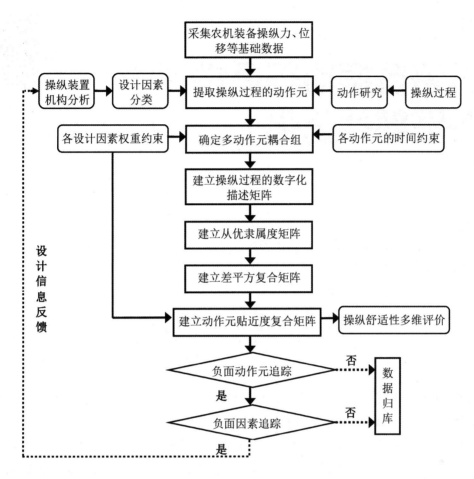

图1-6　农机装备操纵舒适性多维评价流程

5.农机装备驾驶室人机工程分析与舒适性优化设计

振动与操纵舒适性研究的最终目的是实现农机装备的舒适性优化设计。舒适性优化设计是未来农机装备设计的必然要求。对农机装备进行舒适性优化设计,不仅可以改善驾驶员的操作舒适性,降低其疲劳强度,而且对提高驾驶员作业效率,确保其作业安全具有十分重要的作用。基于此,本书以轮式拖拉机与稻麦油联合收获机两种重要农机装备为研究对象,根据其作业环境与作业特点,提出驾驶室各装置的设计目标,并以人机工程与优化设计相关理论为基础,借鉴国外农机装备舒适性设计的成熟理念,提出农机装备驾驶室舒适性优化设计的基本要求和思路。同时根据中国人体尺寸特点,综合运用各种现代设计方法和手段,对轮式拖拉机与稻麦油联合收获机的座椅、操纵装置(如方向盘、脚踏板、操纵杆等)、仪表板以及作业空间等进行优化设计,以提高农机装备的振动与操纵舒适性,使其更加符合产品的人性化需求。

第2章
农机装备振动舒适性评价与关键部件优化

─

2.1 引 言

  联合收获机是一种重要的农机装备,具有广泛的应用前景。联合收获机是在传统收获机的基础上,通过添加竖割刀、改进脱粒清选装置而开发出的一种能一次性地完成作物的收割、脱粒以及清选等各项作业并最终获得清洁籽粒的机械,通常由动力系统、行走系统、收获系统以及其他系统组成。实践表明,大力研发推广联合收获机不仅可以提高农业劳动生产率和土地产出率,而且有利于推动农村生产力的发展。

  然而,受自然环境条件与经济发展水平的限制,我国联合收获机的研发工作起步较晚。近年来,虽然我国联合收获机产业规模不断扩大,水稻、小麦、油菜收获机械总量快速增长,但与欧美发达国家相比,我国的水稻、小麦、油菜收获机械发展水平还比较低,科研开发能力和制造工艺水平相对滞后。联合收获机仍以技术含量较低的小型机与中低端机型为主,其可靠性较差,振动安全性与舒适性问题尤为突出。

  振动舒适性是衡量联合收获机产品质量与人机工程性能的重要指标。联合收获机在田间行走作业时,受农田不平度、工作装置动作、传动系统运转以及自身结构特点等因素的影响,其机体会不可避免地产生强烈振动。机体振动不仅会加速收获机零部件的磨损,降低其可靠性和使用寿命,而且会通过座椅、踏板、扶手等部件传递到人体,损害驾驶员的身心健康,影响行车与作业安全。因此,必须综合考虑作业环境与振动激励等因素对收获机振动舒适性的影响,对收获机的结构进行改进与优化,以提高其振动舒适性与可靠性。

  基于此,本研究选取某稻麦油联合收获机为研究对象,综合运用机械振动理论、多体系统动力学理论、虚拟样机动态仿真技术以及有限元法等先进理论与方法,采用 Solidworks、HyperMesh、

ANSYS 以及 RecurDyn 等软件相结合的方式,建立收获机人－机－路面系统的刚柔耦合虚拟样机模型,并在此基础上对驾驶员的振动舒适性进行仿真分析与试验研究;之后采用 HyperMesh 软件对收获机车身进行模态分析与计算,并根据模态分析结果对车身厚度进行优化,提高收获机车身的一阶固有频率,以免车身与外部激励产生共振。相关研究成果可为收获机的舒适性优化设计提供一定的参考依据。

2.2　稻麦油联合收获机结构特点及振动激励分析

稻麦油联合收获机作业环境复杂、振动激励较多,易引发驾驶员的不舒适感。因此振动激励的创建是稻麦油联合收获机振动舒适性仿真分析的关键所在。为了更合理、准确地创建收获机的振动激励,必须结合收获机自身结构特点分析振动激励的来源与表现形式。本节主要介绍稻麦油联合收获机的工作原理,分析稻麦油联合收获机振动激励的来源及其表现形式,并确立振动激励的关键参数。

一、联合收获机结构分析及其工作原理

联合收获机是指能一次性完成作物的收割、脱粒与清选等各项作业并最终获得清洁籽粒的机械,通常由动力系统、行走系统、收获系统及其他系统组成。目前稻麦油联合收获机技术已日趋成熟,水稻、小麦、油菜联合收获机的工作原理基本相同,为提高机具的利用率,实现一机多能,在传统的稻麦收获机的基础上,通过添加竖割刀、改进脱粒清选装置开发出稻麦油联合收获机。其中竖割刀的添加是用于切断油菜相互缠绕的枝丫,以降低收获过程中因相互牵扯而导致的损失。稻麦油联合收获机的结构简图如图 2-1 所示。

稻麦油联合收获机进入田间对油菜进行收获作业时,随着机器的前进,割台上的分禾器将作物分为即割区与待割区。待割区作物与即割区作物互相交联、牵扯的枝丫由竖割刀割断。即割区作物在拨禾轮的引导下被横割刀割下,由搅龙和输送槽的耙齿运输到脱粒清选仓中。脱粒清选仓中的作物在脱粒滚筒、凹板筛以及振动筛的作用下完成脱粒清选,得到清洁籽粒,最终由集谷搅龙将其输送到谷仓内。稻麦油联合收获机对水稻、小麦进行收获作业时通常将竖割刀拆下以降低振动与功耗。

二、收获机振动激励分析

稻麦油联合收获机作业时振动主要来自发动机、割刀、脱粒滚筒、路面等。振源产生的振动通过收获机机体传递到驾驶员体内,进而引发驾驶员的不舒适感。

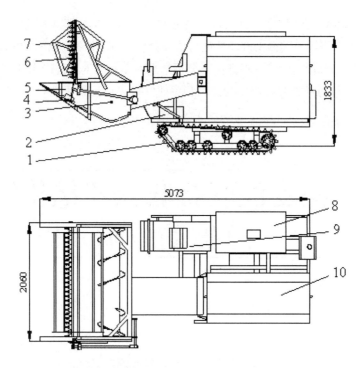

图 2-1　稻麦油联合收获机结构简图

1.履带；2.发动机；3.搅龙；4.横割刀；5.割台；6.竖割刀；7.拨禾轮；8.谷仓；9.驾驶室；10.脱粒清选仓

1.割刀激励

　　本研究涉及的稻麦油联合收获机的割刀运动，是通过摆环传动机构将主动轴的回转运动变成割刀动刀片的往复运动，收获机割刀的结构简图如图 2-2 所示。由主轴提供驱动，在摆环的作用下使摆轴呈一定角度来回摆动，这种摆动为动刀片提供切割动力。摆轴、摆环以及动刀片的来回运动，会产生一定的惯性力和冲击载荷，引起割台的受迫振动。参考《农业机械设计手册》及有关文献资料，将收获机正常作业时割刀主轴转速假定为 420 r/min，此时割刀激励频率为 7 Hz，摆环夹角设为18°。

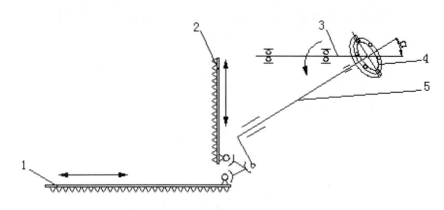

图 2-2　收获机割刀结构简图
1.横割刀；2.竖割刀；3.主轴；4.摆环；5.摆轴

2.脱粒滚筒激励

收获机作业时,脱粒滚筒以较高速度运转,其自身搅龙与钉齿的存在会引起运转时的不平衡,进而引发脱粒清选仓的振动。本研究涉及的脱粒滚筒结构简图如图2-3所示。参考《农业机械设计手册》及有关文献资料,将收获机正常作业时脱粒滚筒转速假定为900 r/min,此时脱粒滚筒激励频率为15 Hz。

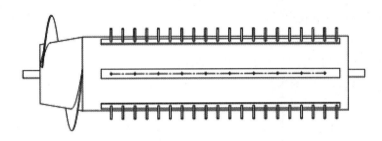

图2-3　收获机脱粒滚筒结构简图

3.发动机与路面激励

发动机的气门、活塞、曲轴等机构以气流冲击、往复运动等方式对发动机缸体施加作用力,进而引发振动。收获机作业时,发动机转速较高,振源繁多,引发的振动频率高、频域宽。稻麦油联合收获机的发动机为四缸发动机,正常作业时转速为2300 r/min。四缸发动机转速为2300 r/min时,所提供的激励频率为30~150 Hz左右。

收获机在田间作业时,因耕地路面不平会引发车身振动。受作物喂入量与收获机收获效率的影响,稻麦油联合收获机进行收获作业时行走速度较慢,通常为2~4 km/h,由路面引发的振动频率低、频域窄。路面所提供的振动激励频率在5 Hz以内。

2.3 稻麦油联合收获机刚柔耦合虚拟样机模型的创建

采用收获机刚体虚拟样机模型进行振动舒适性仿真分析时,未考虑材料刚度、阻尼对振动传递的影响。为了更真实地模拟振动激励传递到人体的过程,有必要将收获机中起振动激励传导作用的部件进行柔性化处理,创建收获机刚柔耦合虚拟样机模型。本节采用RecurDyn与Solidworks相结合的方式创建稻麦油联合收获机刚体模型,采用HyperMesh、ANSYS等软件相结合的方式创建收获机车身模态柔性体,基于RecurDyn软件平台结合刚体模型与柔性体模型创建稻麦油联合收获机的刚柔耦合虚拟样机模型。

一、收获机刚体模型的创建

收获机刚体模型主要包括主机刚体与履带行走结构刚体两个部分。其中,收获机主机主要由脱粒清选仓、谷仓、驾驶室、底盘、横竖割刀、搅龙、拨禾轮、脱粒滚筒、发动机等部件组成;履带行走结构则由履带架、履带板、驱动轮、支重轮、导向轮、托轮、刚性悬架等部件组成。考虑到收获机刚体建模过程较为复杂,其他软件的建模可行性相对有限,分别采用 Solidworks 与 RecurDyn 软件低速履带模块创建收获机主机及履带行走结构的刚体模型。建模所需各种几何参数则根据《农业机械设计手册》及其他文献资料确定。

此外,对收获机建模时,还应进行如下假设和简化:

(1)建模时忽略各种小孔、倒角、工艺边等;

(2)各部件的加强筋、骨架、面板为均匀厚度;

(3)产生微弱振动的部件不予重点考虑。

1. RecurDyn软件简介

RecurDyn(Recursive Dynamic, RecurDyn)是韩国 FunctionBay 公司根据相对坐标系运动方程理论与完全递归算法开发的新一代多体系统动力学仿真软件,不仅支持 Parasolid、IGES、STEP、ACIS、SHL 等多种格式的模型文件,还具有强大的求解功能,非常适于求解大规模的多体系统动力学问题,目前已被成功应用于航空航天、军事装备、工程机械、汽车、铁道、船舶及其他通用机械行业。

RecurDyn 软件主要包括 Professional、Interdisciplinary Toolkit、Communicators、Application Toolkits 四个组成部分。其中,Professional 是 RecurDyn 软件的核心基础模块,包括前后处理器 Modeler 及求解器 Solver。根据 Professional 提供的各种建模元素,用户可以建立起系统级的机械虚拟数字化样机模型,并对其进行运动学、动力学、静平衡、特征值等方面的虚拟测试验证;Application Toolkits 是 RecurDyn 的行业应用子系统工具箱,其特点是基于参数化建模技术,内置行业专业知识经验,作为模型的子系统相对独立存在,包括链传动(Chain)、带传动(Belt)、发动机集成(Engine)、配气机构(Valve)、正时链(Timing Chain)、轮胎(Tire)、高速履带(Track HM)以及低速履带(Track LM)等。基于行业应用子系统工具箱,用户不仅可以采用核心模块对一般的机械系统进行仿真,还可以采用专用模块对特定行业应用领域的问题进行快速有效地建模与仿真分析。图 2-4 所示为 RecurDyn 软件常用的几种行业应用子系统工具箱。

2. RecurDyn软件低速履带模块介绍

目前用于创建履带的插件与模块主要有 ADAMS 软件的插件 ATV 以及 RecurDyn 软件的高速履带模块(Track HM)、低速履带模块(Track LM)。RecurDyn 软件的高速履带模块主要用于模拟军事领域中坦克以及装甲车的运行状况,韩国、日本均已有成功应用的案例;低速履带模块则多应用于农业工程领域,可用于模拟履带与土壤特性不同的各种路面接触时的相互作用力。因此,可采用该模块对联合收获机田间作业时的整机振动情况进行仿真模拟。

1) 履带模型

履带系统主要由履带板、驱动轮、支重轮、导向轮、托轮、悬架、履带架等部件组成,可采用低速

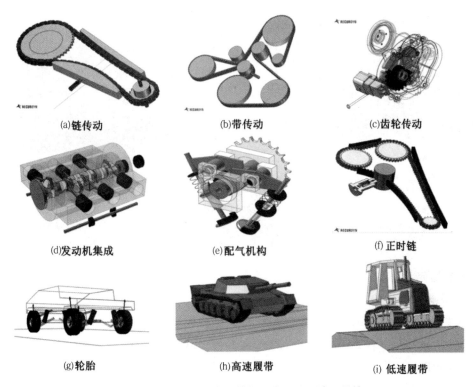

(a)链传动　　　　　(b)带传动　　　　　(c)齿轮传动

(d)发动机集成　　　(e)配气机构　　　　(f)正时链

(g)轮胎　　　　　　(h)高速履带　　　　(i)低速履带

图2-4　RecurDyn常用的行业应用子系统工具箱

履带模块的参数化建模功能予以创建,在履带外轮廓的基础上对履带板进行包络复制后即可得到履带系统的三维模型。

2) 履带虚拟样机模型

为履带板、驱动轮、支重轮、导向轮、托轮、悬架等各部件添加驱动、旋转副、固定副等约束即可获得履带的虚拟样机模型,通过调整驱动轮的驱动参数可以改变履带机构的行走速度。

3) 履带与环境的接触

RecurDyn的低速履带模块以Bekker沉陷模型为理论基础,用户可以定义地形刚度、泥土内聚力、抗剪角度、剪切变形模量、下沉率等接触参数,创建所需要的土地类型;也可采用RecurDyn软件低速履带模块直接选择土壤类型,如干燥沙地(Dry Sand)、黏土(Clayey Soil)、重黏土(Heavy Clay)、贫黏土(Lean Clay)、砂质土壤(Sandy Loam)、雪地(Snow)等。

3.收获机主机刚体模型的创建

根据国际标准《机械振动和冲击.人体处于全身振动的评估.第1部分:一般要求》(ISO 2631-1:1997)可知,人体振动的"敏感频率"主要集中在20 Hz以内。根据前文可知,稻麦油联合收获机的振动激励主要源于路面、割刀、脱粒滚筒、发动机等,其中20 Hz以内的振动激励主要包括路面、割刀、脱粒滚筒。考虑到发动机正常作业时的频率约为50 Hz,对驾驶员振动舒适性的影响较小,故对其不予重点考虑,建模时将发动机视为质量块。

采用Solidworks软件构建主机刚体结构三维实体模型,如图2-5所示,并将其保存为Parasolid格式,以便导入HyperMesh、ANSYS、RecurDyn等计算分析软件。考虑到骨架、加强筋部分对机体振动影响较大,建模时应对其进行细化。

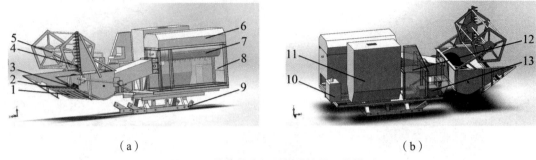

（a） （b）

图 2-5 收获机主机刚体结构的三维模型

1. 割台；2. 横割刀；3. 搅龙；4. 竖割刀；5. 拨禾轮；6. 脱粒滚筒盖；7. 脱粒滚筒；
8. 脱粒清选仓；9. 履带架；10. 油箱；11. 谷仓；12. 驾驶室；13. 发动机等效质量块

4.收获机履带系统刚体模型的创建

联合收获机履带系统主要由履带板、驱动轮、支重轮、导向轮、托轮以及刚性悬架等组成。其中,履带板主要用于将机械的重力传导给地面,并保证机械发出足够驱动力;驱动轮将传动系统的动力传至履带,以产生车辆运动的驱动力;支重轮在履带链节或者履带导轨板上滚动,主要用来支承机器重力;导向轮的作用是引导履带正确地进行卷绕;托轮主要用于防止上部履带过度下垂引发机械故障。考虑到履带系统建模过程较为复杂,同时为方便模拟履带系统与农田路面之间的耦合作用,采用 RecurDyn 软件行业应用子系统中的低速履带模块对收获机履带系统各部件进行参数化建模。其中,驱动轮与履带板的创建相对复杂,履带板的外形通过多个坐标点确立,其外形如图 2-6所示。

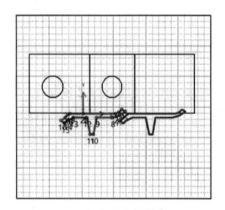 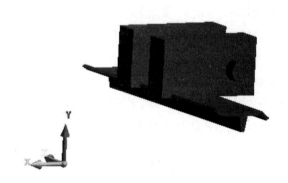

（a）履带板轮廓 （b）履带板三维模型

图 2-6 收获机履带板模型

驱动轮的相关参数经计算获得,驱动轮的节距为 P=46 mm,齿数 z=16。

1)确定驱动轮节圆半径 R_P

$$R_P = \frac{0.5P}{\sin(\frac{180°}{z})} = 117.89(mm)$$ （2-1）

式中，R_P为驱动轮节圆半径，mm；P为驱动轮节距，mm；z为驱动轮齿数。

2）确定驱动轮齿顶圆半径 R_a

$$R_a = \eta \cdot P \cdot z = 122(\text{mm}) \tag{2-2}$$

式中，η 为经验值，取值范围为0.165～0.17，此处取0.166。

3）确定驱动轮齿根圆半径 R_d

$$R_d = R_P - R_1 = 101.89(\text{mm}) \tag{2-3}$$

式中，R_1为节销半径，mm。

根据上式以及啮合原理绘制驱动轮齿廓，建立驱动轮三维模型，如图2-7所示。

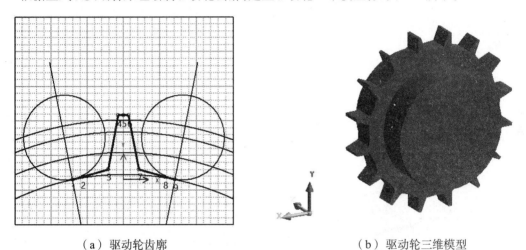

（a）驱动轮齿廓 （b）驱动轮三维模型

图 2-7　收获机驱动轮模型

4）创建收获机履带系统的刚体模型

采用低速履带模块中的 Track Assemblely 命令绘制履带板的复制路线，从驱动轮开始途经托轮、支重轮、导向轮最后到驱动轮自身，复制履带板得到履带系统。图2-8所示为收获机履带板的复制过程，图2-9所示为收获机履带系统的刚体模型。

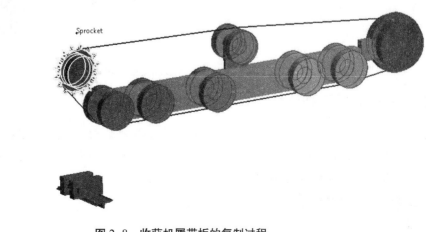

图 2-8　收获机履带板的复制过程

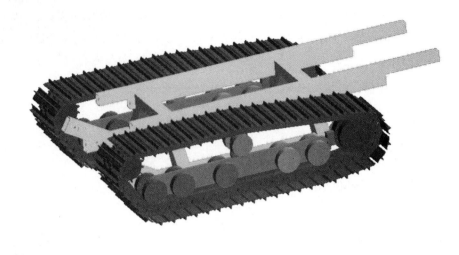

图 2-9　收获机履带系统的刚体模型

5) 创建收获机整机刚体模型

将 Solidworks 中创建的主机刚体结构模型导入 RecurDyn 软件,并将其与 RecurDyn 软件所创建的履带行走机构进行组合,即可得到收获机整机刚体模型,如图 2-10 所示。

图 2-10　收获机整机刚体模型

二、收获机刚柔耦合虚拟样机模型的创建

虚拟样机技术源于多体系统动力学的研究。多体系统动力学是研究多体系统运动规律的科学,其根本目的是采用计算机技术对复杂机械系统进行动力学仿真分析。目前常用的多体系统动力学仿真软件主要有 ADAMS、SIMPACK 以及 RecurDyn 等。

1.多体系统动力学概述

1) 多体系统动力学简介

多体系统动力学是在牛顿(Newton I)、欧拉(Euler L)、拉格朗日(Lagrange J)等人创建的经典力学的基础上发展而来的研究多体系统运动规律的一门学科。多体系统动力学的核心问题是建模求解问题,其系统研究开始于 20 世纪 60 年代。20 世纪 60 年代到 70 年代相关的研究以多刚体系统动力学为主,罗伯森(Roberson R E)、维藤伯格(Wittenburg J)、豪格(Haug E J)、凯恩(Kane T R)等人在经典力学的基础上先后提出各自解决复杂系统多体动力学问题的方法,这些方法的共同点是,将多体系统的求解在经典力学基础上与计算机技术相结合。到 20 世纪 80 年代,研究人员提出了一种适用于计算机自动建模与求解的多刚体系统笛卡儿建模方法,自此确立了"计算多体系统动力学"这门新的学科。计算多体系统动力学将计算机与多体系统动力学相结合,基于数值方法研究复杂机械的静力学和运动学以及控制系统分析。计算多体系统动力学的出现极大地改善了传统机构动力学分析效率低下的状况。在多刚体系统建模理论已经成熟的情况下,多体系统动力学的研究重点也由多刚体系统转向多柔性体系统。

2) 多体系统的组成要素

多体系统是指由多个物体通过运动副连接的复杂机械系统。多体系统的关键在于"系统",即在一组元素的基础上利用某几种方式连接得到具有特定功能的有机整体。多体系统主要由以下四个要素组合而成:

① 物体(Body):对机械系统进行多体系统动力学分析时,通常将机械系统中的构件定义为物体。

对大型复杂机械进行多体系统动力学分析前通常要对其进行适当简化,以降低计算工作量。对构件进行动力学分析时应重点关注惯量较大的构件,需要将大惯量的构件定义为物体,对于惯量较小的构件则可以在一定程度上予以简化。

② 铰(Joint):又称运动副,通常将多体系统中物体间无质量的运动约束定义为铰。

铰用于传递多体系统中物体之间的力和运动,机械系统中通过各构件的铰接关系实现动力生成、动力传输、完成做功。常见的运动约束包括固定副、滑移副、旋转副、万向节副、球副等。

③ 力(Force):分为外力和内力,外力是指由多体系统之外物体所施加的力或力矩,内力是指由多体系统中物体间的相互作用而产生的力或力矩。

外力对多体系统进行作用时,对刚体施加力矩,力矩的作用效果与作用点无关;对柔性体施加力矩,力矩的作用点对其大范围运动和自身的弹性变形均有影响。因此,对多体系统中的柔性体施加外力时,外力通常施加在制作柔性体时预先设置的界面点(或称外连点)上。内力通常是通过运动副或力的相互作用传递。

④ 拓扑结构(Topological Structure):多体系统中物体之间的联系方式称为系统的拓扑结构。

机械系统的多体系统拓扑结构通常由物体、铰、力等要素来描述。在工程中任何机械系统都可以采用这四个要素进行描述,各个构件之间通过添加不同铰来施加不同的力,按照特定的拓扑结构连接得到复杂的整体系统。

2.刚柔耦合多体动力学概述

刚柔耦合系统动力学是柔性多体系统动力学的分支,其关注的重点是刚柔耦合效应,主要目的是探究柔性体的形变、柔性体与刚性体在大范围空间运动时的相互耦合作用,以及这种耦合作用所产生的力学效应。实际工程中,绝对的刚性体是不存在的。在多体系统动力学分析过程中,通常将系统在运行过程中自身形变小、刚柔耦合效应不明显的构件当作刚体处理,以便降低多体系统动力学分析时的计算量;将运行速度快、精度要求高以及自身为轻质材料的构件当作柔性体处理,以便更为真实地模拟机构的工作状态。对复杂机械系统进行多体动力学分析时,通常会兼顾计算量与计算精度。对复杂机械系统进行多体动力学分析时,系统中既会有刚性体也会有柔性体,刚体的运动会影响到柔性体的弹性变形,柔性体的弹性变形也会影响到刚体的运动。振动分析时,通常将振动传递部件当作柔性体考虑,以便准确地反映出振动因材料阻尼而衰减的情况。

目前采用的多体动力学柔性体建模方法主要有模态柔性体建模和有限元柔性体建模。模态柔性体是工程中应用得最广泛的一种柔性体,一般是先通过有限元程序计算得到部件的模态参数并制作特定格式模态柔性体文件,然后将包含模态信息的文件导入相应的多体动力学软件中替代多体系统中的刚体,通过模态叠加法来计算该柔性体在多体系统中受力后的响应情况,利用变形体的模态矢量和对应的模态坐标的线性组合来描述物体的弹性变形。依据各个模态对物体形变的贡献程度可将变形贡献小的模态予以忽略,以较少模态自由度较为准确地描述多体系统的动态特性。这种方式可以提高计算效率,缩减求解规模,节省计算时间,降低对计算机硬件性能的要求,但模态柔性体不能用于描述大变形柔性体的运动特性。这是因为其接触是通过虚拟"触点"描述的,柔性体经过变形后模态模型发生改变却难以更新,导致使用模态柔性体进行接触问题的建模不准确。有限元柔性体通过柔性体节点之间的相对旋转和相对位移来描述柔性体的变形量。有限元柔性体技术作为现代最新的多体系统动力学仿真技术,将多体系统动力学分析与有限元分析两个相对独立的领域合并起来,消除了模态缩减的弊端。在充分考虑系统动力学的情况下,该方法能够精确地描述柔-柔之间,以及刚-柔之间的接触问题,同时可以得到有效的应力结果,并且采用有限元柔性体建模法,不再需要使用单独的有限元软件求解柔性体的模态参数。但是有限元柔性体技术采用节点之间的相对位移和旋转作为节点坐标来描述结构的变形,极大地增加了系统的求解规模,致使其计算效率远低于模态柔性体,因而有限元柔性体通常应用于非线性大变形分析中。

3.收获机车身模态柔性体的创建

收获机车身主要由割台、脱粒清选仓、驾驶室以及底盘上部组成。路面激励、割刀激励、脱粒滚筒激励等产生的振动经由车身传递到人体。为了模拟振动激励传递到人体的过程,需要将起振动激励传递作用的车身进行柔性化处理。

多体动力学柔性体建模方法主要包括模态柔性体建模和有限元柔性体建模。其中,有限元柔性体可用于描述大变形、接触等非线性力学行为,建立有限元柔性体时工作量小,但进行刚柔耦合多体动力学分析时计算量大,求解速度慢;模态柔性体,应用最为广泛,可以描述线性力学行为,建立模态柔性体时工作量大,但进行刚柔耦合多体动力学分析时计算量小,求解速度快。收获机车身结构较为复杂,经柔性化处理后的单元数量多,进行刚柔耦合多体动力学分析时计算量大,为缩减计算规模,缩短求解时间,需要采用模态柔性体进行仿真分析。

本研究结合采用 HyperMesh、ANSYS、RecurDyn 软件模态柔性体(RFlex)模块创建了车身的模态柔性体。首先,将车身三维几何模型导入 HyperMesh 软件,进行网格划分,得到柔性体(.cdb 文件);之后,将柔性体(.cdb 文件)导入 ANSYS 软件,创建外连点和刚性区域,进行模态计算,运行 genCMS 宏文件,获得包含材料属性(.mp 文件)、单元矩阵数据(.emat 文件)、界面点信息(.cm 文件)、结果(.rst 文件)的相关文件;最后,将相关文件导入 RecurDyn 软件,创建 .rfi 模态柔性文件,获得车身的模态柔性体模型。图 2-11 所示为建立车身模态柔性体的具体流程。

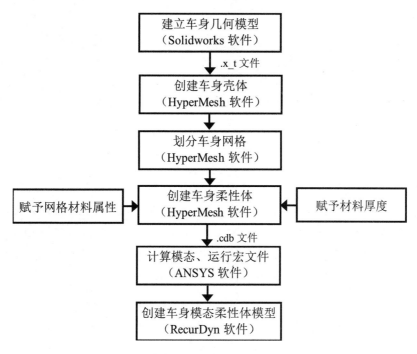

图 2-11　收获机车身模态柔性体的创建流程

1)建立车身有限元模型

将车身三维模型导入 HyperMesh,设置求解器接口为 ANSYS。三维模型以 3D 拓扑形式显示的效果如图 2-12(a) 所示,通过抽取中面的方式获得车身壳体,车身壳体以 2D 拓扑形式显示的效果如图 2-12(b) 所示。采用壳网格单元 Shell63P 对车身壳体进行网格划分,创建模型的单元数为 19086,节点数为 18358。车身的材料为 Q235,其性能如表 2-1 所示。

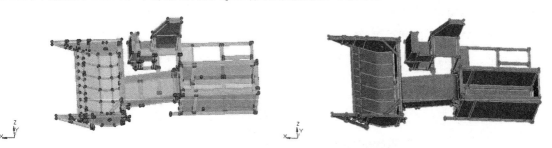

（a）车身三维拓扑模型　　　　　　　　（b）车身二维拓扑模型

图 2-12　收获机车身的拓扑显示

表 2-1　收获机车身材料性能参数

牌号	屈服强度 /MPa	抗拉强度 /MPa	弹性模量 /MPa	泊松比	密度 / (g/mm³)
Q235	≥ 235	≥ 370 ~ 500	$2×10^5$	0.3	7.85

划分网格后,根据手册及文献资料,赋予车身骨架厚度为 5 mm,面板厚度为 2 mm。车身骨架有限元模型如图 2-13(a) 所示,车身有限元模型如图 2-13(b) 所示。

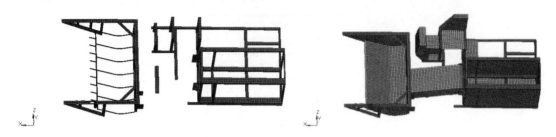

（a）车身骨架有限元模型　　　　　　　　（b）车身有限元模型

图 2-13　收获机车身有限元模型

车身网格划分完毕,还需要对网格质量进行检查。网格质量好坏直接影响到多体动力学的计算结果的精度与准确性,较差的网格质量还会导致计算结果不收敛甚至致使计算终止。网格质量检查指标主要包括宽高比(aspect ratio)、雅可比比率(Jacobian ratio)、翘曲因子(warping factor)、最大尺寸(maximum size)以及最小尺寸(minimum size)。合格网格的参数标准如表 2-2 所示。采用网格检查(check elems)命令检查车身网格质量,并输出 .cdb 车身有限元文件。

表 2-2　合格网格的参数标准

宽高比	雅可比比率	翘曲因子	最小尺寸 /mm	最大尺寸 /mm
≤ 5	≥ 0.8	≤ 0.1	≥ 8	≤ 80

2) 建立车身模态柔性体模型

收获机作业时,割台、脱粒清选仓连接处的两端轴承及下方液压抬升装置之间呈三点固定状态。故本研究采用刚性单元(rigid region)在割台与脱粒清选仓之间创建刚性区域,使二者保持固定连接状态。

将 HyperMesh 前处理得到的柔性体(.cdb 文件)导入 ANSYS 软件,创建外连点和刚性区域进行模态计算。ANSYS 中创建的外连点以及刚性区域如图 2-14 所示。运行 RecurDyn 安装文件中自带的 genCMS 宏文件,获得包含材料属性(.mp)、单元矩阵数据(.emat)、界面点信息(.cm)、结果(.rst)的相关文件。之后,将这些文件导入 RecurDyn 软件,采用 Make RFI 工具即可创建 .rfi 格式的模态柔性体文件,获得车身的模态柔性体模型。

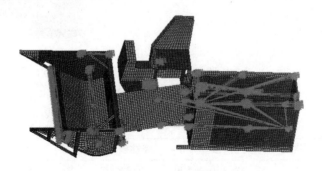

图 2-14　收获机车身刚性区域与外连点

4.收获机关键部件虚拟样机的创建

1）横竖割刀虚拟样机的创建

根据割刀的工作原理创建割刀虚拟样机。割刀虚拟样机的创建主要包括添加运动副与驱动 $[18\sin(14\pi t)]$ 两个过程。其中摆轴与各连接件以及各连接件与割刀之间采用球副连接,护刃器、轴承、主轴与机体之间采用固定副连接,动刀片与护刃器之间采用平动副连接,摆轴与轴承之间采用旋转副连接。因主轴未提供实质的振动激励,故驱动施加在摆轴上。割刀虚拟样机模型如图2-15所示。

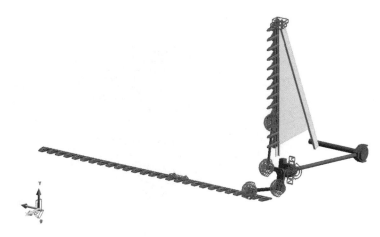

图2-15 收获机割刀虚拟样机模型

2）履带虚拟样机的创建

将履带架设为履带系统的母体(mother body)。根据履带各构件之间的运动关系,设置履带各部件之间的约束关系。其中刚性悬架与履带架之间采用固定副连接,支重轮、托轮、导向轮与刚性悬架之间采用旋转副连接,驱动轮与履带架之间采用旋转副连接,驱动轮的驱动参数根据收获机作业时的行驶速度确定。履带虚拟样机模型如图2-16所示。

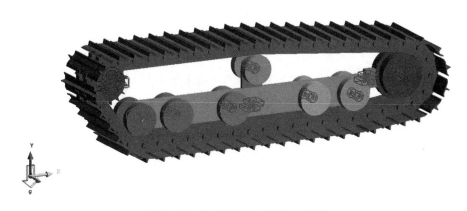

图2-16 收获机履带虚拟样机模型

5.收获机刚柔耦合虚拟样机

将已建立的车身模态柔性体文件(.rfi)导入 RecurDyn 软件,替代原整机刚体模型中的割台、脱粒清选仓、驾驶室以及底盘上部。在已创建关键部件的虚拟样机的基础上,将脱粒滚筒、拨禾轮、搅龙与收获机车身之间的连接设为旋转副连接,并施加驱动,其他部件与车身之间采用固定副连接。根据《农业机械设计手册》及有关文献资料,设置收获机作业时各部件的驱动函数,如表 2-3 所示。收获机的刚柔耦合虚拟样机模型如图 2-17 所示。

表 2-3　各部件的驱动参数

部件	脱粒滚筒	拨禾轮	搅龙
驱动函数	$30\pi t$	πt	$5\pi t$

图 2-17　收获机的刚柔耦合虚拟样机模型

2.4　人–机–路面耦合多体动力学模型的创建及试验验证

稻麦油联合收获机作业时除自身的动力系统与收获系统会产生振动激励外,收获机的行走系统与路面之间的相互作用力也会产生引发人体不舒适感的低频振动。为深入系统地分析传递到人体的振动,需要创建人–机–路面耦合多体动力学模型,并对其有效性进行验证。本节在稻麦油联合收获机刚柔耦合虚拟样机模型的基础上,创建人体虚拟样机模型以及随机路面模型,根据人体、机器、路面三者之间的耦合关系,基于 RecurDyn 软件平台,创建人–机–路面耦合多体动力学模型,并通过振动测试验证模型的合理性。

一、随机路面激励模型的创建

目前路面不平度的表示主要参照国家标准《机械振动 道路路面谱测量数据报告》(GB/T 7031—2005),该标准等同国际标准《机械振动 道路路面谱测量数据报告》(ISO 8608:1995),标准中按照功率谱密度将路面不平度划分成了八个等级,并以 A 到 H 对其进行标识。

生产生活中常见的道路有硬路面公路、乡间土路、未铺路面公路、收割过的田地、履带车辆行驶过的路面等,各种道路相对应的路面等级如表 2-4 所示。

表 2-4　常见路面的不平度参考等级

道路类型		不平度标准差 / 10^{-3}m³	位移功率谱密度 / 10^{-6}m³	参考路面等级
硬路面公路	沥青、水泥	13	424 ~ 680	C、D
	卵石	22	2348 ~ 3259	E
	砾石	17	4219 ~ 5959	E
乡间土路	压实路面	17	1823 ~ 2664	D、E
	中等破损	28	6101 ~ 8859	E、F
	破坏	33	12305 ~ 18615	F
未铺路面公路	筑路机修建	20	1340 ~ 2241	D、E
	中等破损	40	8964 ~ 13502	F
收割过的田地	耕地	30	11465 ~ 18557	F
	草地	50	25381 ~ 31847	F
履带车辆行驶过的路面	中等破损	60	30280 ~ 52555	F、G
	已毁坏	100	63092 ~ 127389	G、H

由表 2-4 可知农田通常为 F 级路面,沥青路面、水泥路面通常为 D 级路面。故本研究采用较为常见的 D 级路面模拟虚拟样机实验验证时的路况,采用 F 级路面模拟收获机田间作业时的路况。

目前构建随机路面的方法主要包括白噪声法、谐波叠加法以及基于幂函数功率谱的快速傅里叶逆变换生成法等。其中,白噪声法是通过将路面的随机波动抽象成一定条件的白噪声,经过适当的变换进而拟合出随机路面不平度的时域模型;谐波叠加法是利用大量随机相位的正弦或余弦函数的叠加之和来拟合随机路面不平度;基于幂函数功率谱的快速傅里叶逆变换生成法则是通过功率谱离散采用的方式构造出频谱,而后对频谱进行傅里叶逆变换得到用于模拟路面不平度的时域函数。本研究主要采用谐波叠加法创建随机路面模型。

根据标准 GB/T 7031—2005 与 ISO 8608:1995,路面不平度位移功率谱密度的拟合表达式如下:

$$G_d(n) = G_d(n_0)\left(\frac{n}{n_0}\right)^{-w} \tag{2-4}$$

式中,n 为空间频率,m^{-1};n_0 为参考空间频率,n_0=0.1 m^{-1};$G_d(n_0)$ 为路面不平度系数,m³;$G_d(n)$ 为路面空间位移功率谱密度,m³;w 为拟合功率谱密度的指数,经验值为 w=2。

路面不平度 $G_d(n_0)$ 与国标 GB/T 7031—2005 路面等级之间的关系如表 2-5 所示,其中

n_0=0.1 m^{-1}。

表 2-5　路面不平度系数取值范围

（单位：10^{-6}m^3）

路面等级	下限	几何平均值	上限
A	—	16	32
B	32	64	128
C	128	256	512
D	512	1024	2048
E	2048	4096	8192
F	8192	16384	32768
G	32768	65536	131072
H	131072	262144	—

已知在空间频率 $n_1 < n < n_2$ 内的路面空间位移功率谱密度为 $G_d(n)$，根据平稳随机过程的平均功率的频谱展开性质，路面不平度方差为 σ_z^2：

$$\sigma_z^2 = \int_{n_1}^{n_2} G_d(n)\mathrm{d}n \qquad (2-5)$$

将区间 (n_1, n_2) 划分为 n 个小区间，取每个小区间的中心频率 $n_{\mathrm{mid}-i}(i=1, 2, \cdots, m)$ 处的谱密度 $G_d(n_{\mathrm{mid}-i})$ 代替 $G_d(n)$ 在整个小区间内的值，则式(2-5)离散化后近似为

$$\sigma_z^2 \approx \sum_{i=1}^{m} G_d(n_{\mathrm{mid}-i})\bullet\Delta n_i \qquad (2-6)$$

对应每个小区间，频率为 $n_{\mathrm{mid}-i}(i=1, 2, \cdots, m)$、标准差为 $\sqrt{G_d(n_{\mathrm{mid}-i})\bullet\Delta n_i}$ 的正弦函数 $f(x)$ 为

$$f(x) = \sqrt{2G_d(n_{\mathrm{mid}-i})\bullet\Delta n_i}\bullet\sin(2\pi n_{\mathrm{mid}-i}x + \theta_i) \qquad (2-7)$$

将对应于各个小区间的正弦函数叠加起来即可得到随机路面的垂直输入：

$$q(x) = \sum_{i=1}^{m} \sqrt{2G_d(n_{\mathrm{mid}-i})\bullet\Delta n_i}\bullet\sin(2\pi n_{\mathrm{mid}-i}x + \theta_i) \qquad (2-8)$$

式中，θ_i表示在［0，2π］上均匀分布的随机数，满足正态分布；x表示稻麦油联合收获机的前进方向的纵向位移。

根据上述公式，采用 MATLAB 软件编制相应的计算程序，计算得到所需的 D 级和 F 级路面空间位移功率谱（不平度）如图 2-18 所示，求解 D、F 级路面不平度时所赋予的路面不平度系数均为其几何平均值。

采用 RecurDyn 软件创建不平路面的过程与 ADAMS 类似，由一系列三角形单元组合成一个三维表面，如图 2-19 所示。图中 X 轴表示前进(Forward)方向，Y 轴表示路面的不平度（高度），Z 轴表示路面的宽度。数字 1、2、3 等表示节点(Node)，节点的 X、Y 轴坐标符合路面不平度规律，奇偶两个节点的 Z 轴坐标之差表示路面宽度(Road Width)，根据其坐标点组成路面的单元(Element)。利用各节点拟合路面不平度的同时，可在路面的单元中设置静摩擦因数和动摩擦因数以模拟出不同等级的路面。

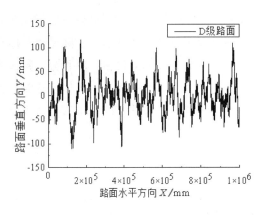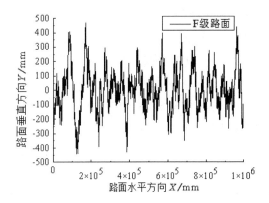

图2-18　D、F级路面空间位移功率谱

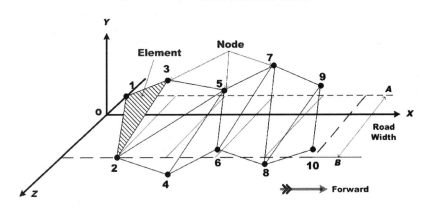

图2-19　随机不平路面原理图

将路面文件导入RecurDyn软件,D级路面模型如图2-20(a)所示,F级路面模型如图2-20(b)所示,路面长1500 m,宽为4 m。

　（a）D级路面　　　　　　　　　　　　（b）F级路面

图2-20　路面模型

二、人体三维几何模型的创建

目前人体建模常用的尺寸参数主要源于国家标准《中国成年人人体尺寸》(GB/T 10000—1988),该标准于1988年颁布,1989年实施。随着生活水平的提升,近年来中国人的体型已发生较大变化,采用现有的标准用于建模分析易产生较大误差。国际标准ISO 3411《土方机械.操作者的人体尺寸和操作者最小活动空间》,从1975年到2007年已更新了四个版本,其中ISO各版本中最接近GB/T 10000—1988颁布年限的是1982年颁布的第二版,因此可通过计算ISO 3411第四版与

第二版人体各部位尺寸的增长率,将其作为 GB/T 10000—1988 的修正系数,得到修正后的成年男子人体尺寸,如表 2-6 所示。修正后的人体尺寸更能反映当前我国成年人体型的实际尺寸。标准 GB/T 10000—1988 中按照男 18～60 岁、女 18～55 岁,统计了 1、5、10、50、90、95、99 百分位数人体各部位的尺寸。对人体尺寸进行统计时,其规律符合正态分布规律,故 50 百分位人体尺寸能代表多数人的体型,采用 50 百分位尺寸数据对人体进行建模更为合理,故本研究采用 50 百分位人体尺寸数据对人体进行建模分析。

表 2-6 50 百分位的中国成年男子人体主要尺寸(修正后)

(单位:mm)

尺寸名称	国际标准(1982 年)50 百分位	国际标准(2007 年)50 百分位	国际标准 50 百分位差值	国际标准 50 百分位增长率	国家标准(1988 年)50 百分位	国家标准 50 百分位(修正后)
身高	1690	1705	15	0.0089	1678	1693
站立肩高	1340	1354	14	0.0104	1367	1381
上臂长	274	276	2	0.0073	313	315
前臂长	244	246	2	0.0089	237	239
立姿胯高	814	824	10	0.0123	790	800
大腿长	470	474	4	0.0085	465	469
小腿长	406	405	−1	−0.0024	369	368
坐立高度	880	894	14	0.0159	908	922
坐姿肩高	590	585	−5	−0.0085	598	593
坐姿膝盖高	535	533	−2	−0.0037	493	491

国家标准《成年人人体惯性参数》(GB/T 17245—2004)中规定了人体各体段的划分方法以及人体各体段的质量、质心位置、转动惯量。成年男子人体主要部位刚性参数如表 2-7 所示。

表 2-7 成年男子人体主要部位刚性参数

体段名称	质量 /kg	转动惯量 /(kg/mm^2)		
		I_x	I_y	I_z
头颈	5.16	32329	33827	18762
上躯干	10.07	114913	66578	107599
下躯干	16.30	308105	277666	123524
大腿	8.50	135388	137902	24926
小腿	2.20	21566	21344	2412

续表

体段名称	质量 /kg	转动惯量 / (kg/mm²)		
		I_x	I_y	I_z
足	0.89			
上臂	1.46	11478	11855	1552
前臂	0.75	2913	2821	738
手	0.38			
全身躯干	26.37			

根据表 2-6 中成年男子人体尺寸数据以及表 2-7 中成年男子人体各部位的质量和惯性参数,采用 Solidworks 软件创建中国成年男子人体三维模型,其站姿如图 2-21(a) 所示,坐姿如图 2-21(b) 所示。

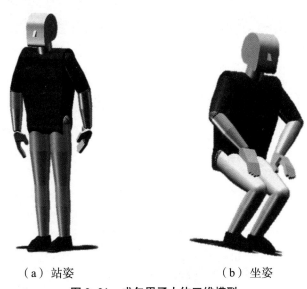

（a）站姿　　　　　　　　　　　　（b）坐姿

图 2-21　成年男子人体三维模型

对人体进行分析时,不能简单地将其视为刚体,人体的肌肉和软组织对振动有一定的缓冲作用,创建人体虚拟样机模型时,人体除具有相应的质量外,还应包含阻尼和刚度。考虑到人体肌肉和软组织的复杂性,进行多体动力学分析时,需要对人体做如下简化和假设:

(1)人体的肢体段视为刚体;

(2)人体肌肉与软组织的阻尼与刚度施加到人体关节处;

(3)人体的关节视为旋转副。

人体各体段之间的约束关系分别如下:手与扶手为点线副连接、脚与脚踏板为点线副连接、手臂与躯干为旋转副连接、躯干与大腿为旋转副连接、大腿与小腿为旋转副连接、臀部与座椅为固定副连接。各旋转副上均添加螺旋弹簧力以模拟关节处的刚度和阻尼的作用,螺旋弹簧力的参数根据得克萨斯理工大学 Kumbhar 等人关于人体力学模型的研究而确定。规定:膝关节处的刚度为 220 N·m/rad,阻尼为 104 N·m·s/rad;大腿关节处的刚度为 328 N·m/rad,阻尼为 724 N·m·s/rad。参照膝关节与大腿关节的刚度与阻尼的参数,将肩关节处的刚度设为 300 N·m/rad,阻尼设为 600 N·m·s/rad。图 2-22 所示为人体虚拟样机模型。

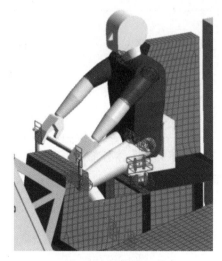

（a）正面　　　　　　　　　　　　　　（b）侧面

图 2-22　人体虚拟样机模型

三、人–机–路面耦合多体动力学模型的创建

在刚柔耦合虚拟样机模型的基础上,将人体虚拟样机模型与 F 级路面激励模型导入 RecurDyn 软件,并对其进行组合,得到收获机人 – 机 – 路面耦合多体动力学模型,如图 2-23 所示。

图 2-23　人 – 机 – 路面耦合多体动力学模型

四、收获机虚拟样机的试验验证

收获机在田间作业时,路面激励、割刀激励、脱粒滚筒激励产生的振动经由车身传递到座椅、踏板、扶手,进而传递到人体,引发人体的不舒适感。考虑到本研究的目的是对收获机驾驶人员的振动舒适性进行分析与评价,因此可将收获机虚拟样机模型中座椅、踏板、扶手处的振动特性与收获

机作业工况下座椅、踏板、扶手处的振动特性进行对比分析,以验证收获机虚拟样机模型的有效性。

1.收获机振动测试

1)试验用仪器与设备

试验所用振动传感器与信号分析仪分别为美国PCB公司的ICP三轴加速度传感器(356A16型)与美国晶钻公司的COCO-80动态信号分析仪,如图2-24所示。振动测试时,加速度传感器的X、Y、Z轴方向应与收获机虚拟样机模型的坐标系方向保持一致。为确保低频振动的采样精度,将动态信号分析仪的采样频率设为640 Hz。

　　　　（a）ICP三轴加速度传感器　　　　（b）COCO-80动态信号分析仪

图2-24　试验所用仪器与设备

2)振动测试过程

考虑到本试验的目的是对收获机虚拟样机模型的有效性进行验证,试验选在硬路面公路(D级)上进行。由于路面随机激励的控制较为困难,因此试验时收获机处于未行走状态。试验时,首先将三轴传感器依次安装于座椅下方、踏板处以及扶手处三个位置,然后对收获机进行检查,以确保其处于良好工作状态;之后,将收获机预热空转5 min,使发动机、传动系统以及其他部件均达到规定温度;最后,将发动机转速提升至正常作业值2300 r/min。待横竖割刀、脱粒滚筒等装置运行平稳后,调整COCO-80手持式动态信号分析仪的灵敏度、采样率、分析参数等各项参数,当分析仪的显示屏上各轴向的振动幅度趋于平稳时,采集各测点的振动数据,其时间历程均为9 s。图2-25与图2-26所示分别为振动测点布置及测试现场图。

 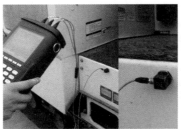 

　　　（a）座椅处测点布置　　　　　（b）踏板处测点布置　　　　　（c）扶手处测点布置

图2-25　收获机振动测点布置

图 2-26 收获机振动测试现场

3）振动信号的分析与处理

鉴于座椅、踏板以及扶手处振动数据的分析处理方法一致,故本研究以座椅处振动信号为例,采用美国晶钻公司旗下的工程数据管理软件(EDM)对其进行分析与处理。图 2-27 所示为座椅处振动信号时域图谱。

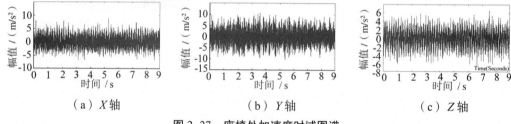

（a）X 轴　　　　　　　　（b）Y 轴　　　　　　　　（c）Z 轴

图 2-27 座椅处加速度时域图谱

采用 EDM 软件对振动时域信号进行快速傅里叶变换(FFT),计算其频谱。根据国际标准《机械振动和冲击.人体处于全身振动的评估.第 1 部分:一般要求》(ISO 2631-1:1997)中的相关规定可知,人体的敏感频率主要集中在 20 Hz 以内。图 2-28 所示为座椅振动信号的频谱分析结果。

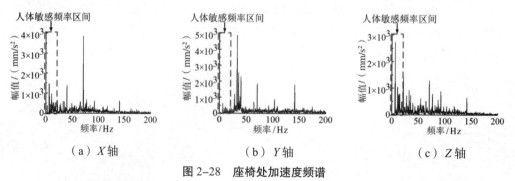

（a）X 轴　　　　　　　　（b）Y 轴　　　　　　　　（c）Z 轴

图 2-28 座椅处加速度频谱

根据座椅振动信号频谱图可知,座椅 X 轴的振动在频率为 70 Hz、6.25 Hz、39 Hz 等处出现峰值,说明 X 轴的振动由割刀和发动机激励引发;座椅 Y 轴的振动在频率为 32 Hz、35 Hz、39 Hz、70 Hz、

141 Hz 等处出现峰值,说明 Y 轴的振动由发动机激励引发;座椅 Z 轴的振动在频率为 6.25 Hz、10.9 Hz、70 Hz 等处出现峰值,说明 Z 轴的振动主要由割刀、脱粒滚筒以及发动机激励引发。比较各轴向振动的峰值发现,X、Y 轴方向的振动主要由发动机激励提供,Z 轴方向的振动主要由割刀激励提供。人体敏感频率区域内的振动主要由割刀与脱粒滚筒激励提供。

2.收获机虚拟样机仿真试验

图 2-29 所示为收获机虚拟样机仿真试验过程。试验亦选在 D 级路面上进行,收获机处于未行走状态。仿真时间设为 10 s,仿真步数设为 1000 步。样机上振动测点布置与振动试验完全一致。采用 RecurDyn 软件 Scope 测量仪测量座椅、踏板以及扶手处 X、Y、Z 三个轴向的振动加速度。考虑到虚拟样机与路面之间无配合关系,履带与路面之间有些许间隔,此间隔会导致仿真开始时虚拟样机下落至地面时产生撞击,使收获机机体产生自由振动,但这种自由振动会在 3 s 后完全衰减。以座椅振动加速度信号为例,截取其 5~10 s 稳定时间段的振动信号进行分析处理。图 2-30 所示为截取的振动信号时域图谱。

图 2-29　收获机虚拟样机

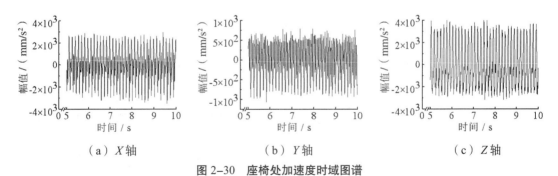

（a）X 轴　　　　　　　（b）Y 轴　　　　　　　（c）Z 轴

图 2-30　座椅处加速度时域图谱

采用 RecurDyn 后处理模块,对截取的振动时域信号进行快速傅里叶变换(FFT),得到座椅振动信号的频谱图,如图 2-31 所示。

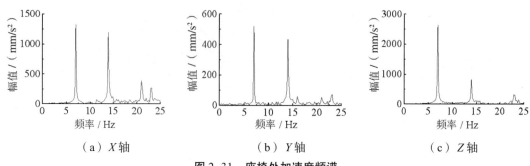

（a）X轴　　　　　　　　（b）Y轴　　　　　　　　（c）Z轴

图 2-31　座椅处加速度频谱

3.振动测试与仿真分析结果对比

根据国标 ISO 2631-1:1997,人体振动敏感频率主要集中于 20 Hz 以内,因此可提取 20 Hz 以内的振动加速度频谱进行分析。图 2-32、图 2-33、图 2-34 所示为座椅、踏板、扶手处的振动加速度频谱。其中,实线为收获机振动测试信号频谱分析结果,虚线为虚拟样机振动仿真信号频谱分析结果,P_1 与 P_2 分别表示振动频谱第一峰、第二峰峰值。收获机振动测试与虚拟样机振动仿真信号频谱差异分析如表 2-8、表 2-9、表 2-10 所示。

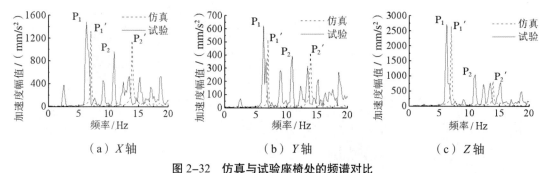

（a）X轴　　　　　　　　（b）Y轴　　　　　　　　（c）Z轴

图 2-32　仿真与试验座椅处的频谱对比

表 2-8　仿真与试验座椅处的频谱峰值对比

参数	X轴轴向频域信号对比				Y轴轴向频域信号对比				Z轴轴向频域信号对比			
	第一峰		第二峰		第一峰		第二峰		第一峰		第二峰	
	频率/Hz	幅值/（mm/s²）	频率/Hz	幅值/（mm/s²）	频率/Hz	幅值/（mm/s²）	频率/Hz	幅值/（mm/s²）	频率/Hz	幅值/（mm/s²）	频率/Hz	幅值/（mm/s²）
试验值	6.25	1480	10.9	966	6.25	621	10.9	393	6.25	2713	10.9	1038
仿真值	6.97	1319	13.9	1191	6.97	518	13.9	435	6.97	2640	13.9	831

根据图 2-32 与表 2-8,对收获机进行振动测试时,座椅 X、Y、Z 三个轴向的振动均在 6.25 Hz 与 10.9 Hz 处出现峰值;对收获机虚拟样机进行仿真试验时,座椅三个轴向的振动均在 6.97 Hz、13.9 Hz 处出现峰值。对比收获机振动测试与虚拟样机振动仿真信号的频谱发现,其振动频谱峰值点的频率与幅值虽然存在一定的差异,但该差异较小,主要是由虚拟样机所设置的驱动参数与收获机作业时的实际振动激励之间的差异引起的,因此是可以接受的。上述分析说明,仿真分析结果与振动测试结果基本一致,所建立的收获机人－机－路面系统的刚柔耦合虚拟样机模型是有效的,采用该模型对收获机驾驶员的振动舒适性进行仿真分析与研究是可行的。此外,考虑到试验时收获机处于未行

走状态,因此可以推测,收获机座椅处 20 Hz 以内的振动主要由割刀和脱粒滚筒激励引起。

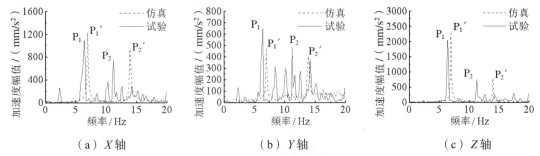

（a）X 轴　　　　　（b）Y 轴　　　　　（c）Z 轴

图 2-33　仿真与试验踏板处的频谱对比

表 2-9　仿真与试验踏板处的频谱峰值对比

参数	X 轴轴向频域信号对比				Y 轴轴向频域信号对比				Z 轴轴向频域信号对比			
	第一峰		第二峰		第一峰		第二峰		第一峰		第二峰	
	频率 /Hz	幅值 / (mm/s²)	频率 /Hz	幅值 / (mm/s²)	频率 /Hz	幅值 / (mm/s²)	频率 /Hz	幅值 / (mm/s²)	频率 /Hz	幅值 / (mm/s²)	频率 /Hz	幅值 / (mm/s²)
试验值	6.4	1092	11.25	750	6.4	650	11.25	485	6.4	2042	11.25	761
仿真值	6.97	1225	13.9	941	6.97	480	13.9	405	6.97	2404	13.9	792

根据图 2-33 与表 2-9,对收获机进行振动测试时,踏板 X、Y、Z 三个轴向的振动均在 6.4 Hz 与 11.25 Hz 处出现峰值;对收获机虚拟样机进行仿真试验时,踏板三个轴向的振动均在 6.97 Hz 与 13.9 Hz 处出现峰值。对比收获机振动测试与虚拟样机振动仿真信号的频谱发现,其振动频谱峰值点的频率与幅值虽然存在一定的差异,但该差异较小,因此是可以接受的。

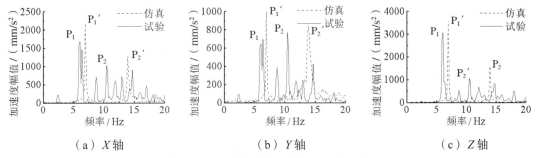

（a）X 轴　　　　　（b）Y 轴　　　　　（c）Z 轴

图 2-34　仿真与试验扶手处的频谱对比

表 2-10　扶手处的频谱峰值对比

参数	X 轴轴向频域信号对比				Y 轴轴向频域信号对比				Z 轴轴向频域信号对比			
	第一峰		第二峰		第一峰		第二峰		第一峰		第二峰	
	频率 /Hz	幅值 / (mm/s²)	频率 /Hz	幅值 / (mm/s²)	频率 /Hz	幅值 / (mm/s²)	频率 /Hz	幅值 / (mm/s²)	频率 /Hz	幅值 / (mm/s²)	频率 /Hz	幅值 / (mm/s²)
试验值	6.09	1681	10.46	1027	6.09	642	10.46	774	6.09	3074	10.46	1077
仿真值	6.97	2187	13.9	1271	6.97	995	13.9	843	6.97	3592	13.9	1585

根据图 2-34 与表 2-10,对收获机进行振动测试时,扶手 X、Y、Z 三个轴向的振动均在 6.09 Hz

与 10.46 Hz 处出现峰值;对收获机虚拟样机进行仿真试验时,扶手三个轴向的振动均在 6.97 Hz 与 13.9 Hz 处出现峰值。对比收获机振动测试与虚拟样机振动仿真信号的频谱发现,其振动频谱峰值点的频率与幅值虽然存在一定的差异,但该差异较小,因此是可以接受的。

2.5 收获机振动舒适性仿真分析与试验研究

稻麦油联合收获机对水稻、小麦、油菜进行收获作业时,因其作业对象不同,路面的土壤特性与收获机的收获系统也会相应地发生改变,致使振动激励发生改变,进而导致传递到人体的振动特性产生差异。为全面系统地模拟收获机各种激励情况下的振动舒适性,需要对稻麦油联合收获机在不同行驶速度下的不同收获作业情况进行仿真分析。本节基于人-机-路面耦合多体动力学模型,仿真模拟稻麦油联合收获机在不同行驶速度下对油菜、水稻、小麦的收获作业情况,同时对人体的振动舒适性进行分析与评价。采用动态信号分析仪对收获机的振动舒适性进行测试分析与评价,并将其结果与仿真分析进行对比,以验证虚拟样机模型的合理性。

一、稻麦油联合收获机振动舒适性的评价方法

振动舒适性又称平顺性,是衡量收获机人机工程性能的一个重要指标,主要根据驾驶员的体感舒适程度进行评价。目前国内外应用较为广泛的人体振动舒适性客观评价方法主要有 ISO 2631 推荐的方法、NASA 单一不舒适指数法、吸收功率法以及乘坐舒适性系数法。其中,ISO 2631 推荐的人体舒适性评价方法是目前应用最为广泛的一种评价方法,该方法源于国际标准《机械振动和冲击.人体处于全身振动的评估.第 1 部分:一般要求》(ISO 2631-1:1997)。

1. ISO 2631-1:1997简介

人体对振动的响应主要取决于振动频率、幅值、作用方向以及作用时间。但人与人之间的生理与心理状态差异较大,对振动的敏感程度不同,因此需要一个统一的标准对人体进行舒适性评价。ISO 2631-1:1997 所推荐的人体振动舒适性客观评价方法综合考虑了振动加速度有效值、振动频率、振动方向等因素对人体舒适性的影响,采用 1/3 倍频程分析法和加权加速度有效值评价法对振动舒适性进行评价。图 2-35 所示为 ISO 2631-1:1997 规定的人体坐姿受振系统。

ISO 2631-1:1997 标准规定,评价人体振动舒适性时,不仅要考虑座椅支承面处所产生的沿着 X、Y、Z 轴方向的纵向振动、横向振动以及垂向振动三个线性振动,而且要考虑绕 X、Y、Z 轴的侧倾振动、俯仰振动以及横摆振动三个角振动,还要考虑座椅靠背和脚支撑面三个方向的线性振动。考虑到座椅支撑面三个轴向的线性振动对人体健康具有较大影响,本研究主要根据座椅支撑面三个

轴向的线性振动对人体的振动舒适性进行分析与评价。

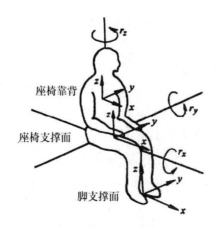

图 2-35　人体坐姿受振系统

人体对不同频率的振动敏感程度不同。国际标准(ISO 2631-1:1997)明确规定了人体垂直与水平方向上的振动频率加权值。图 2-36 所示为人体垂直(Y 轴)方向与水平(X、Z 轴)方向的频率加权值。分析发现,振动频率的加权值越高,人体对该频率的振动就越敏感。由图可知,座椅垂直方向频率加权值较大的区域为 4~12 Hz,座椅水平方向频率加权值较大的区域为 0.5~3 Hz。

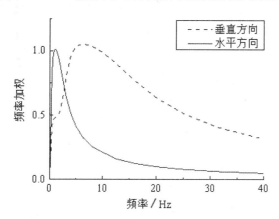

图 2-36　人体垂直与水平方向上的频率加权函数曲线

2.收获机振动舒适性客观评价方法

鉴于目前国内外尚无收获机振动舒适性的评价方法,本研究主要参照国际标准 ISO 2631-1:1997、国家标准 GB/T 8421—2020 以及国家标准 GB/T 13876—2007,采用加权加速度均方根值对收获机的振动舒适性进行分析与评价,该方法综合考虑了频率、振幅、轴向三个因素对人体全身振动的影响,能准确地反映人体全身振动的主观感受。

1) 频率加权

先计算各轴向加权加速度均方根值,即对记录的加速度时间历程 $a(t)$ 进行频谱分析得到功率谱密度函数 $G_a(f)$,之后根据相应的频率加权函数进行加权,最后按以下公式计算各轴向加权加速度均方根值。

$$a_{wf} = \sqrt{\int_{0.5}^{80} W^2(f) G_a(f) \mathrm{d}f} \qquad (2-9)$$

式中，a_{wf} 表示各轴向加权加速度均方根值，m/s^2；$W(f)$ 表示频率加权函数；$G_a(f)$ 表示加速度功率谱密度函数。

根据国标《农业轮式拖拉机　驾驶员座椅　传递振动的实验室测量》(GB/T 8421—2020)，频率计权主要有三种计权方式，即 1/3 倍频程带宽法、宽频带法以及等带宽法。本研究采用 1/3 倍频程带宽法来构建频率加权函数，将每 1/3 倍频程的分量乘以一个加权因子 $W(f)$，用以计算各轴向加权加速度均方根值。具体加权因子如表 2-11 所示。

表 2-11　1/3 倍频程加权因子

垂直方向（Y 轴方向）				水平方向（X、Z 轴方向）			
频率 /Hz	加权因子	频率 /Hz	加权因子	频率 /Hz	加权因子	频率 /Hz	加权因子
0.4	0.352	6.3	1.054	0.4	0.713	6.3	0.323
0.5	0.418	8	1.036	0.5	0.853	8	0.253
0.63	0.459	10	0.988	0.63	0.944	10	0.212
0.8	0.477	12.5	0.902	0.8	0.992	12.5	0.161
1	0.482	16	0.768	1	1.011	16	0.125
1.25	0.484	20	0.636	1.25	1.008	20	0.1
1.6	0.494	25	0.513	1.6	0.968	25	0.08
2	0.531	31.5	0.405	2	0.89	31.5	0.0632
2.5	0.631	40	0.314	2.5	0.776	40	0.0494
3.15	0.804	50	0.246	3.15	0.642	50	0.0388
4	0.967	63	0.186	4	0.512	63	0.0295
5	1.039	80	0.132	5	0.409	80	0.0211

2）轴向加权

根据 ISO 2631-1:1997，评价振动对人体健康的影响时，应同时考虑三个轴向振动。人体对水平方向的振动比对垂直方向的振动更为敏感，ISO 2631-1:1997 规定，座椅水平方向振动的加权系数取 $k=1.4$，垂直方向振动的加权系数取 $k=1$。驾驶员全身振动联合加权加速度均方根值 a_w 采用以下公式计算。

$$a_w = \sqrt{(1.4 a_{wx})^2 + (1.4 a_{wz})^2 + a_{wy}{}^2} \qquad (2-10)$$

式中，a_{wx}、a_{wy}、a_{wz} 分别表示 X、Y、Z 三个轴向的加权加速度均方根值，m/s^2。

表 2-12 所示为驾驶员全身振动联合加权加速度均方根值 a_w 与人体主观感受之间的关系。

表 2-12 a_w 与人体主观感受的关系

联合加权加速度均方根 a_w/(m/s^2)	人体主观感受
< 0.315	没有不舒适
0.315 ~ 0.63	有一些不舒适
0.5 ~ 1.0	比较不舒适
0.8 ~ 1.6	不舒适
1.25 ~ 2.5	很不舒适
> 2.0	极不舒适

二、稻麦油联合收获机振动舒适性仿真分析

基于 RecurDyn 软件平台，在收获机人 - 机 - 路面系统的刚柔耦合虚拟样机模型的基础上，通过对履带添加驱动，模拟收获机以不同的速度行驶作业。导入国标 F 级路面文件，并将履带与路面之间的接触分别设为黏土、贫黏土、重黏土以模拟收获机在不同土质路面上行驶作业。其中，黏土可用于模拟水分含量较大、土质较软的水稻田；贫黏土可用于模拟水分含量较少、土质较硬的油菜田；重黏土可用于模拟水分含量少、土质硬的小麦田。通过测量驾驶员的人体质心处的振动加速度，并对其进行分析处理，计算驾驶员全身振动联合加权加速度均方根值 a_w 以评价人体对振动的主观感受。

1.农田土壤特性分析

RecurDyn 软件低速履带模块包含丰富的土壤特性数据库，因此可通过对履带与路面之间的接触参数来定义路面的土壤特性，可将路面设为干燥沙地、黏土、重黏土、贫黏土、砂质土壤以及雪地等。其核心思想是基于 Bakker 半经验法的下沉理论，将土壤的形变分为梳理方向形变与水平方向形变，这两种形变分别对应于土壤的承压特性与剪切特性。RecurDyn 软件定义的路面由单元组成，因此可根据每个单元的最大压力、最大沉陷量、剪应力以及剪应变计算水平摩擦力或正压力。履带板与土壤之间通过土壤受压下沉时的剪应力与剪切位移产生相互作用。

本研究将履带与路面之间的接触分别设为黏土、贫黏土、重黏土以模拟收获机在水稻田、油菜以及小麦田里行驶作业的状态。表 2-13 列出了黏土、贫黏土以及重黏土三种土壤的力学参数。

表 2-13 土壤力学参数

参数类型	黏土	贫黏土	重黏土
内聚变形模量 kc/N·$m^{-(n+1)}$	0.417	4.127	5.173
摩擦变形模量 $k\varphi$/s·$m^{-(n+2)}$	0.0219	0.433	0.633
土壤变形指数 n	0.5	0.2	0.13
内聚压力 p/Pa	0.0041	0.069	0.069
剪切阻力角 φ/(°)	13	20	34
剪切变形模量 k	25	25	25
下沉率	0.05	0.05	0.05

2.油菜田行驶作业时振动舒适性仿真分析与评价

在收获机人－机－路面系统的刚柔耦合虚拟样机模型的基础上,将履带的接触设为贫黏土以模拟收获机在油菜田行驶作业。图2-37(a)所示为履带与贫黏土的接触情况,图2-37(b)所示即为收获机在油菜田行驶作业的仿真过程。

（a）履带与贫黏土的接触情况　　　　　（b）收获机在油菜田行驶作业

图2-37　油菜收获作业的仿真过程

设收获机在油菜田行驶作业的速度分别为2 km/h、3 km/h、4 km/h,则履带驱动轮的角速度为

$$\omega = \frac{10^3 v}{R_\mathrm{P}} \tag{2-11}$$

式中,ω 表示驱动轮角速度,rad/s;v 表示收获机行驶速度,km/h;R_P表示驱动轮的节圆半径,mm。

表2-14列出了收获机不同行驶速度下履带的驱动参数。

表2-14　收获机履带的驱动函数

行驶速度	2 km/h	3 km/h	4 km/h
驱动函数	STEP（time, 0, 0, 2, 270d）	STEP（time, 0, 0, 2, 406d）	STEP（time, 0, 0, 2, 542d）

以2 km/h的行驶速度为例,对收获机驾驶员的振动舒适性进行仿真分析。采用RecurDyn软件Scope测量仪测试人体躯干质心位置三个轴向的振动加速度。考虑到仿真初始阶段时收获机尚处于加速阶段,本研究截取了其匀速段(5 s之后)的振动信号进行分析处理。图2-38所示即为截取的振动信号时域图谱。

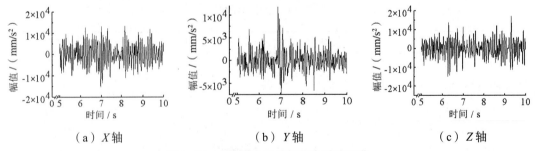

（a）X轴　　　　　（b）Y轴　　　　　（c）Z轴

图2-38　人体质心处的加速度时域图谱

采用RecurDyn后处理模块对截取的振动时域信号进行快速傅里叶变换(FFT),计算其功率谱密度(power spectral density),如图2-39所示。通过对功率谱密度函数进行频率加权,即可按照式(2-9)计算各轴向的加权加速度均方根值。

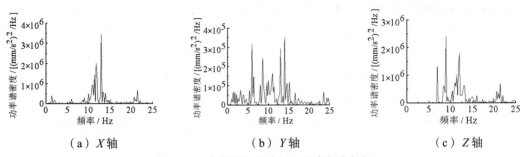

（a）X轴　　　　　　　（b）Y轴　　　　　　　（c）Z轴

图 2-39　人体质心处的加速度功率谱密度

根据 ISO 2631-1:1997,对人体振动舒适性进行分析时,频率范围取 0.5 ~ 80 Hz 较为合适。图 2-40 所示为频率加权函数曲线。

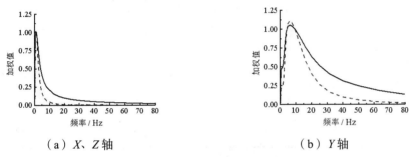

（a）X、Z轴　　　　　　　　　（b）Y轴

图 2-40　频率加权函数曲线

注:实线为 $W(f)$,虚线为 $W^2(f)$。

根据频率加权函数曲线,即可计算各轴向的加权加速度均方根值,其过程如图 2-41 所示。对本研究,当收获机行驶速度为 2 km/h 时,三个轴向的加权加速度均方根值分别为 a_{wx}=0.574 m/s²、a_{wy}=0.874 m/s² 以及 a_{wz}=0.391 m/s²。比较发现,Y 轴(垂直方向)加权加速度均方根值最大,其次为 X 轴(前进方向),Z 轴(水平方向)加权加速度均方根值最小。将 a_{wx}、a_{wy} 及 a_{wz} 代入式(2-10),则有

$$a_w = \sqrt{(1.4a_{wx})^2 + (1.4a_{wz})^2 + a_{wy}{}^2} = 1.306(\text{m/s}^2)$$

可见,驾驶员全身振动联合加权加速度均方根值 a_w 位于 0.8 ~ 1.6 m/s² 之间,人体主观感受为不舒适。

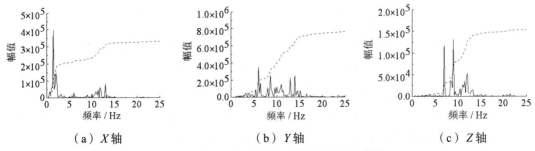

（a）X轴　　　　　　　（b）Y轴　　　　　　　（c）Z轴

图 2-41　人体质心处加权加速度均方根值计算结果

注:实线为 $W^2(f)G_a(f)$,虚线为轴向加权加速度均方根的平方。

根据式(2-9),计算各轴向加权加速度均方根值时,需要计算频率加权函数的平方项 $W^2(f)$。根据国际标准 ISO 2631-1:1997,提取 80 Hz 以内的频率加权离散坐标[即 $W(f)$ 频率加权函数],并将其写入记事本。采用 RecurDyn 后处理模块读取记事本中的参数 $W(f)$,采用自身相乘功能得到 $W^2(f)$,如图 2-40 所示。通过曲线乘积功能,将功率谱密度曲线 $G_a(f)$ 与 $W^2(f)$ 相乘即得到 $W^2(f)G_a(f)$,其结果如图 2-41 所示。

当收获机的行驶速度为 3 km/h 和 4 km/h 时,测试计算驾驶员全身振动联合加权加速度均方根值 a_w,并对其舒适性进行评价,结果如表 2-15 所示。

表 2-15 各车速下加权加速度均方根值

加权加速度均方根值	2 km/h	3 km/h	4 km/h
$a_{wx}/(m/s^2)$	0.574	0.734	1.029
$a_{wy}/(m/s^2)$	0.874	1.301	1.392
$a_{wz}/(m/s^2)$	0.391	0.625	0.718
$a_w/(m/s^2)$	1.306	1.873	2.240
舒适性评价	不舒适	很不舒适	很不舒适

3. 水稻田行驶作业时振动舒适性仿真分析与评价

与收获油菜不同,采用联合收获机收获水稻时,通常需要将其竖割刀拆下。因此,在进行水稻田行驶作业振动仿真试验时,需要去掉收获机虚拟样机的竖割刀部分,同时需要将虚拟样机履带的接触设为黏土[图 2-42(a)],以模拟收获机在水稻田行驶作业时的振动舒适性。图 2-42(b)所示即为收获机在水稻田行驶作业的振动仿真过程。虚拟样机相关参数的设定及测点布置与水稻收获作业一致。

（a）履带与黏土的接触情况　　　　　　（b）收获机在水稻田行驶作业

图 2-42 水稻收获作业的仿真过程

设收获机在水稻田(路面不平度为 F 级)行驶作业的速度分别为 2 km/h、3 km/h、4 km/h。以 2 km/h 的行驶速度为例,采用 RecurDyn 软件 Scope 测量仪测试人体躯干质心位置三个轴向的振动加速度,并按上述方法对其进行分析处理,图 2-43 与图 2-44 所示分别为各轴向的加速度功率谱密度及加权加速度均方根值计算结果。

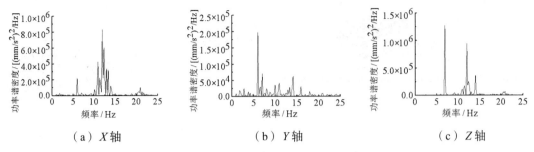

（a）X轴　　　　　　（b）Y轴　　　　　　（c）Z轴

图2-43　人体质心处的加速度功率谱密度

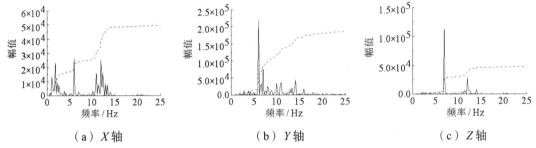

（a）X轴　　　　　　（b）Y轴　　　　　　（c）Z轴

图2-44　人体质心处加权加速度均方根值计算结果

注：实线为 $W^2(f)G_a(f)$，虚线为轴向加权加速度均方根的平方。

根据各轴向的加权加速度均方根值即可计算驾驶员全身振动联合加权加速度均方根值 a_w。当行驶速度为2 km/h、3 km/h以及4 km/h时，人体质心位置各轴向的加权加速度均方根值、驾驶员全身振动联合加权加速度均方根值以及人体振动舒适性评价结果见表2-16。

表2-16　各车速下加权加速度均方根值

加权加速度均方根值	2 km/h	3 km/h	4 km/h
a_{wx}/（m/s²）	0.222	0.368	0.912
a_{wy}/（m/s²）	0.430	0.741	0.810
a_{wz}/（m/s²）	0.217	0.360	0.703
a_w/（m/s²）	0.611	1.033	1.803
舒适性评价	有些不舒适	不舒适	很不舒适

4.小麦田行驶作业时振动舒适性仿真分析与评价

与水稻收获一样，采用联合收获机收获小麦时，也需要将其竖割刀拆下。因此，在进行小麦田行驶作业振动仿真试验时，也需要去掉收获机虚拟样机的竖割刀部分，同时应将虚拟样机履带的接触设为重黏土［图2-45(a)］，以模拟收获机在小麦田行驶作业时的振动舒适性。图2-45(b)所示即为收获机在小麦田行驶作业时的振动仿真过程。虚拟样机相关参数的设定与测点布置与小麦收获作业一致。

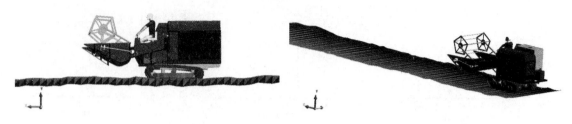

（a）履带与重黏土的接触情况　　　　　　（b）收获机在小麦田行驶作业

图 2-45　小麦收获作业的仿真过程

设收获机在小麦田（路面不平度为 F 级）行驶作业的速度分别为 2 km/h、3 km/h、4 km/h。以 2 km/h 的行驶速度为例，采用 RecurDyn 软件 Scope 测量仪测试人体躯干质心位置三个轴向的振动加速度，并按前述方法对其进行分析处理。图 2-46 与图 2-47 所示分别为各轴向的加速度功率谱密度及加权加速度均方根值计算结果。

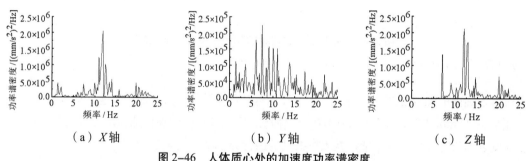

（a）X 轴　　　　　　　（b）Y 轴　　　　　　　（c）Z 轴

图 2-46　人体质心处的加速度功率谱密度

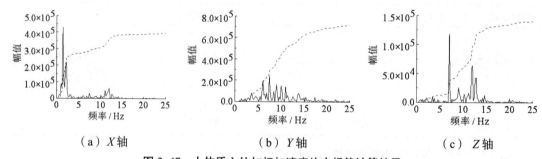

（a）X 轴　　　　　　　（b）Y 轴　　　　　　　（c）Z 轴

图 2-47　人体质心处加权加速度均方根值计算结果

注：实线为 $W^2(f)G_a(f)$，虚线为轴向加权加速度均方根的平方。

根据各轴向的加权加速度均方根值即可计算驾驶员全身振动联合加权加速度均方根值 a_w。当行驶速度为 2 km/h、3 km/h 以及 4 km/h 时，人体质心位置各轴向的加权加速度均方根值、驾驶员全身振动联合加权加速度均方根值以及人体振动舒适性评价结果见表 2-17。

表 2-17　各车速下加权加速度均方根值

加权加速度均方根值	2 km/h	3 km/h	4 km/h
$a_{wx}/$（m/s²）	0.627	0.747	0.951
$a_{wy}/$（m/s²）	0.850	1.347	1.365
$a_{wz}/$（m/s²）	0.374	0.590	0.682
$a_w/$（m/s²）	1.329	1.894	2.132
舒适性评价	不舒适	很不舒适	很不舒适

三、仿真结果分析与讨论

根据上述仿真结果,人体质心位置振动能量主要集中于 15 Hz 以内,因此易引发人体内脏、脊椎、胸腔等部位的共振作用。此外,路面激励引起的振动频率低于 5 Hz,作用于人体的内耳,易使人体产生眩晕的感觉。

由人体质心位置振动信号频谱图可知,其 X 轴振动峰值频率为 14 Hz,而 Y 轴和 Z 轴振动峰值频率为 7 Hz,因此可以推测传递到人体的振动主要源于割刀与脱粒滚筒激励。

图 2-48 所示为收获机在油菜田、水稻田以及小麦田以不同的速度行驶作业时,人体质心位置各轴向的加权加速度均方根值、全身振动联合加权加速度均方根值以及振动舒适性评价结果。从图中可以看出,当收获机以不同速度在不同硬度路面行驶作业时,驾驶员对振动舒适性的主观感受基本为不舒适及以上。

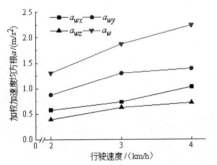

（a）加权加速度均方根值（油菜收获仿真）

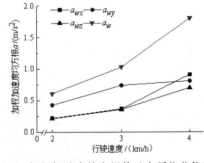

（b）加权加速度均方根值（水稻收获仿真）

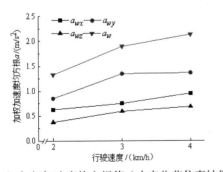

（c）加权加速度均方根值（小麦收获仿真结果）

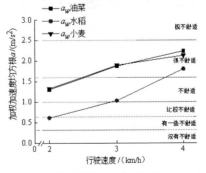

（d）人体主观感受评价

图 2-48　不同作业条件下人体质心处加权加速度均方根值

对比分析发现,收获机以相同速度在不同硬度路面行驶作业时,驾驶员全身振动联合加权加速度均方根值存在较大差异,其中,小麦田驾驶员的全身振动联合加权加速度均方根值 a_w 与油菜田驾驶员接近,油菜田驾驶员全身振动联合加权加速度均方根值 a_w 大于水稻田驾驶员,说明收获机在硬度较大的路面行驶时,人体的不舒适感更为强烈。

不仅如此,行驶速度对驾驶员全身振动联合加权加速度均方根值也具有较大影响,随着收获机行驶速度的增加,人体质心位置各轴向的加权加速度均方根值及全身振动联合加权加速度均方根值迅速增大,驾驶员主观不舒适程度也随之增强。

四、收获机田间行驶作业时振动测试及舒适性分析

1.收获机在不同硬度路面上行驶作业时的振动测试

1)振动测试过程

本试验的目的是探究土壤硬度、行驶速度对收获机振动以及人体舒适性的影响,试验选在平坦松软的泥土路面与平坦坚实的水泥路面(等效于国标 D 级路面)上进行。试验时,首先需要对收获机进行检查,以确保其处于良好工作状态;之后,将收获机预热空转 5 min,使发动机、传动系统以及其他部件均达到规定温度;最后,将发动机转速提升至正常作业值 2300 r/min。待横竖割刀、脱粒滚筒等装置运行平稳后,参照国标 GB/T 8421—2020 将 PCB 三轴加速度传感器安装在收获机座椅上,调整 COCO-80 手持式动态信号分析仪的采样率、分析参数等各项参数,当分析仪的显示屏上各轴向的振动幅度趋于稳定值时,启动收获机,采集收获机慢速作业挡行进与快速作业挡行进时的振动数据。图 2-49 为振动测试现场取景。

（a）松软路面收获机振动测试　　　　　　（b）坚实路面收获机振动测试

图 2-49　不同硬度路面下收获机振动测试现场

2)振动信号的分析与处理

① 慢速作业挡行进时不同硬度路面振动频谱分析。

根据标准 ISO 2631-1:1997,对人体振动舒适性进行分析与评价时,其频率范围应选为 0.5～80 Hz。对本研究,当收获机以慢速作业挡在不同硬度路面上行进时,其座椅位置振动频谱(0～80 Hz)分析结果如图 2-50、图 2-51、图 2-52 所示。

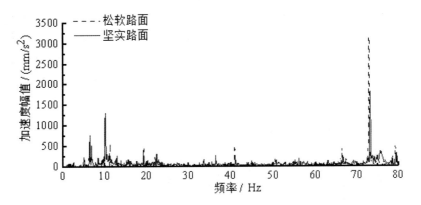

图 2-50　不同硬度路面 X 轴向频谱对比

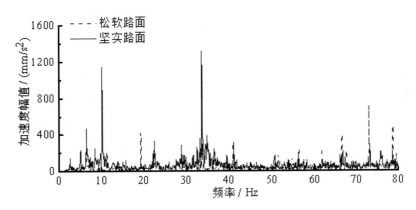

图 2-51　不同硬度路面 Y 轴向频谱对比

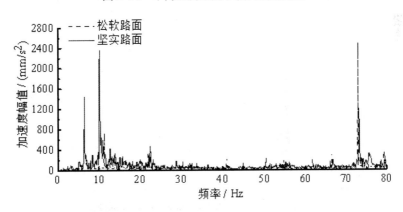

图 2-52　不同硬度路面 Z 轴向频谱对比

　　分析收获机振动频谱图(图 2-50、图 2-51、图 2-52)发现,当收获机以慢速作业挡在平坦松软的泥土路面上行进作业时,座椅三个轴向的振动幅值在 5 Hz 以内均比较小,说明松软路面对收获机的振动激励较小。对比松软路面与坚实路面的振动频谱发现,在 70 Hz 以内,坚实路面的振幅远大于松软路面,说明松软路面对 70 Hz 以内的振动的吸收效果比较明显。考虑到人体对振动的敏感频率主要集中于 20 Hz 以内,可以推测收获机在松软路面上行驶作业时,人体振动舒适性将会得到较大改善。

　　② 快速作业挡行进时不同硬度路面振动频谱分析。

　　图 2-53、图 2-54、图 2-55 所示为收获机在不同硬度路面快速行进时座椅三个轴向的振动频谱 (0 ~ 80 Hz)。

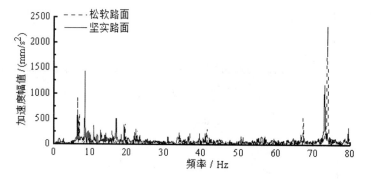

图 2-53　不同硬度路面 X 轴向频谱对比

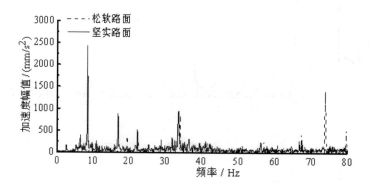

图 2-54　不同硬度路面 Y 轴向频谱对比

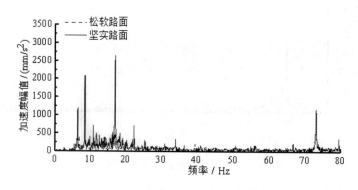

图 2-55　不同硬度路面 Z 轴向频谱对比

　　分析收获机振动频谱图(图 2-53、图 2-54、图 2-55)发现,当收获机以快速作业挡在平坦松软的泥土路面上行进作业时,路面的振动激励也比较小,松软路面对 70 Hz 以内的振动吸收效果也比较明显。对比分析收获机快速行进与慢速行进时座椅位置的振动频谱发现,快速行进时,收获机座椅位置振动幅值比慢速行进时要大,说明行驶速度对座椅振动具有较大影响。

3) 振动舒适性分析与评价

以收获机在坚实路面上快速行进时的座椅振动为例,采用上述方法对其振动信号进行分析处理,计算各轴向及驾驶员全身振动加权加速度均方根值。图 2-56 和图 2-57 所示分别为各轴向的加速度功率谱密度及加权加速度均方根值计算结果。

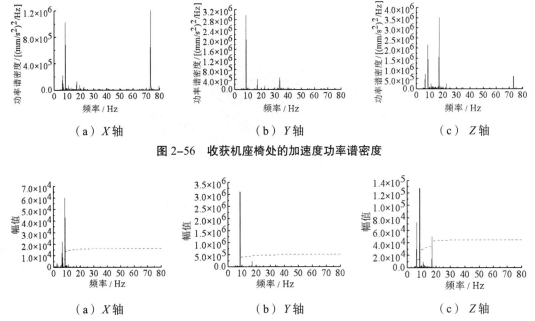

（a）X轴　　　　　　（b）Y轴　　　　　　（c）Z轴

图 2-56　收获机座椅处的加速度功率谱密度

（a）X轴　　　　　　（b）Y轴　　　　　　（c）Z轴

图 2-57　收获机座椅处加权加速度均方根值计算结果

注：实线为 $W^2(f)G_a(f)$ ，虚线为轴向加权加速度均方根的平方。

表 2-18 所示为收获机在不同硬度路面上行驶作业时,座椅各轴向加权加速度均方根值、驾驶员全身振动联合加权加速度均方根值 a_w 以及振动舒适性评价的结果。分析发现,路面坚实度对人体振动舒适性具有较大影响,收获机在平坦松软的泥土路面上行驶作业时,松软路面对振动能量具有一定的吸收作用,人体对振动舒适性的主观感受较好,而在平坦坚实的水泥路面上行驶作业时,其主观感受较差。此外,收获机行驶速度对人体振动舒适性也具有较大影响,随着行驶速度的增加,人体振动舒适性不断降低。

表 2-18　不同路面下收获机座椅处的加权加速度均方根值

松软路面加权加速度均方根值	慢速作业挡行进	快速作业挡行进	坚实路面加权加速度均方根值	慢速作业挡行进	快速作业挡行进
$a_{wx}/$（m/s²）	0.097	0.111	$a_{wx}/$（m/s²）	0.130	0.127
$a_{wy}/$（m/s²）	0.163	0.209	$a_{wy}/$（m/s²）	0.461	0.718
$a_{wz}/$（m/s²）	0.123	0.134	$a_{wz}/$（m/s²）	0.216	0.221
$a_w/$（m/s²）	0.273	0.320	$a_w/$（m/s²）	0.580	0.801
舒适性评价	没有不舒适	有些不舒适	舒适性评价	比较不舒适	不舒适

2.收获机以不同速度行驶作业时的振动测试

1）振动测试过程

为深入分析行驶速度对收获机振动舒适性的影响,同时进一步验证人－机－路面系统刚柔耦合虚拟样机模型的有效性,需要对以不同速度在田间行驶作业时的收获机进行振动测试。试验选在较粗糙坚实的泥土路面(等效于国标 E 级路面)上进行,其测试方法和过程同前。图 2-58 所示为座椅振动测试现场取景。

图 2-58　较粗糙路面收获机振动测试现场

2）振动舒适性分析与评价

以收获机在较粗糙路面上快速行驶为例,采集座椅三个轴向的振动信号,并对其进行分析处理,计算其振动功率谱密度与各轴向加权加速度均方根。图 2-59、图 2-60 所示分别为各轴向的加速度功率谱密度及加权加速度均方根值计算结果。表 2-19 所示为收获机慢速与快速行进时座椅各轴向加权加速度均方根值、驾驶员全身振动联合加权加速度均方根值 a_w 以及振动舒适性评价结果。分析发现,收获机以不同的速度在较粗糙路面上行驶作业时,其振动舒适性评价结果为不舒适,收获机的行驶速度越快,人体的主观感受越不舒适。

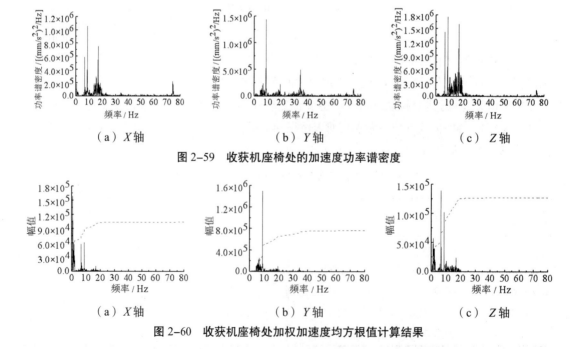

（a）X 轴　　（b）Y 轴　　（c）Z 轴

图 2-59　收获机座椅处的加速度功率谱密度

（a）X 轴　　（b）Y 轴　　（c）Z 轴

图 2-60　收获机座椅处加权加速度均方根值计算结果

注：实线为 $W^2(f)G_a(f)$,虚线为轴向加权加速度均方根的平方。

表 2-19　较粗糙路面下收获机座椅处的加权加速度均方根

行驶速度	$a_{wx}/$ (m/s²)	$a_{wy}/$ (m/s²)	$a_{wz}/$ (m/s²)	$a_w/$ (m/s²)	舒适性评价
慢速作业挡行进	0.230	0.632	0.295	0.820	不舒适
快速作业挡行进	0.322	0.874	0.355	1.102	不舒适

综合分析发现,当收获机在平坦坚实的水泥路面(等效于国标 D 级路面)与较粗糙坚实的泥土路面(等效于国标 E 级路面)上以慢速、快速挡行驶时,其驾驶员全身振动联合加权加速度均方根值 a_w 均位于 0.580 ~ 1.102 之间。采用人 – 机 – 路面系统刚柔耦合虚拟样机模型进行振动仿真时,收获机在国标 F 级路面上进行稻、麦、油收获作业时,驾驶员全身振动联合加权加速度均方根值 a_w 均位于 0.611 ~ 2.132 之间。对比发现,仿真分析结果 a_w 值比收获机田间作业时的测评结果 a_w 略大,其原因在于进行虚拟样机振动仿真试验时,所选用的路面更为粗糙。

2.6　稻麦油联合收获机车身的模态分析及结构优化

稻麦油联合收获机在田间行驶作业时会受到自身结构以及外部各种激励的影响,其机体会不可避免地产生振动。当外部激振力的频率与收获机某阶固有频率接近时,易产生共振现象,机体振幅加剧,收获机驾驶员振动舒适性明显降低。长时间在该频率下作业,易使收获机车身结构遭到破坏,从而导致其使用寿命降低。通过对收获机车身的结构进行尺寸与拓扑优化,可以将车身的低阶固有频率控制在特定的范围内,以避开外部激励频率。

本节主要以 2.3 节所建立的车身柔性体为基础,采用 HyperMesh 软件对车身进行模态分析与计算。通过对比车身前六阶模态与外部激励之间的频率差异,分析车身易与外部激励产生共振的固有频率。之后,采用 HyperMesh 软件 OptiStruct 模块对车身进行尺寸与拓扑优化,以提升车身的低阶固有频率,避开外部激振频率,降低车身共振的发生概率。

一、HyperWorks软件简介

HyperWorks 是一个开放的 CAE 平台,具有高度的开放性、灵活性以及用户界面友好性。软件主要包括 HyperMesh、OptiStruct、HyperForm、HyperGraph 以及 HyperView 等子模块。采用 HyperWorks 软件平台可以进行优化设计与鲁棒性研究、CAE 前后处理、标准求解、制造工艺仿真、流程自动化以及数据管理。

1. HyperMesh简介

HyperMesh 作为 HyperWorks 的有限元前处理模块,具有强大的有限元前处理功能。HyperMesh 软件可以与目前主流的 CAE 软件进行数据对接,支持多种格式的几何模型的读入,能够完成杆梁、板壳、实体等复杂对象的网格划分,并根据用户需求进行相关设置以完成不同类型有限元文件的输出。

2. OptiStruct简介

OptiStruct 作为 HyperWorks 子模块之一,其主要功能是针对产品存在的问题提供分析、设计以及优化方案。目前已成功应用于汽车、航空、农业工程等领域。

OptiStruct 的优化方式可分为概念设计优化与详细设计优化。其中,概念设计优化主要用于概念设计阶段,包括拓扑优化、形貌优化以及自由尺寸优化;详细设计优化主要用于详细设计阶段,包括尺寸优化、形状优化以及自由形状优化,其中尺寸优化主要是指通过改变单元的属性,如壳单元的厚度、梁单元的截面属性等,以达到一定的设计要求。拓扑优化是指将优化区域离散成有限单元网格,为每个单元计算材料特性,采用近似与优化算法更改材料的分布,最终为用户提供全新的设计与最优的材料分布方案。

OptiStruct 所提供的优化算法可以对设计过程中常见的静力、频响、模态频率等因素进行优化设计。其自身稳定的算法允许用户定义多个设计变量,如质量、体积、单元密度、惯量以及厚度等,从而进行多目标的优化设计。进行优化设计时,用户通常需要对设计变量、目标函数以及约束条件三个要素进行定义。其中,设计变量是指在优化时随着迭代的进行而发生改变的一组参数;目标函数是用户所设定的最优设计性能,在计算时通过迭代的方式一步步逼近;约束条件是指对设计的限制,其目的是防止在迭代优化的过程中出现与现实状况不相符的情况。

图 2-61 所示为采用 OptiStruct 模块进行结构优化设计的流程。

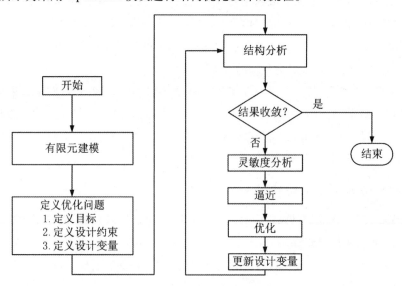

图 2-61 结构优化设计流程

二、收获机车身模态分析

1.模态分析基本理论

收获机车身无阻尼自由振动的运动方程为

$$[K]\{\delta\} + [M]\{\ddot{\delta}\} = 0 \qquad (2-12)$$

式中，$[M]$为质量矩阵；$[K]$为刚度矩阵；$\{\delta\}$为节点的位移。

自由振动可以分解为一系列简谐振动的叠加，假设车身结构做如下简谐运动：

$$\{\delta\} = \{\Phi\}_i \cos\omega_i t \qquad (2-13)$$

式中，$\{\Phi\}_i$为i阶固有频率所对应的主振型特征向量；ω_i为i阶圆频率。

将式(2-12)代入(2-13)，得

$$(K-\omega_i^2 M)\{\Phi\}_i = 0 \qquad (2-14)$$

自由振动时，车身结构的各节点振幅$\{\Phi\}_i$不全为0，故得

$$K-\omega_i^2 M = 0 \qquad (2-15)$$

收获机车身有限元模型的刚度矩阵$[K]$与质量矩阵$[M]$由所定义的材料属性与壳单元的厚度确定。通过定义材料属性与壳单元的厚度，得到各单元的刚度矩阵与质量矩阵，通过各单元的叠加得到车身整体的刚度矩阵与质量矩阵。刚度矩阵与质量矩阵均为n阶方阵，其中n是节点自由度的数目，求解ω^2的n次代数方程即可得到结构的n阶固有频率。

将固有频率代入式(2-14)可得到一组节点的振动幅值$\{\Phi\}_i$，节点之间保持固定的比率使其构成一个向量，称为特征向量，其在工程上又被称为结构主振型。

2.收获机车身模态计算

收获机进行田间行驶作业时，割台与脱粒清选仓连接处的两端轴承以及下方液压提升装置之间呈三点固定状态，割台在作业时为固定状态。车身有限元模型的割台与脱粒滚筒支架之间采用刚性单元(RBE2)使二者保持固定连接状态，如图2-62所示。将求解器接口设为OptiStruct，对车身进行模态分析时，运行选项设为分析模式(Analysis)。本章所涉及的模态为自由模态，对自由模态进行计算，即可得到模态参数。因自由模态的前六阶为刚体模态，其频率为0或接近于0，将模态计算频率的初始值设为0.001 Hz，以避开前六阶刚体模态，通过计算得到车身前六阶柔性体模态。在HyperView模块中，将形变比例因子设为50，观察车身的前六阶模态，如图2-63所示。表2-20所示为收获机车身的固有频率和主振型。

由上述模态分析可知，车身第一阶固有频率与外界割刀激励频率(7 Hz)接近，第三、四阶固有频率与脱粒滚筒激励频率(15 Hz)接近，易与车身发生共振。由2.4节可知收获机田间行驶作业时传入人体的振动能量主要集中于7 Hz与14 Hz这2个频率点。为避免车身与外部激励产生共振，提升收获机驾驶员的振动舒适性，有必要对车身进行结构优化。由图2-63的模态振型可知，频率接近7 Hz的第一阶模态振型的形变主要集中在驾驶室，发生共振时对人体舒适性的影响较大，频率接近15 Hz的第三、四阶模态振型的形变主要集中在脱粒滚筒支撑架的面板上，发生共振时对人体舒

适性的影响较小。因此本研究主要针对车身框架的第一阶模态(7 Hz)对车身框架结构进行优化。

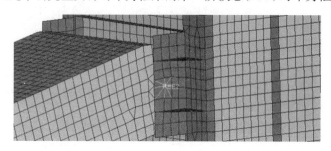

图 2-62　关键连接状态

（a）第一阶模态——一阶侧向弯扭

（b）第二阶模态——一阶侧向扭转

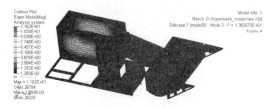

（c）第三阶模态——一阶侧向弯曲

（d）第四阶模态——二阶侧向弯曲

（e）第五阶模态——一阶垂直弯曲

（f）第六阶模态——二阶侧向弯扭

图 2-63　收获机车身模态

表 2-20　车身固有频率及主振型

模态阶次	固有频率 /Hz	振型
一阶	7.29	一阶侧向弯扭
二阶	10.05	一阶侧向扭转
三阶	13.83	一阶侧向弯曲
四阶	14.22	二阶侧向弯曲
五阶	15.32	一阶垂直弯曲
六阶	16.00	二阶侧向弯扭

三、收获机车身尺寸优化

尺寸优化作为最经典的优化技术,通常通过改变板的厚度、梁钢的截面尺寸、弹性构件的刚度等方式对机构进行优化。因此本研究采用尺寸优化技术对收获机车身结构进行优化。考虑到本研究所涉及车身结构较为复杂,车身由面板和骨架两个部分组成,骨架作为车身重量的承载部件,其厚度远大于面板厚度,因此对车身进行尺寸优化时重点集中在车身骨架上,通过对车身骨架的重要结构进行尺寸优化,以提高车身第一阶模态频率。进行尺寸优化时需要定义设计变量、设计约束以及设计目标。本研究将车身骨架的 10 根竖梁、7 根纵梁、3 根横梁的厚度定为设计变量,如图 2-64 所示。设计变量的初始值为 5 mm,上限值设为 8 mm,下限值设为 2 mm。将车身质量定为设计约束,车身初始质量为 0.709 t,为保证车身质量不发生大幅变化,设计约束的上限值设为 0.709 t,下限值设为 0.600 t。设计目标为第一阶模态频率最大化。参数设置完毕,将运行选项设为优化模式(Optimize),采用 OptiStruct 求解器进行计算,设计目标与车身质量随迭代次数的变化如图 2-65 所示。

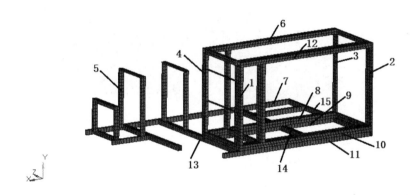

图 2-64 收获机车身骨架尺寸优化区域

1. 竖梁 1;2. 竖梁 2;3. 竖梁 3;4. 竖梁 4;5. 连接竖梁(6 根);6. 纵梁 1;7. 纵梁 2;8. 纵梁 3;9. 纵梁 4;10. 纵梁 5;11. 纵梁 6;12. 纵梁 7;13. 横梁 1;14. 横梁 2;15. 横梁 3

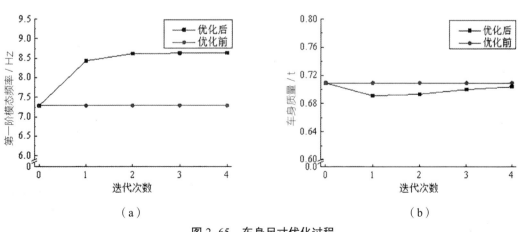

图 2-65 车身尺寸优化过程

经过 4 次迭代后所得到的最优车身骨架厚度分布如图 2-66 所示,尺寸优化后车身厚度分布如图 2-67 所示。

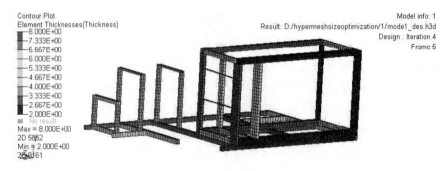

图 2-66　最优车身骨架厚度分布

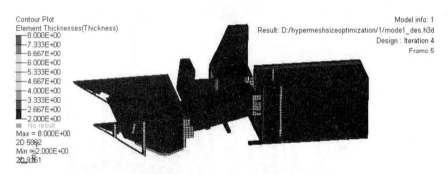

图 2-67　尺寸优化后的车身厚度分布

尺寸优化前后变量对比如表 2-21 所示。

表 2-21　尺寸优化前后变量对比

变量名称	优化前	优化后	增长量
车身质量 /t	0.709	0.703	−0.006
第一阶模态频率 /Hz	7.29	8.63	1.34
第二阶模态频率 /Hz	10.05	11.30	1.25
第三阶模态频率 /Hz	13.83	13.45	−0.38
第四阶模态频率 /Hz	14.22	14.09	−0.13
第五阶模态频率 /Hz	15.32	16.42	1.10
第六阶模态频率 /Hz	16	16.82	0.82
竖梁 1 厚度 /mm	5	8	3
竖梁 2 厚度 /mm	5	2	−3
竖梁 3 厚度 /mm	5	2	−3
竖梁 4 厚度 /mm	5	8	3
连接竖梁厚度（6 根）/mm	5	3.49	−1.51
纵梁 1 厚度 /mm	5	2.81	−2.19
纵梁 2 厚度 /mm	5	8	3
纵梁 3 厚度 /mm	5	8	3

变量名称	优化前	优化后	增长量
纵梁 4 厚度 /mm	5	8	3
纵梁 5 厚度 /mm	5	2.03	−2.97
纵梁 6 厚度 /mm	5	2.12	−2.88
纵梁 7 厚度 /mm	5	2	−3
横梁 1 厚度 /mm	5	8	3
横梁 2 厚度 /mm	5	7.93	2.93
横梁 3 厚度 /mm	5	4.96	−0.04

优化后收获机车身的前六阶模态与振型如图 2-68 所示。

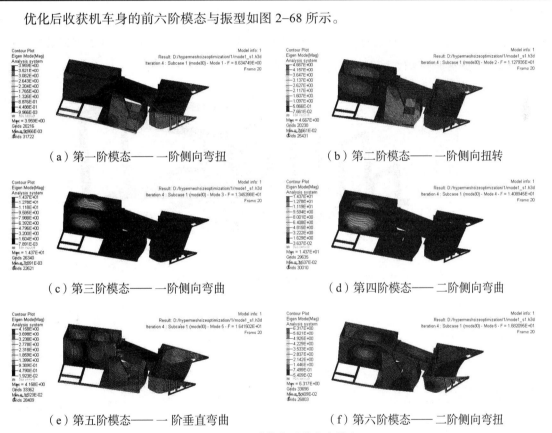

（a）第一阶模态——一阶侧向弯扭　　　　　　（b）第二阶模态——一阶侧向扭转

（c）第三阶模态——一阶侧向弯曲　　　　　　（d）第四阶模态——二阶侧向弯曲

（e）第五阶模态——一阶垂直弯曲　　　　　　（f）第六阶模态——二阶侧向弯扭

图 2-68　尺寸优化后的车身模态

收获机车身在 OptiStruct 模块中经过 4 次迭代后得到了最优的车身厚度方案。车身质量由优化前的 0.709 t 下降到优化后的 0.703 t,质量下降了 0.006 t,车身第一阶模态振型的最大位移由优化前的 4.087 mm 下降到优化后的 3.959 mm,最大位移幅度下降了 0.128 mm,设计目标车身的第一阶模态频率由优化前的 7.29 Hz 上升至优化后的 8.63 Hz,因而可以有效地避开割刀的激励频率,避免车身与低频振动激励产生共振,达到了车身优化的目的。由此可以推测,收获机采用优化后的车身进行田间作业时低频振动的振幅将降低,对人体进行振动舒适性评价时低频振动的加权值较高,故收获机采用优化后的车身进行田间作业时,振动舒适性将得到较大提升。

四、收获机车身拓扑优化

拓扑优化是指将优化区域离散成有限单元网格，为每个单元计算材料特性，采用近似与优化算法更改材料的分布，最终为用户提供全新的设计与最优的材料分布方案。因此本研究采用拓扑优化技术对收获机车身结构进行优化。考虑到本研究所涉及车身结构较为复杂，车身由面板和骨架两个部分组成，骨架作为车身重量的承载部件，其厚度远大于面板厚度，因此对车身进行拓扑优化时重点集中在车身骨架上，通过对车身骨架的重要结构进行拓扑优化，以提高车身的第一阶模态频率。进行拓扑优化时亦需要定义设计变量、设计约束以及设计目标。本研究主要将图 2-69 所示的车身骨架的密度作为设计变量，将车身质量定为设计约束，车身初始质量为 0.709 t，为保证车身质量不发生大幅变化，设计约束的上限值定为 0.709 t，下限值定为 0.600 t，设计目标为第一阶模态频率最大化。参数设置完毕，将运行选项设为优化模式(Optimize)，采用 OptiStruct 求解器进行计算，设计目标与车身质量随迭代次数的变化如图 2-70 所示。

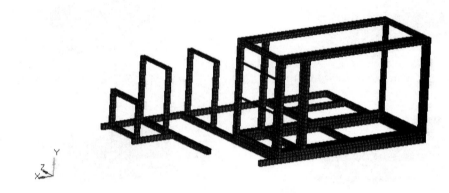

图 2-69　收获机车身骨架拓扑优化区域

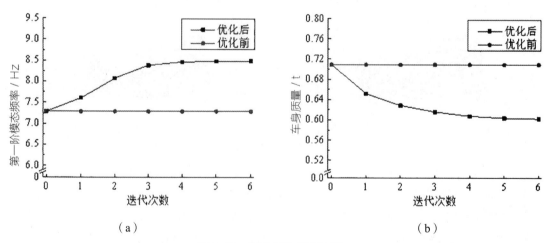

（a）　　　　　　　　　　　　（b）

图 2-70　车身拓扑优化过程

经过 6 次迭代后所得到的最优车身骨架密度分布如图 2-71 所示，优化后车身密度分布如图 2-72 所示。优化前后车身各参数变化情况如表 2-22 所示。

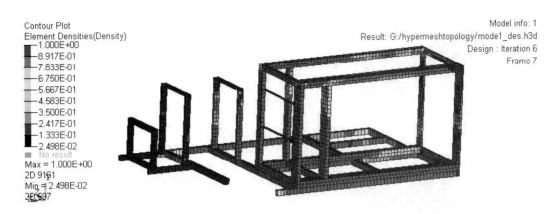

图 2-71 最优车身骨架密度分布

单元密度高的区域表示该区域的材料需要被保留，密度低的区域表示该区域的材料需要被适当去除。

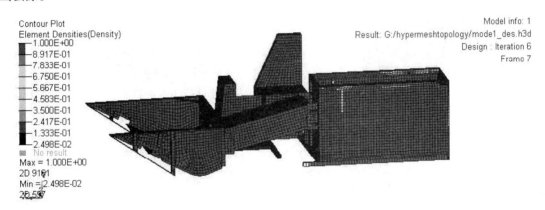

图 2-72 拓扑优化后的车身密度分布

表 2-22 拓扑优化前后变量对比

变量名称	优化前	优化后	增长量
车身质量 /t	0.709	0.602	−0.107
第一阶模态频率 /Hz	7.29	8.49	1.20
第二阶模态频率 /Hz	10.05	10.27	0.22
第三阶模态频率 /Hz	13.83	13.38	−0.45
第四阶模态频率 /Hz	14.22	13.98	−0.24
第五阶模态频率 /Hz	15.32	16.51	1.19
第六阶模态频率 /Hz	16	17.22	1.22

优化后收获机车身的前六阶模态与振型如图 2-73 所示。

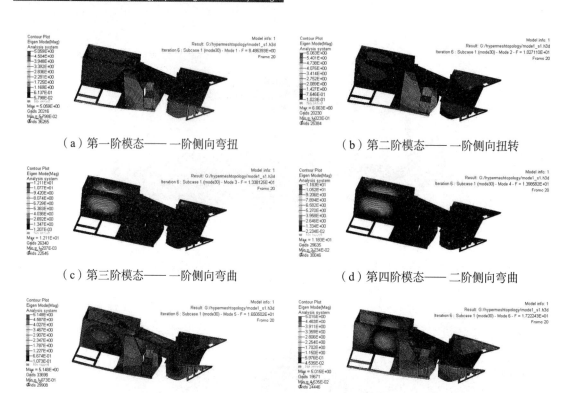

（a）第一阶模态——一阶侧向弯扭　　　　　（b）第二阶模态——一阶侧向扭转

（c）第三阶模态——一阶侧向弯曲　　　　　（d）第四阶模态——二阶侧向弯曲

（e）第五阶模态——一阶垂直弯曲　　　　　（f）第六阶模态——二阶侧向弯扭

图 2-73　拓扑优化后的车身模态

收获机车身在 OptiStruct 模块中经过 6 次迭代后得到了最优的车身密度方案。车身质量由优化前的 0.709 t 下降到优化后的 0.602 t，质量下降了 0.107 t，设计目标车身的第一阶模态频率由优化前的 7.29 Hz 上升至优化后的 8.49 Hz，因而可以有效地避开割刀的激励频率，避免车身与低频振动激励产生共振，达到了车身优化的目的。由此可以推测，收获机采用优化后的车身进行田间作业时低频振动的振幅将降低，对人体进行振动舒适性评价时低频振动的加权值较高，故收获机采用优化后的车身进行田间作业时的振动舒适性将得到较大提升。

对比分析收获机车身结构的尺寸优化与拓扑优化结果，可知，经尺寸优化后的车身的第一阶模态频率的上升幅度更大，经拓扑优化后的车身质量的下降幅度更大。说明拓扑优化更适用于机械设备的轻量化研究。综合考虑优化设计的目标与生产制造成本，本研究更适合采用尺寸优化技术对收获机车身进行结构优化。

2.7　本章小结

本章主要以某稻麦油联合收获机为研究对象，建立人-机-路面耦合多体动力学模型，在此基础上对收获机的振动舒适性进行仿真分析，同时对收获机的车身结构进行优化，以期提升收获机的振动舒适性。具体研究工作如下：

(1)分析稻麦油联合收获机的结构特点与振动激励。通过分析稻麦油联合收获机的结构特点与工作原理,找出收获机振动激励的来源,包括割刀、脱粒滚筒、发动机以及路面等。明确产生振动激励部件的结构特点后,参考《农业机械设计手册》及其他文献资料确定振动激励的相关参数,为虚拟样机振动激励的创建提供参考。

(2)创建人–机–路面耦合多体动力学模型。采用 Solidworks、RecurDyn 软件相结合的方式创建履带式稻麦油联合收获机刚体模型,在收获机刚体模型的基础上采用 HyperMesh、ANSYS、RecurDyn 相结合的方式对收获机车身进行柔性化处理,获得了车身模态柔性体,基于刚柔耦合技术,创建收获机刚柔耦合虚拟样机。根据国家标准《中国成年人人体尺寸》(GB/T 10000—1988)及《成年人人体惯性参数》(GB/T 17245—2004)创建了驾驶员坐姿几何模型,将模型导入 RecurDyn 中,创建人体虚拟样机。根据国家标准《机械振动 道路路面谱测量数据报告》(GB/T 7031—2005)及国际标准《机械振动 道路路面谱测量数据报告》(ISO 8608:1995),采用谐波叠加法编写了路面谱文件。最后根据人体、路面、收获机之间的耦合关系建立人–机–路面耦合多体动力学模型。通过现场振动试验测试了收获机座椅、扶手、踏板处的振动特性,并将其与虚拟样机仿真结果进行对比分析,验证收获机虚拟样机的合理性。

(3)收获机平顺性仿真分析与试验研究。基于人–机–路面耦合多体动力学模型,参照国标《农业轮式拖拉机和田间作业机械 驾驶员全身振动的测量》((GB/T 10910—2020)及《农业轮式拖拉机驾驶员全身振动的评价指标》(GB/T 13876—2007),针对不同的行驶速度与路面激励,对收获机驾驶员的振动舒适性进行仿真分析与评价,探索行驶速度与路面激励不平度对收获机振动舒适性的影响。采用动态信号分析仪对收获机的振动舒适性进行测试、分析与评价,探究不同硬度路面对收获机振动舒适性的影响;分析收获机在较粗糙路面以作业工况运行时的振动舒适性,并将其与虚拟样机仿真结果进行对比分析,进一步验证虚拟样机的合理性。

(4)收获机车身结构优化。采用 HyperMesh 软件对收获机车身进行模态分析与计算,根据模态分析结果,采用 OptiStruct 尺寸优化技术对车身厚度进行优化,提高车身的第一阶固有频率,以免车身与外部激励产生共振。

第3章
农机装备操纵过程数字化描述与舒适性评价

3.1 引 言

操纵舒适性是指驾驶员在对操纵装置施加操纵力并改变其运动状态的期间,操纵装置所反映出的适应操作者身体结构和生理特点的程度,或驾驶员所感受到的难易与轻便程度以及舒适程度。操纵舒适性是操纵装置设计过程中的人性化考虑,与操纵装置的布局、结构设计以及外部环境等因素密切相关。操纵舒适性评价是人机工效学的重要研究内容,其最终目的是为操纵装置的人性化设计提供指导,以实现人机关系的最佳匹配。操纵舒适性分析与评价已成为当前人机工效学领域的研究热点。目前国内外关于操纵舒适性评价方法的研究比较广泛,但现有研究主要侧重于对农机装备的操纵装置进行定性分析与主观评价,注重人体感受的主观表达,对操纵过程的动态描述与舒适性感觉的时间累积效应有所忽略,因而难以对农机装备的操纵舒适性进行量化描述和综合评价,无法为机具的工效学设计提供可靠的数据支持。

离合器踏板是农机装备的重要操纵部件,是改变车辆行驶状态和控制作业的主要部件之一。农机装备的离合器踏板操纵力较大,长时间或频繁操纵容易造成人体腿部肌肉疲劳,进而对驾驶员的身心健康产生不利影响,甚至会危及行车与作业安全。因此,必须加强农机装备离合器踏板的工效学研究,改善驾驶员的操纵舒适性与行车安全性,进而提高产品的人机品质与市场竞争力。本节主要以拖拉机换挡操纵过程为研究对象,构建了基于离差最大化的换挡操纵舒适性组合评价模型及基于操纵过程动作元分析的物元分析评价模型,并以此为基础,对多台拖拉机的换挡操纵舒适性进行定量分析与评价,相关研究成果可为拖拉机操纵装置的舒适性优化设计提供数据支持。图3-1所示为本章研究技术路线。

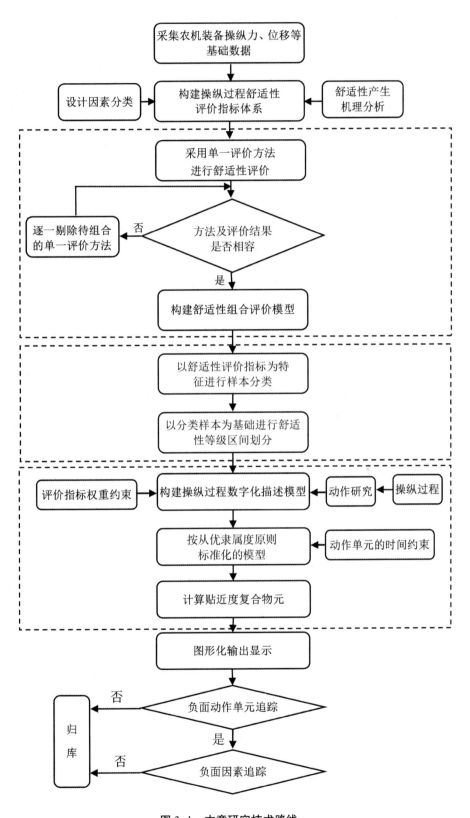

图 3-1　本章研究技术路线

3.2 换挡操纵舒适性影响因素分析及评价指标体系的构建

　　操纵装置的基本功能在于将操纵者对作业环境、事件等的响应动作转换成设备的输入信息,从而控制设备使其按照操纵者的意志运行。对于操纵者来说,操纵装置的设计应能确保其在单次作业中,安全、准确、迅速,且能舒适持续地进行操纵动作,而不至于产生早期疲劳。因此,操纵装置的设计必须充分考虑人体生理和心理的各种因素,使其达到高度的宜人化。对于离合器踏板,当换挡操纵系统的设计、布局完成后,其舒适性影响因素也就成了装置本身的固有属性,当进行动态操纵时这种属性就会体现出来,将动态过程中的属性定义为合理的物理或数学量,即指标。当进行舒适性评价时,指标体系便是这些属性的数字化反映,属性的背后则是对舒适性产生影响的因素。

　　因此,本研究从换挡操纵过程中的动力学特性对人体舒适性的影响着手,分析踏板装置反馈到人体腿部的力和位移等信息,选择相应的指标来描述操纵行为中的舒适性感觉,为舒适性的定量描述奠定基础。

一、离合器踏板操纵舒适性影响因素分析

　　离合器踏板作为车辆系统中离合器总成的操纵装置,是车辆驾驶控制中的五大操纵件之一,使用频率较高,其操纵正确与否,对车辆的驾驶和作业等都有重要影响。操纵舒适性作为踏板给予操纵者的反馈,主要取决于踏板的空间位置、踏板操纵力以及踏板行程。为了深入研究换挡操纵的舒适性,本课题以某拖拉机为研究对象,采集其离合器踏板操纵力、操纵行程数据(图3-2),并以此为基础,分析踏板空间位置、踏板操纵力、踏板行程等因素对离合器踏板操纵舒适性的影响。

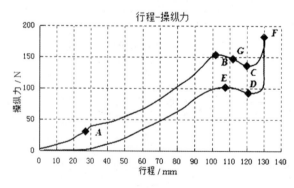

图3-2 拖拉机离合器踏板操纵力与行程关系曲线

1.踏板空间位置

拖拉机离合器踏板是一种脚踏式操纵机构,其空间位置对脚的施力和操纵效率均有重要影响。考虑到拖拉机离合器踏板对脚的蹬力要求较大,且需要频繁操纵,因此踏板的前后位置不止应在脚所能及的范围之内,更需要使脚与腿处在最佳的施力位置,使其形成一个施力单元。为此,踏板应布置在人体中线两侧各 10°～15° 的范围内;前后位置上,以使大、小腿之间的夹角在 105°～135° 的范围内为宜,当大腿和小腿之间夹角为 120° 时最优,此时脚的蹬力可达 2250 N。

2.踏板操纵力

所有的控制装置都有阻力,即使是纯位移的控制装置也不例外。阻力作为反馈的来源,并非所有的阻力均有用,因此需要对控制器进行专门设计和选择,以将其负面影响最小化,从而提高工作效率。常见的阻力类型有弹性阻力、静摩擦阻力、滑动摩擦阻力、黏性阻尼和惯性。离合器踏板的反馈即为弹性阻力,这种阻力的大小根据操纵装置的位置变化而变化(位移越大,阻力越大),阻力与位移之间的关系大多是线性的或者希望是线性的,这样的好处在于结合了力和位移两种信息,通过对控制器进行特殊设计,操纵者可以在具有特别阻力梯度的某些位置(如临界点)获得额外的提示。由于离合器使用频繁,在其他特征满足要求的前提下,其操纵机构当力求轻便,以减轻驾驶人员的劳动强度,即操纵力不应过大,一般不超过 245 N。在整个离合器的动作过程中还有几个特殊的位置和点,如图 3-2 所示的 B、C、D、E,即离合器分离点、完全分离点、回弹点和接合点。其中,B 点所产生的力为离合器的最大分离力,最大分离力过大意味着操纵离合器时需要较大的力,通俗来讲就是离合器很重,如此则人体做功增多易疲劳,故应避免该力过大;但也不宜过小,因为操纵者往往希望在此时获得提示以确保离合器已开始分离。同样地,在峰谷点 C 处恰当的力能够让操纵者感知到离合器是否已经完全分离。D 点的力为离合器踏板的回弹力,该点是操纵者在放开离合器的过程中,回程开始时踏板所保持的操纵力,亦即恢复离合器机械零件的弹性变形所需的操纵力。当回弹力适中时应既能保证回位正常,又能使离合器操纵轻便。同样该力也不宜过小,否则操纵者对离合器的开始接合无明显感觉。

3.踏板行程

离合器在操纵过程中,其工作过程可以分为分离和接合两个过程,分离时首先在自由行程内消除自由间隙,其后开始产生分离间隙,离合器分离。其中自由行程对应的是从踩下踏板到自由间隙被消除的过程中踏板的行程。自由行程消除后,继续踩下踏板将产生分离间隙,从自由间隙消除到离合器彻底分离这一过程反映到踏板上便是离合器踏板的工作行程。如图 3-2 所示,A 点即为踏板的自由行程点,G 点为分离行程点,E 点为接合行程点。当踏板的自由行程过大时,离合器可能无法彻底分离,造成换挡障碍,久之则会对变速箱造成损坏;当踏板的自由行程过小或为零时,将导致分离轴承长时间压在离合器的分离杠杆上,离合器将长期处于半分离状态,最终导致离合器的摩擦片磨损变薄,离合器不能完全结合。从舒适性上来说,过大的自由行程,将使操纵者做过多的无用功,缩短产生疲劳的时间。所以,离合器的自由行程必须调至合理的范围。对于拖拉机的离合器踏板,一般要求自由行程在 25～35 mm 之间,而且随着设备的不断使用,零部件的磨损,还需要对其进行定期检测与重新调整。对于分离行程，通常需要占总行程的 60%～80%，至于总行程一般应为 100～170 mm，最好不要超过 200 mm。当逐渐松开离合器踏板，复位弹簧将推动分离轴承向后移动，在产生分离间隙后开始接合。离合器开始接合时的工作点即为踏板行程中的结合点，它出现在松开踏板的过程中，该点位于储备点或彻底分离点之上。若接合点距离储备点超过 50 mm，则驾驶员难以从脚感上确定踏板的位置，因为驾驶员的踝关节部位只能在 50～60 mm 范围内调节 20%。

二、操纵舒适性评价指标体系的构建

1.操纵舒适性评价指标构建原则

与操纵有关的各种设计因素共同决定了操纵装置的舒适性，但这些设计因素对人体舒适感的影响规律不尽相同，因此建立操纵装置舒适性的设计、评价指标体系以研究这些因素对人体舒适感的影响具有重大的现实意义。从操纵装置的设计环节来考虑，指标体系的建立对装置的设计具有两个重要功能：一是"规范化"的功能，操纵装置在人机设计过程中为满足各种人机效应，各种因素需满足不同参数阈值，指标体系能为这样的要求提供规范化的设计标准，使各类因素的参数范围得以规范化；指标体系的另一重要功能是"预测"，基于各种设计指标对人体舒适感的影响规律，可以在装置的设计过程中预先了解不同设计参数对人体舒适感可能产生的影响，从而给理论或设计阶段提供方向指导与数据支持。

邱东教授认为指标体系的选取方法可以概括为定性和定量两大类，建立指标体系时应遵循一定的原则。本研究构建评价指标体系时主要考虑以下基本原则：

(1)科学适用性原则。即所确定的每个评价指标都需要有明确的界定和含义，能够通过计算得到计算量，能够反映影响舒适性的特征因素。

(2)全面系统性原则。在保证各指标在一定程度上相互独立的基础上，所建立的操纵舒适性评价指标体系需要尽可能全面地反映对舒适性产生影响的因素。这些指标体系在某些角度下还必须彼此联系且能构成一个有机的系统。

(3)可比性原则。离合器操纵舒适性的评价目的在于为农机装备设计过程中的操纵舒适性要求提供参考信息，为设备设计优化提供数据支持。因此，对于评价指标体系的设置不仅要意义明确，更需要对不同需求的设备之间进行横向对比。

(4)可量化性原则。为了使评价指标体系客观明确，结论直观，每一个被选择的评价要素应能够被量化，即需要有科学合理的计算方法。

2.操纵舒适性评价指标体系的构建

本研究根据评价指标体系构建的基本原则，从人体感知特性和力学特性两方面着手，选择平均踏板力 $\bar{F}$、曲线下面积 A_r、冲量 I_p、非线性度 I、最大分离力 F_{max} 五个参数作为换挡操纵舒适性的评价指标。表 3-1 所示为体系指标类型及其对应的人机工效学推荐值。

表 3-1　换挡操纵舒适性评价指标体系

目标层	准则层	指标集	人机工效学推荐值
操纵舒适性	作业强度要素	平均踏板力 $\overline{F}$	$45 \sim 90$ N
		曲线下面积 A_r	成本型指标
		冲量 I_p	成本型指标
	感知强度要素	非线性度 I	成本型指标
		最大分离力 F_{max}	$80 \sim 200$ N

注：表中平均踏板力推荐值参考周一鸣著写的《车辆人机工程学》，最大分离力参考《农业拖拉机操纵装置最大操纵力》（GB/T 19407—2003）。

3.主要评价指标的定义与阐释

1) 平均踏板力 $\overline{F}$

采用操纵过程的力的算术平均值定义，即

$$\overline{F} = \frac{x_1 + x_2 + \cdots + x_n}{n} \tag{3-1}$$

2) 曲线下面积 A_r

根据微分原理，可建立曲线下面积的计算公式：

$$A_r = \frac{1}{2} \sum_{i=0}^{n-2} \left[(F_i + F_{i+1})(s_{i+1} - s_i) \right] \tag{3-2}$$

式中，S_i 表示 i 时刻的踏板行程；F_i 表示第 i 时刻的踏板操纵力。

由曲线下面积 A_r 的计算方法可知，其本质是物理学上的功，即力在空间上的累积，可以表征骨骼肌收缩时对外所做的机械功。因此，本研究采用曲线下面积 A_r 表征踏板力对人体腿部作用的空间累积效应。A_r 越大，操纵者在操纵过程中的体力负荷就越大，操纵舒适性越差。

3) 非线性度 I

一般的操纵过程中，操纵者希望通过操纵力的大小感知到操纵行程的大小，以便更加轻松地实现操纵效果，因此，操纵力与行程应有较好的线性关系。

本研究采用离合器踏板实测力随踏板行程变化的三次拟合曲线与一次线性的理想直线的最大偏离程度再除以最大操纵力来表示其非线性度。其计算如下：

$$I = \frac{\max \left\{ \left| as - (c_1 s^3 + c_2 s^2 + c_3 s) \right| \right\}}{(S_{max} - S_{min})} \times 100\% \tag{3-3}$$

式中，as 为实测踏板操纵力与位移的一次拟合直线（截距为零）；$c_1 s^3 + c_2 s^2 + c_3 s$ 为实测踏板操纵力与位移的三次拟合曲线（截距为零）；S_{max}、S_{min} 为行程的端点值。

4) 最大分离力 F_{max}

除自动离合器外，传统离合器都是由驾驶员左脚踩踏板来操纵，从操纵舒适性的角度分析，当最大分离力过大，即操纵离合器时需要较大的力，通俗来讲就是离合器很重，如此则肌肉负荷增加，易引起人体疲劳,故最大分离力不宜过大。但最大分离力也不应过小,因为操纵者往往希望在此时获得提示以确保离合器已开始分离。因此,最大分离力应大小适中,以满足操纵舒适性的要求。

若操纵过程中任意一点的操纵力大小为 $F_i(i=0,1,\cdots,n-1)$,n 为曲线上点的数目,则操纵过程的最大分离力 F_{max} 为

$$F_{max} = \max F_i \quad (i=1,2,\cdots,n-1) \qquad (3-4)$$

5)冲量 I_p

一次静态肌肉收缩可维持的最长时间可表述为肌肉爆发力的函数,这个值可通过肌肉的最大自主收缩(maximum voluntary contraction,MVC)的百分比来表示。当肌肉爆发的力低于 MVC 的 15% 时,发生静态肌肉收缩,这个过程可以保持数分钟乃至数小时。因此本研究采用冲量 I_p 表征操纵力对人腿部的时间累积效应。

冲量 I_p 的定义式为

$$I_p = \int_{t_a}^{t_b} f(t)\mathrm{d}t \qquad (3-5)$$

式中,$[t_a,t_b]$ 表示研究的某一操纵过程的时间区间;$f(t)$ 表示操纵力的时域函数。

三、离合器踏板力、行程数据采集

1.测试对象

测试对象为八台农用拖拉机,型号分别为东方红 LX854、东方红 LX954、东方红 LX954、约翰迪尔 354、约翰迪尔 804、东方红 LX854、东方红 LX804 以及约翰迪尔 1054。为了方便记录,以下分别将其记为载具 1、载具 2、……、载具 8。采集所有对象的离合器踏板力和行程数据。

2.实验仪器

本研究的拖拉机换挡数据采集自华中农业大学机电工程训练中心,采集数据所用的传感器主要有上海狄佳传感科技公司的 DJTZ-70 型脚踏板力传感器、米朗 MPS-S-1000-V1 拉绳式位移传感器、北京思迈科华技术有限公司的 USB2611 数据采集卡、纽曼便携汽车应急移动电源以及笔记本电脑。

3.实验内容

试验邀请了具有一定驾龄的测试人员 5 名,进行测试时,测试人员按正常换挡速度踩下离合器踏板、换挡,然后松开,每台载具重复测试 3 次。采集其离合器踏板力和行程数据,实验共采集 120 组数据。现场测试所采用的传感器如图 3-3 所示。数据采集卡与传感器的接线图如图 3-4 所示,图 3-5 所示是测试现场取景。以载具 2 为例,其实测数据如表 3-2 所示。图 3-6 所示分别为拖拉机踏板操纵力随时间与行程的变化曲线。

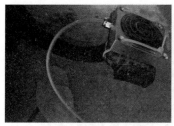

图 3-3　数据采集传感器

图 3-4　数据采集卡与传感器的接线　　　　图 3-5　测试现场

表 3-2　载具 2 部分实测数据

时间 /s	踏板操纵力 /N	行程 /mm	时间 /s	踏板操纵力 /N	行程 /mm
0	1.328	2.750	1.1	56.031	59.75
0.1	3.265	6.325	1.2	70.406	67.062
0.2	6.563	11.625	1.3	85.375	77.562
0.3	10.812	17.812	1.4	98.906	81.758
0.4	13.875	22.687	1.5	109.469	86.750
0.5	20.375	27.062	1.6	125.719	93.875
0.6	24.375	30.062	1.7	140.344	100.032
0.7	26.375	32.875	1.8	149.844	110.951
0.8	29.469	35.253	1.9	146.937	120.006
0.9	36.438	43.001	2.0	142.219	129.751
1.0	44.906	51.257	2.1	167.281	130.062

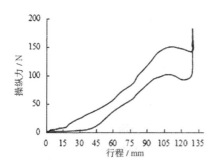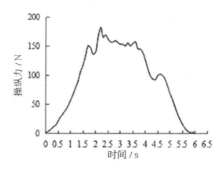

图 3-6　载具 2 的离合器踏板操纵力实测曲线

3.3 基于离差最大化的换挡操纵舒适性组合评价模型的构建

评价值与评价对象排序是评价结论的主要表现形式。通过对评价模型进行计算求解，所有被评价对象均可获得一个综合评价值。若对评价值进行综合分析，则可将评价值转换成一组综合评价序列，评价值和评价序列均可为决策者提供判断依据。由于各种评价方法对指标的集结方式不同，采用不同的评价方法处理具有确定属性的同一对象时经常出现结论不一致的问题，由此得到的结论通常不符合客观实际。为此，一些学者提出了组合评价的思想。

组合评价法主要以组合模型为基础，将多种评价方法的评价结论按照特定的集结方式进行组合，以期获得收敛的组合评价结论(评价值、评价对象排序)。从理论上讲，组合评价法综合考虑了各种评价方法的优点，因而可弥补单一模型与评价方法的不足，减少评价过程中的随机误差和系统误差，获得更加科学、合理的评价结论。目前组合评价法已被成功应用于经济效益评估与人力资源评估等重要领域。

离差最大化思想最早由王应明于1998年提出，主要应用于指标决策和排序中，其核心思想在于使各评价对象之间的距离尽可能最大，之后，学者将其作为评价方法应用到多个研究领域。基于离差最大化的组合评价方法是将离差最大化的思想和组合评价的思想相结合，利用离差最大化的思想求解待组合方法集中各方法评价值的组合权重，然后利用该权重完成方法集评价值的组合。这样的组合方式使组合后的评价值在各评价对象之间差距较大，便于对待评价对象集进行排序和等级划分。目前操纵舒适性的评价无论是在指标的选取、计算还是在特定指标的集结方式上均无固定的标准，特别在指标的集结方式上经常出现多种方法结论不一致的问题，各对象的评价值区分度不够。因此，本研究拟先抽取几种典型评价方法分别对拖拉机换挡操纵舒适性进行评价，之后基于组合评价的思想，运用离差最大化的组合方法，将典型评价方法的结论进行组合以评价换挡操纵舒适性，以期尽量完善地处理舒适性评价问题，使评价结果更加科学、合理，更具有实用性。

一、构建拖拉机换挡操纵舒适性组合评价模型

组合评价主要是采用特定的方式将多种方法的评价结论或评价指标权重进行组合，得到一种组合评价结论。组合评价的思路通常有两种：

一是基于评价指标赋权的组合评价。利用多种方法对被评价对象的指标集进行赋权，并按照一定的原则对各方法得到的权重向量进行组合，得到组合权重向量；最后，运用组合权重向量对评价对象进行处理，进而得到组合评价结论。

二是基于综合评价值的组合评价。该方法首先采用不同的评价方法对所有对象进行评价,并按一定原则对其评价结果进行组合,最后得到所有对象的综合评价值。

1.组合评价模型的构建思路

本研究采用基于离差最大化的组合评价方法构建换挡操纵舒适性组合评价模型,具体步骤如下:

(1)对采集的换挡操纵数据进行处理,计算各评价指标值,组成初始评价矩阵 $\boldsymbol{P}$。

$$\boldsymbol{P}=\begin{bmatrix} x_{11} & \cdots & x_{1n} \\ x_{21} & \cdots & x_{2n} \\ \vdots & & \vdots \\ x_{m1} & \cdots & x_{mn} \end{bmatrix}$$

其中, x_{ij} 为第 i ($i=1,\cdots,m$) 个样本的第 j ($j=1,\cdots,n$) 个属性值。

(2)对初始评价矩阵进行规范化处理,即对评价指标进行一致化和无量纲化处理。

(3)分别选取基于熵的综合评价法、灰色关联分析法、主成分分析法、理想解法以及改进理想解法五种不同的评价方法对初始评价矩阵 $\boldsymbol{P}$ 进行处理,得到各评价方法的评价结论,即评价值和样本次序。

(4)采用 Kendall 协和系数对五种评价方法的评价结论进行一致性检验,剔除评价结论不一致的评价方法,并再次进行一致性检验,直至方法集满足一致性为止。

(5)运用离差最大化的思想,求解相容方法集中各方法的组合权重系数,并对不同方法的评价值进行组合,得到组合评价结论。最后,对组合评价结论和相容方法集中各方法的结论再次进行一致性检验。

详细步骤如图 3-7 所示。

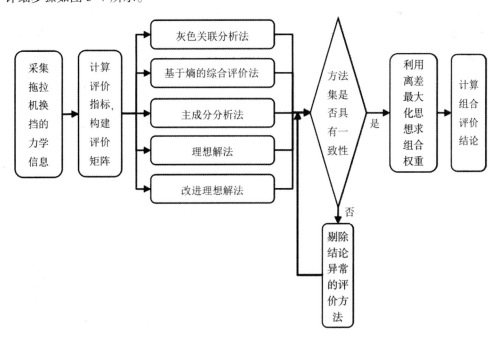

图 3-7 基于离差最大化的舒适性评价模型

2.基于离差最大化的组合模型

假设 $f=\{f_1, f_2, \cdots, f_n\}$ 为相容方法集，$S=\{s_1, s_2, \cdots, s_m\}$ 为待评价对象集，采用相容方法集中评价方法 f_j 对待评价对象集中各对象 s_i 进行评价，得到结果矩阵 $\boldsymbol{F}=(f_{ij})_{m \times n}(i=1,2,\cdots,m,j=1,2,\cdots,n)$。其中，$f_{ij}$ 为对象 s_i 在评价方法 f_j 下的评价值。

设各评价方法之间的组合权重向量为 $\boldsymbol{W}=[w_1, w_2, \cdots, w_n]$，则对象 s_i 的组合评价值为

$$F_i = w_1 f_{i1} + w_2 f_{i2} + \cdots + w_n f_{in} \tag{3-6}$$

设 $(d_{it})_j$ 为方法 f_j 下对象 s_i 与 s_t 的离差，即 $(d_{it})_j = \left| f_{ij} - f_{tj} \right|$。

则对象 s_i 与 s_t 在组合评价方法下的离差 d_{it} 为

$$d_{it} = \sum_{j=1}^{n} w_j \left| f_{ij} - f_{tj} \right| \tag{3-7}$$

在组合模型下，所有对象的总离差为

$$D = \sum_{i=1}^{m} \sum_{t=1}^{m} \sum_{j=1}^{n} w_j \left| f_{ij} - f_{tj} \right| \tag{3-8}$$

根据离差最大化的思想，应使总离差最大，即

$$\begin{cases} \max D = \sum_{i=1}^{m} \sum_{t=1}^{m} \sum_{j=1}^{n} w_j \left| f_{ij} - f_{tj} \right| \\ \sum_{j=1}^{n} w_j^2 = 1 \\ w_j > 0, j = 1, 2, \cdots, n \end{cases} \tag{3-9}$$

利用拉格朗日法求解上述模型，并对结果进行归一化处理，得到

$$w_j = \frac{\sum_{i=1}^{m} \sum_{t=1}^{m} \left| f_{ij} - f_{tj} \right|}{\sum_{j=1}^{n} \sum_{i=1}^{m} \sum_{t=1}^{m} \left| f_{ij} - f_{tj} \right|} \tag{3-10}$$

组合评价主要是以各评价方法的评价结论为基础，评价方法的选择及其结论的合理性直接决定着组合评价结论的合理性。为保证组合评价结果的科学性与合理性，必须在组合评价之前对各方法的评价结论进行一致性检验。一般采用两种方法对方法集的一致性进行检验，即 Kendall 协和系数法与模糊聚类分析法。Kendall 协和系数法计算更为方便，能够反映出数字序列的内在关联度，故一般采用 Kendall 协和系数法对方法集的一致性进行检验。

采用 Kendall 协和系数法对评价方法的一致性进行检验的步骤如下：

假设 $H_0: p$ 种方法的评价结论不具有相容性；$H_1: p$ 种方法的评价结论具有相容性。

计算统计量 Kendall 协和系数 W^k：

$$W^k = \frac{s}{\dfrac{1}{12} p^2 \left(m^3 - m \right)} \tag{3-11}$$

$$s = \sum_{i=1}^{m} r_i^2 - \frac{1}{p}\left(\sum_{i=1}^{m} r_i\right)^2 \tag{3-12}$$

式中，p表示评价方法数目；s表示每个评价方法的离差平方和。

W^k的简易计算公式为

$$W^k = \frac{12\sum_{i=1}^{m} r_i^2 - 3n^2 m(m+1)^2}{n^2 m(m^2-1)} \tag{3-13}$$

式中，m为待评价对象个数；n为评价方法个数；$r_i = \sum_{j=1}^{n} y_{ij}$，$y_{ij}$为第$i$个对象在第$j$种评价方法中的排序值。

当$m \leqslant 7$时，可直接利用统计量s进行一致性检验。在给定显著性水平α下，查 Kendall 协和系数临界值表，得到临界值s_a，当$s \geqslant s_a$时，说明p种方法具有相容性，否则，p种方法不具有相容性。

当$m > 7$时，计算统计量：

$$\chi^2 = p(m-1)W^k \tag{3-14}$$

根据χ^2分布表进行显著性检验。

若p种方法具有相容性，则可对其评价结论进行组合运算；否则需要逐步剔除其中评价结论与其他方法相悖的方法，直到所有方法的结论满足相容条件为止。

二、几种典型评价方法

1.基于熵的综合评价法

基于熵的综合评价法又称熵权法，它确定指标权重的基本依据是所有对象各指标变异性的大小。一般情况下，指标的信息熵越小，其指标值的变异程度越大，所提供的信息量越多，该指标对评价值的贡献也就越多，权重越大；反之，信息熵越大，则权重越小。

基于熵的综合评价法类似于线性加权，评价步骤可参照简单线性加权法，不同之处在于权重求取方式。

利用熵权法计算客观权重w_j，对于第i个待评价方法，基于熵的综合评价值为

$$s_i = \sum_{j=1}^{n} w_j y_{ij} \tag{3-15}$$

其中，

$$\sum_{j=1}^{n} w_j = 1 \tag{3-16}$$

2.灰色关联分析法

灰色关联分析法的基本思想是根据待分析系统的各特征参量序列曲线之间的几何相似或变化态势的接近程度来判断其关联程度的大小。

设有m个评价对象，每个评价对象由n个指标决定，利用灰色关联分析法进行综合评价时，基本思路如下：

(1)根据评价对象指标体系的实际含义，在m个样本序列中选出每个属性的最优值组成参考序

列 $x_o = \{x_{o1}, x_{o2}, \cdots, x_{on}\}$。

(2)计算待评价序列 $x_i = \{x_{i1}, x_{i2}, \cdots, x_{in}\}$ 标准序列之间的关联度 ξ_{ij}。

$$\xi_{ij} = \frac{\min\limits_i \min\limits_j |x_{oj} - x_{ij}| + \rho \max\limits_i \max\limits_j |x_{oj} - x_{ij}|}{|x_{oj} - x_{ij}| + \rho \max\limits_i \max\limits_j |x_{oj} - x_{ij}|} \tag{3-17}$$

其中，$|x_{oj} - x_{ij}|$ 表示第 i 个待评价对象的第 j 个指标的绝对差；$\min\limits_i \min\limits_j |x_{oj} - x_{ij}|$ 表示最小绝对差；$\max\limits_i \max\limits_j |x_{oj} - x_{ij}|$ 表示最大绝对差；$\rho \in [0,1]$ 为分辨系数，一般取0.5。

当计算数据为原始数据时，需要对数据进行一致化和规范化处理。

(3)计算灰色关联度。

$$r_i = \sum_{j=1}^{n} \xi_{ij} w_j \tag{3-18}$$

w_j 为指标权重系数，计算时可自行指定，默认按等权处理。

3.主成分分析法

研究实际问题时，影响结论的因素通常不止一个，经常需要将多种因素综合考虑，这些因素作为我们所研究问题的某些信息的反映，一般称为指标。待研究问题的各项指标之间通常会有一定的相关性，其相关性的存在，不仅会造成所得数据反映的信息有一定程度的重叠，研究模型也因此变得较为复杂。主成分分析(principal components analysis, PCA)由 Hotelling 于 1993 年首次提出，旨在尽量保留数据样本信息的基础上，尽可能消除样本指标之间的相关关系，提取少量具有代表性的指标，简化建模过程。

设待评价样本有 m 个，每个方案由 n 个指标决定，第 i 个样本的第 j 个指标的量值为 x_{ij}。利用主成分分析法进行综合评价时，计算步骤如下：

(1)数据标准化。

$$y_{ij} = \frac{x_{ij} - \overline{x}_j}{S_j}, i=1, 2, \cdots, m, \quad j=1, 2, \cdots, n \tag{3-19}$$

式中，x_{ij} 为第 i 个对象第 j 个指标的值；$\overline{x}_j$ 为各指标的算术平均值；S_j 为各指标的标准差。

(2)计算标准化数据 $(y_{ij})_{m \times n}$ 的相关矩阵 $\boldsymbol{R}$。

$$r_{ij} = \frac{1}{n-1} \sum_{t=1}^{n} y_{ti} y_{tj} \tag{3-20}$$

(3)计算 $\boldsymbol{R}$ 的 n 个特征值 $\lambda_1, \lambda_2, \cdots, \lambda_n$，且 $\lambda_1 \geq \lambda_2 \geq \cdots \geq \lambda_n$，对应的特征向量为 $\boldsymbol{u}_1, \boldsymbol{u}_2, \cdots, \boldsymbol{u}_n$。由于 $\boldsymbol{u}_1, \boldsymbol{u}_2, \cdots, \boldsymbol{u}_n$ 标准正交，因而称之为主轴。

$$\boldsymbol{u}_j = (u_{1j}, u_{2j}, \cdots, u_{mj}) \tag{3-21}$$

(4)按贡献率提取主成分。

计算各主成分的贡献率 b_j：

$$b_j = \lambda_j \left(\sum_{t=1}^{n} \lambda_t \right)^{-1} \tag{3-22}$$

提取前 k 个指标的累计贡献率 $\dfrac{\sum_{t=1}^{k}\lambda_t}{\sum_{t=1}^{n}\lambda_t} \geqslant 85\%$ 的主成分：

$$z_j = \sum_{t=1}^{n} u_{tj} y_t, \quad j = 1, 2, \cdots, k \tag{3-23}$$

(5) 计算综合评价值：

$$z = \sum_{j=1}^{k} b_j z_j$$

其中，b_j 为各主成分的贡献率。

4.理想解法

理想解法又称 TOPSIS 法，是一种有效的多目标决策方法。该方法通过计算评价对象或方案与正理想解、负理想解的距离来衡量对象或方案的性能。若对象或方案在最靠近正理想解的同时又远离负理想解，则认为该对象为最优对象或方案；否则为最差对象或方案。正理想解，是指某对象各指标属性都达到最满意的解；负理想解，则是指对象各指标属性都达到最不满意的解。确定了理想解之后，需要一种方法来表示各方案到理想解的靠近或远离程度，本研究采用相对贴近度来表示这种接近程度。假设方案 A_i 到正理想解 A^+ 和负理想解 A^- 的距离分别为

$$d_i^+ = \sqrt{\sum_{j=1}^{n}\left(x_{ij} - x_j^+\right)^2} \tag{3-24}$$

$$d_i^- = \sqrt{\sum_{j=1}^{n}\left(x_{ij} - x_j^-\right)^2} \tag{3-25}$$

则方案 A_i 到正理想解和负理想解的相对贴近度定义为

$$C_i = \frac{d_i^-}{d_i^+ + d_i^-} \tag{3-26}$$

不难看出，相对贴近度满足 $0 \leqslant C_i \leqslant 1$。

设决策矩阵 $\boldsymbol{X} = (x_{ij})_{m \times n}$，指标权重向量为 $\boldsymbol{W} = (w_1, w_2, \cdots, w_n)$。理想解法的一般计算步骤如下：

(1) 采用向量规范法对决策矩阵进行标准化处理，得到标准化矩阵 $\boldsymbol{Y}$。

$$\boldsymbol{Y}_{ij} = \frac{x_{ij}}{\sqrt{\sum_{i=1}^{m} x_{ij}^2}} \tag{3-27}$$

若决策矩阵中指标既存在正向指标又有逆向指标，应先对指标进行一致化处理，使得经标准化处理后的决策矩阵无量纲，且均正向化。

(2) 计算加权规范化矩阵 $\boldsymbol{Z}$。

$$\boldsymbol{Z} = \left(z_{ij}\right)_{m \times n} = \left(w_j \cdot Y_{ij}\right)_{m \times n} \tag{3-28}$$

(3) 确定正理想解和负理想解。

正理想解：

$$z^+ = \left\{ \max_{1 \le i \le m} z_{ij} \right\} = \left\{ z_1^+, z_2^+, \cdots, z_n^+ \right\}$$

负理想解:

$$z^- = \left\{ \min_{1 \le i \le m} z_{ij} \right\} = \left\{ z_1^-, z_2^-, \cdots, z_n^- \right\}$$

(4)计算各方案到正理想解与负理想解的距离。

$$d_i^+ = \sqrt{\sum_{j=1}^{n} \left(z_{ij} - z_j^+ \right)^2} \tag{3-29}$$

$$d_i^- = \sqrt{\sum_{j=1}^{n} \left(z_{ij} - z_j^- \right)^2} \tag{3-30}$$

(5)计算各方案的相对贴近度。

$$C_i = \frac{d_i^-}{d_i^+ + d_i^-} \tag{3-31}$$

(6)按相对贴近度的大小,对各方案进行排序。相对贴近度大者为优,相对贴近度小者为劣。

5.改进理想解法

改进理想解法是一种新的多指标决策方法,该方法利用决策矩阵的信息,客观地赋以权重系数,并以各方案到理想点距离的加权平方和作为综合评价的判据。

设决策矩阵 $\boldsymbol{X} = (x_{ij})_{m \times n} = (w_j \cdot \boldsymbol{Y}_{ij})_{m \times n}$,标准化矩阵为 $\boldsymbol{Y} = (y_{ij})_{m \times n}$。标准化处理后,所有指标均正向化,指标权重向量为 $\boldsymbol{W} = (w_1, w_2, \cdots, w_n)$,加权标准化矩阵为

$$\boldsymbol{Z} = \left(z_{ij} \right)_{m \times n} = \left(w_j \cdot \boldsymbol{Y}_{ij} \right)_{m \times n} \tag{3-32}$$

理想解 z^* 为

$$z^* = \left\{ \max_{1 \le i \le m} z_{ij} \right\} = \left\{ z_1^*, z_2^*, \cdots, z_n^* \right\} = \left\{ w_1 y_1^*, w_2 y_2^*, \cdots, w_n y_n^* \right\} \tag{3-33}$$

其中, $y_j^* = \max_{1 \le i \le m} y_{ij} (j = 1, 2, \cdots, n)$ 表示第 j 个指标的理想值。方案的评价准则是该方案到理想解的距离的平方,即

$$d_i = \sum_{j=1}^{n} \left(z_{ij} - z_j^* \right)^2 = \sum_{j=1}^{n} \left(y_{ij} - y_j^* \right)^2 w_j^2 \tag{3-34}$$

显然, d_i 越小方案越优。为了确定指标权重 w_j,构造最优化模型:

$$\begin{cases} \min C = \sum_{i=1}^{m} d_i = \sum_{i=1}^{m} \sum_{j=1}^{n} \left(y_{ij} - y_j^* \right)^2 w_j^2 \\ \text{s.t} \sum_{j=1}^{n} w_j = 1 \\ w_j > 0, \ 1 \le j \le n \end{cases} \tag{3-35}$$

求解此函数,构造拉格朗日函数:

$$L = \sum_{i=1}^{m}\sum_{j=1}^{n}\left(y_{ij} - y_j^*\right)^2 w_j^2 + \lambda\left(\sum_{j=1}^{n} w_j - 1\right) \tag{3-36}$$

令 $\dfrac{\partial L}{\partial w_j} = 0$，则有

$$2\sum_{i=1}^{m}\left(y_{ij} - y_j^*\right)^2 w_j + \lambda = 0 \tag{3-37}$$

从而解得

$$w_j = \cfrac{1}{\sum_{j=1}^{n}\cfrac{1}{\sum_{i=1}^{m}\left(y_{ij}-y_j^*\right)^2}\cdot\sum_{i=1}^{m}\left(y_{ij}-y_j^*\right)^2} \tag{3-38}$$

对于一个具有 m 个方案 n 个指标的多目标决策问题，当决策矩阵给定时，改进理想解法的求解步骤如下：

(1) 构造决策矩阵 $\boldsymbol{M}_{ij}$；

(2) 将决策矩阵进行评价指标一致化后使用向量归一化的标准化矩阵 $\boldsymbol{Y}_{ij}$；

(3) 根据上式计算各指标的权重向量 $\boldsymbol{W} = (w_1, w_2, \cdots, w_n)$，$\sum_{i=1}^{n} w_i = 1$；

(4) 确定标准化矩阵的理想解 $y_j^* = \max_{1\leq i\leq m} y_{ij}$ $(j = 1, 2, \cdots, n)$；

(5) 计算各方案到理想解的距离平方。

$$d_i = \sum_{j=1}^{n}\left(y_{ij} - y_j^*\right)^2 w_j^2 \tag{3-39}$$

三、基于典型评价方法的拖拉机换挡操纵舒适性评价

1. 初始评价矩阵的计算

将 8 台载具的实测数据按 3.2 节的指标体系进行处理，得到每台载具的属性值，表 3-3 所示为由各载具的属性值组成的初始量值表。

表 3-3　各载具评价指标初始量值表

拖拉机	平均踏板力 $\overline{F}$ /N	曲线下面积 A_t/（10^3N·mm）	非线性度 I/（%）	最大分离力 F_{max}/N	冲量 I_p/（N·s）
载具 1	58.98	9.92	10.90	151.84	116.35
载具 2	66.32	9.66	10.09	149.84	132.25
载具 3	63.57	7.87	10.12	130.00	127.58
载具 4	112.13	20.60	13.08	203.13	226.37
载具 5	88.29	15.30	10.32	181.22	177.88
载具 6	96.39	16.32	9.92	193.94	193.85
载具 7	105.66	18.05	14.58	199.22	212.86
载具 8	66.13	12.84	11.21	124.03	133.90

根据表 3-3,得到初始待评价矩阵:

$$\begin{bmatrix} 58.98 & 9.92 & 10.90 & 151.84 & 116.35 \\ 66.32 & 9.66 & 10.09 & 149.84 & 132.25 \\ 63.57 & 7.87 & 10.12 & 130.00 & 127.58 \\ 112.13 & 20.60 & 13.08 & 203.13 & 226.37 \\ 88.29 & 15.30 & 10.32 & 181.22 & 177.88 \\ 96.39 & 16.32 & 9.92 & 193.94 & 193.85 \\ 105.66 & 18.05 & 14.58 & 199.22 & 212.86 \\ 66.13 & 12.84 & 11.21 & 124.03 & 133.90 \end{bmatrix}$$

2.基于典型评价方法的拖拉机换挡操纵舒适性评价

按照上述评价步骤,分别利用灰色关联分析法、基于熵的综合评价法、主成分分析法、理想解法以及改进理想解法五种典型评价方法对初始待评价矩阵进行分析与评价。图 3-8 至图 3-12 所示分别为采用五种评价方法对初始待评价矩阵进行分析与评价的结果,其对比结果如表 3-4 所示,计算主要采用 MATLAB 编程完成。

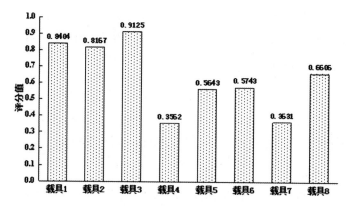

图 3-8　灰色关联分析法评价结果

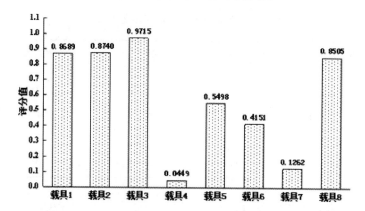

图 3-9　基于熵的综合评价法评价结果

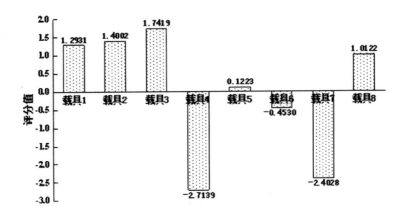

图 3-10 主成分分析法评价结果

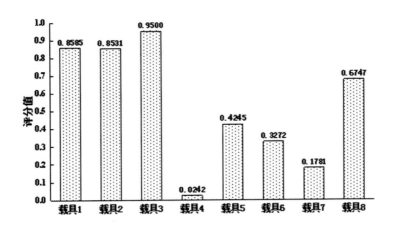

图 3-11 理想解法评价结果

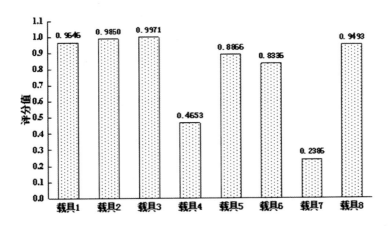

图 3-12 改进理想解法评价结果

表3-4 五种评价方法结论对比

载具	灰色关联分析法结论	灰色关联分析法排序	熵权法结论	熵权法排序	主成分分析法结论	主成分分析法排序	理想解法结论	理想解法排序	改进理想解法结论	改进理想解法排序
载具1	0.8404	2	0.8689	3	1.2931	3	0.8585	2	0.9646	3
载具2	0.8167	3	0.8740	2	1.4002	2	0.8531	3	0.9860	2
载具3	0.9125	1	0.9715	1	1.7419	1	0.9500	1	0.9971	1
载具4	0.3562	8	0.0449	8	−2.7139	8	0.0242	8	0.4653	7
载具5	0.5643	6	0.5498	5	0.1223	5	0.4245	5	0.8866	5
载具6	0.5743	5	0.4151	6	−0.4530	6	0.3272	6	0.8336	6
载具7	0.3631	7	0.1262	7	−2.4028	7	0.1781	7	0.2386	8
载具8	0.6606	4	0.8505	4	1.0122	4	0.6747	4	0.9493	4

3.典型评价方法结论的一致性检验

本研究采用SPSS软件对五种评价方法的排序进行Kendall协和系数求解。根据求解结果,五种评价方法的Kendall协和系数$W^k = 0.912$,相关性较高。

评价对象有8个,因此构造统计量:

$$\chi^2 = n(m-1)W^k = 34.067 > \chi^2_{0.99}(6) = 16.812$$

式中,m为评价对象个数;n为评价方法个数。

故认为五种评价方法的评价结论在显著性水平$\alpha = 0.01$时具有一致性,可以对其进行组合。

四、基于离差最大化的换挡操纵舒适性组合评价

采用极差变换法对五种典型评价方法的评价值进行标准化处理,得到如下的标准化矩阵Y:

$$Y = \begin{bmatrix} 0.8704 & 0.8893 & 0.8993 & 0.9012 & 0.9572 \\ 0.8278 & 0.8948 & 0.9233 & 0.8953 & 0.9854 \\ 1.0000 & 1.0000 & 1.0000 & 1.0000 & 1.0000 \\ 0.0000 & 0.0000 & 0.0000 & 0.0000 & 0.2989 \\ 0.3741 & 0.5449 & 0.6365 & 0.4324 & 0.8543 \\ 0.3921 & 0.3995 & 0.5074 & 0.3273 & 0.7844 \\ 0.0124 & 0.0877 & 0.0698 & 0.1662 & 0.0000 \\ 0.5472 & 0.8674 & 0.8362 & 0.7026 & 0.9370 \end{bmatrix}$$

运用离差最大化思想求解其组合权重,得到组合权重值向量W:

$$W = \begin{bmatrix} 0.2067 & 0.2071 & 0.2040 & 0.2041 & 0.1781 \end{bmatrix}$$

则组合评价模型的评价结果如表3-5所示。

表 3-5　组合评价模型的评价结果

载具	载具1	载具2	载具3	载具4	载具5	载具6	载具7	载具8
评价值	0.8841	0.8879	0.9653	0.1707	0.6049	0.5234	0.1943	0.7900
排序	3	2	1	8	5	6	7	4

五、操纵舒适性评分值与评价指标的回归分析

逐步回归分析能逐次引入对因变量影响最为显著的自变量,并对模型中已引入的变量进行逐个检验,将变化不显著的变量从模型中剔除。为了对本章所建立的指标体系的合理性和显著性进行检验,本研究采用 SPSS 软件将评价指标与载具组合评价值进行多元逐步回归分析,并进行显著性检验。检验结果如表 3-6 所示。

表 3-6　评价指标与舒适性组合评价值逐步回归分析系数和显著性检验结果

模型	非标准化系数	非标准化系数标准差	标准化系数	t	显著性
常量	2.129	0.016		137.249	0.000
平均踏板力 $\bar{F}$ (x_1)	-0.038	0.005	-2.534	-7.832	0.004
非线性度 I (x_3)	-0.049	0.002	-0.262	-31.625	0.001
曲线下面积 A_r (x_2)	-0.023	0.002	-0.337	-14.990	0.000
冲量 I_p (x_5)	0.015	0.002	2.053	6.243	0.008

分析完成共引入 4 个变量,分别为 x_1、x_2、x_3、x_5,剔除变量 x_4(最大分离力),得到回归方程:

$$y = 2.129 - 0.038x_1 - 0.023x_2 - 0.049x_3 + 0.015x_5$$

可见,除最大分离力 x_4 被剔除外,其余指标对操纵舒适性评价值的影响都极为显著,说明上文提出的指标评价体系具有一定的合理性。

六、操纵舒适性组合评价与主观评价结论对比

考虑到组合评价的评分值落在 0~1 之间,而且各载具的评分值相互独立,故可采用五分法将评分值区间 [0,1] 均匀地划分为 5 个等级区间,如表 3-7 所示。

表 3-7　舒适性等级划分

区域	Ⅰ区	Ⅱ区	Ⅲ区	Ⅳ区	Ⅴ区
舒适性等级	舒适	较舒适	稍舒适	较不舒适	不舒适
距离区间	0.8~1	0.6~0.8	0.4~0.6	0.2~0.4	0~0.2

测试人员根据 Likert 五分制量表对 8 台拖拉机的换挡操纵舒适性进行评分,评分档次分别为很满意(5分)、满意(4分)、一般(3分)、不满意(2分)、很不满意(1分)。

实验人员的基本信息如表 3-8 所示。

表3-8 参与评价人员基本信息

年龄/周岁	性别	体重/kg	身高/cm
24 ~ 26	男	60 ~ 80	173 ~ 185

主观实验共邀请实验人员15名,发放评分量表15份,共收回有效评分量表13份。量表得分为所有项目的均值。

各载具组合评分值与人体主观舒适性感受的对应关系如表3-9所示。

表3-9 各载具组合评分值与人体主观舒适性感受对应表

载具	载具1	载具2	载具3	载具4	载具5	载具6	载具7	载具8
评价值	0.8841	0.8879	0.9653	0.1707	0.6049	0.5234	0.1943	0.7900
舒适性等级	舒适	舒适	舒适	不舒适	稍舒适	稍舒适	不舒适	较舒适
主观评分均值	4.6	4.8	4.8	1.2	3.6	3.8	1.6	4

对评分量表进行统计分析发现,测试人员现场测试时的主观评分值与上述组合评价结果基本一致。

3.4 基于聚类分析的舒适性区间划分

本章3.2节分析了换挡操纵舒适性的产生机理和影响因素,并构建了评价指标体系,3.3节采用组合评价的思想对采集到的8台载具的舒适性进行了组合评价,得到了与主观评价基本一致的评价结论,最后将评价指标体系与对应的评价值进行逐步回归分析,得到评价指标与组合评价值之间的回归方程。根据以上的评价模型能够得到不同装备的舒适性评分值,但舒适性作为一种模糊概念,在人体所能接受的范围内,通常有5或3种等级(如:舒适、一般、不舒适),因此如何对舒适性评分值区间进行等级划分,以明确给定的舒适性评分值从属于何种等级尚需探究。

目前对于评分值随机落在 [0,1] 区间的评价,最常见的如本章3.3节中对 [0,1] 的评分区间进行五等分的线性划分,即将 [0,1] 区间均匀地划分为五等份,这种方式最简便但合理性欠佳。由于国内外尚无相应的舒适性划分标准和方法,而聚类分析作为无监督学习方法的一种,能将给定特征的数据集合分成多类。对于本研究,若将评分值区间 [0,1] 看作一给定特征的评分值集合,则可考虑利用聚类分析来探究给定舒适性评分值的对象当从属于何种舒适性水平。

本节在前文的基础上,将试验采集的120组数据按照上文的指标计算方法得到120组指标值;在此基础上,以120组实测数据加上每一台拖拉机所有人次测试的均值,得到共计128组数据,组成待分析样本,将舒适性评价指标集作为特征值,利用模糊C-均值聚类算法(FCM)对其进行聚类分析,将样本点划分为五类。再利用所建立的指标与评价值之间的回归方程,将4个特征值转换成舒适性评分值。最后,将每一类数据均扩充至100个,在一个坐标系中拟合其概率分布函数,完成舒适性区间的划分。

一、基于模糊C–均值聚类算法的样本分类

聚类分析又称群分析,是将对象分类成不同的组,更确切地说,是将数据集划分为子集(簇),使得同一类中的数据对象相似度尽量高,而非同类中的数据差别尽量大的方法。在实际问题的分类应用中,仅以单因素为分类特征通常不能全面综合地描述各类别,往往需要考虑多方面的因素。聚类分析作为多元统计方法的一种,在按照要求和规律对对象进行区别和分类的过程中不需要关于类的先验知识,能够处理多个指标决定的分类,并探索事物内在的特点和规律。

为了更加客观地反映现实世界,研究者们在传统聚类分析的理论上引入模糊数学语言将事物按一定要求进行描述和分类,根据研究对象本身的属性来构造模糊矩阵,并根据隶属度关系和所构造的模糊矩阵来确定聚类关系,从而客观且准确地进行聚类。模糊聚类通过建立样本对类别的不确定描述,能更客观地模拟现实世界,从而成为聚类分析的主流。模糊C–均值聚类算法是基于目标函数的模糊聚类理论中应用最为广泛的一种算法,本研究将采用此方法对数据样本点进行分类划分。

1.模糊C–均值聚类算法

模糊C–均值聚类算法(fuzzy C-means algorithm, FCM)是由普通C–均值聚类算法改进而来的一种基于划分的聚类算法,有别于普通C–均值聚类分析对数据非此即彼的硬性划分,FCM对数据进行的是模糊划分,即通过隶属度来表示样本对类的从属程度。其核心思想是使同类对象相似度最大,而不同类对象相似度尽量小。

FCM算法原理如下:

设有N个待分析样本$X=\{x_1,x_2,\cdots,x_N\}$,考虑将其划分为c类,聚类中心矩阵为$V=(v_1,v_2,\cdots,v_n)^T$,当聚类的目标函数满足特定的要求时,即完成数据的划分。目标函数的计算公式如下:

$$\min J(X,U,v_1,v_2,\cdots,v_k,\cdots v_c) = \sum_{k=1}^{c}\sum_{i=1}^{N}u_{ki}^{m_0}d_{ki}^2 \tag{3-40}$$

式中,u_{ki}为隶属度,表示第i($i=1,2,\cdots,N$)个样本从属于第k($k=1,2,\cdots,c$)类的程度;U为u_{ki}的隶属度矩阵;v_k为第k个聚类中心;d_{ki}为v_k与x_i之间的距离;m_0为模糊参数,通常取$m_0=2$。

上述目标函数的约束条件如下:

$$\begin{cases} \sum_{k=1}^{c}u_{ki}=1 & 1\leq i\leq N \\ u_{ki}\in[0,1] & 1\leq k\leq c,1\leq i\leq N \\ \sum_{i=1}^{N}u_{ki}\in[0,N] & 1\leq k\leq c \end{cases} \tag{3-41}$$

采用拉格朗日乘数法求最优解,聚类的目标函数计算公式如下:

$$F=\sum_{k=1}^{c} u_{ki}^{m_0} d_{ki}^2 + \lambda\left(1-\sum_{k=1}^{c} u_{ki}\right) \tag{3-42}$$

式中，λ 为拉格朗日乘子。

根据最优解的一阶必要条件可以得到

$$\frac{\partial F}{\partial \lambda} = \left(1-\sum_{k=1}^{c} u_{ki}\right) = 0 \tag{3-43}$$

$$\frac{\partial F}{\partial u_{ki}} = m_0 \left(u_{ki}\right)^{m_0-1} d_{ki}^2 - \lambda = 0 \tag{3-44}$$

根据式(3-44)可解得

$$u_{ki} = \left[\frac{\lambda}{m_0 \left(d_{ki}\right)^2}\right]^{\frac{1}{m_0-1}} \tag{3-45}$$

将式(3-45)代入式(3-43)可得

$$\left(\frac{\lambda}{m_0}\right)^{\frac{1}{m_0}} = \left[\sum_{j=1}^{c}\left(\frac{1}{d_{ji}}\right)^{\frac{1}{m_0-1}}\right]^{-1} \tag{3-46}$$

将式(3-46)代入式(3-45)可得：

$$u_{ki} = \frac{1}{\sum_{j=1}^{c}\left(\dfrac{d_{ki}}{d_{ji}}\right)^{\frac{2}{m_0-1}}} \tag{3-47}$$

$$v_k = \frac{\sum_{i=1}^{N}\left[\left(u_{ki}\right)^{m_0} x_i\right]}{\sum_{i=1}^{N}\left(u_{ki}\right)^{m_0}} \tag{3-48}$$

当聚类数 c、模糊参数 m_0、最大迭代次数等聚类参数已知时，由式(3-47)、式(3-48)反复迭代即可实现待选样本的聚类。

通俗地讲，FCM 的算法步骤主要分两步：

(1)给定聚类数 c，设定迭代收敛条件，初始化各个聚类中心；

(2)重复下面的运算，直至所有样本的隶属度值不再改变。

①根据式(3-47)计算隶属度函数；

②根据式(3-48)重新计算聚类的中心。

当算法收敛时，即完成了对数据样本的划分，划分结果可以得到每一类的聚类中心与各个样本对所有类的隶属度。

可见，整个计算过程重点在于反复计算修正分类矩阵和聚类中心，经过几次修补，该算法的收敛性已得到验证。模糊 C-均值聚类算法能从任意给定的初始点开始，沿一个迭代序列收敛到其他目标函数的局部极小点 $J_{\min}(U, v)$。对于满足条件的数据集合，FCM 算法可以收敛到局部最优解。

2.试验数据处理

根据 3.3 节的逐步回归结果,相较于其他指标,最大分离力因对舒适性评价值的影响不显著而被舍弃,因此本节进行聚类分析时,将以回归分析保留的 4 个指标(平均踏板力、曲线下面积、非线性度、冲量)作为分类特征。利用 3.2 节的指标计算方法和 3.3 节的回归方程,分别计算试验采集的 128 组数据的分类特征和评分值。由于数据点较多,本书仅展示部分数据点信息,为了便于对分类后的数据点进行统计识别,将所有数据点进行随机编号,部分对象分类特征及其评分值如表 3-10 所示。

表 3-10　部分样本分类特征值与评分值表

样本编号	平均踏板力 $\bar{F}$ /N	曲线下面积 $A_r/(10^3\text{N}\cdot\text{mm})$	非线性度 Il(%)	冲量 $I_p/(\text{N}\cdot\text{s})$	评分值
1	102.2958	20.4309	12.0048	227.8185	0.6009
2	115.2285	21.7692	13.0863	230.8646	0.0714
3	95.5798	16.5276	9.7389	194.4494	0.5564
4	105.7002	17.0298	14.0736	202.1990	0.0641
5	63.3427	12.1152	10.7683	128.0448	0.8364
6	80.6832	12.9842	9.6696	152.0889	0.5719
7	65.1733	9.3310	10.1775	128.5931	0.8680
8	75.7291	12.2870	10.6010	147.4994	0.6617
9	105.7194	18.4051	14.4266	215.2310	0.2099
10	102.3316	18.5116	14.5150	198.5219	0.0812
11	98.5368	15.2959	9.9506	193.4340	0.4467
12	109.3204	20.4629	14.8178	230.9940	0.2430
13	106.4271	17.2775	14.4163	215.2310	0.2095
14	68.8251	10.3582	10.4441	137.9592	0.8330
15	56.1610	10.2051	11.6033	114.3342	0.9066
16	80.2723	13.0175	9.7536	131.9768	0.2810
17	88.4276	17.1683	10.2823	169.1420	0.4072
18	102.3733	18.1614	14.0736	196.7805	0.0832
19	95.0199	17.2364	11.4121	190.6107	0.4218
20	106.4271	18.5116	14.4607	215.3052	0.1800
21	68.6687	12.1152	11.0256	142.1132	0.8324

续表

样本编号	平均踏板力 $\overline{F}$ /N	曲线下面积 A_r/（10^3N·mm）	非线性度 I/（%）	冲量 I_p/（N·s）	评分值
22	81.9790	13.9688	9.5204	155.4143	0.5572
23	117.7703	20.7321	12.8272	237.6108	0.1125
24	102.3316	18.1614	14.3380	198.5219	0.0980
25	58.1236	9.8397	11.0580	119.1408	0.9393
26	68.6687	14.4373	11.2784	142.1132	0.7666
27	66.6823	14.4373	11.1097	136.8639	0.7716
28	68.7115	10.1318	10.2668	136.5962	0.8308
29	66.4207	12.7481	11.0256	133.0426	0.7672
30	86.7134	15.6534	10.0036	181.3519	0.7040
31	59.2819	10.0013	11.1006	111.9003	0.7808
32	73.1612	11.9129	9.4158	131.9768	0.5932

3. 样本分类

利用模糊 C- 均值聚类算法对处理后的 128 组数据进行分类，分类特征为 3.3 节中逐步回归分析保留的 4 个指标，即平均踏板力、曲线下面积、非线性度、冲量。考虑到目前对于事物等级的划分多为 3、5 或 7 类，因此本研究设置聚类数目为 5，即将舒适性划分为 5 个等级，利用 MATLAB 软件编写 FCM 计算、绘图程序，导入数据完成数据的聚类分析。

FCM 计算程序输出的结果中包含迭代信息和最终的聚类中心以及每一类所包含的样本编号，逐一计算每一类样本的所有对象舒适性评分值的均值和标准差。结果信息如表 3-11 和表 3-12 所示。

表 3-11　聚类分析结果统计表

最终聚类中心	平均踏板力 $\overline{F}$ /N	曲线下面积 A_r/（10^3N·mm）	非线性度 I/（%）	冲量 I_p/（N·s）	对象个数	类对象评分值均值	类对象评分值标准差
1	81.6422	13.5277	10.0392	156.6143	18	0.5742	0.0883
2	109.6182	19.8638	13.4111	224.7665	22	0.1923	0.1295
3	66.9054	11.3069	10.6736	133.8726	33	0.8210	0.0810
4	60.3651	9.3537	10.5117	116.8754	21	0.8595	0.1007
5	96.4193	16.6637	10.9456	191.4305	34	0.4182	0.1660

表 3-12　每一类对应的评分值

类	类包含的对象的评分值
第一类	0.5719、0.6617、0.4072、0.5572、0.6979、0.5352、0.6601、0.6209、0.3321、0.5378、0.6058、0.5652、0.5684、0.5821、0.5603、0.6314、0.5932、0.6473
第二类	0.1997、0.0714、0.0641、0.2099、0.243、0.2095、0.18、0.1125、0.2642、0.6813、0.1492、0.0622、0.0673、0.1326、0.153、0.1128、0.1802、0.1916、0.281、0.1402、0.2837、0.2416
第三类	0.8364、0.868、0.833、0.8324、0.7666、0.7716、0.8308、0.7672、0.8286、0.8839、0.9010、0.9165、0.7458、0.7320、0.6315、0.9790、0.8288、0.9333、0.6981、0.8613、0.9732、0.799、0.7539、0.7908、0.6957、0.8238、0.7615、0.9346、0.8033、0.9213、0.8278、0.7987、0.7649
第四类	0.9066、0.9393、0.7808、0.8338、0.9038、0.8509、0.6285、0.8859、0.9592、0.8931、0.9863、0.9794、0.5838、0.8517、0.7834、0.9064、0.8512、0.8815、0.8359、0.8841、0.9237
第五类	0.5564、0.4452、0.0812、0.4467、0.4401、0.0832、0.4218、0.098、0.704、0.4467、0.2994、0.6627、0.472、0.3859、0.4878、0.5112、0.0152、0.3948、0.6226、0.3785、0.5478、0.3627、0.5926、0.2976、0.5144、0.4450、0.1991、0.4389、0.3587、0.5006、0.3892、0.5507、0.5408、0.5289

　　将聚类结果绘图显示,由于用于聚类的特征有 4 个,无法单纯地以特征作为绘图变量,因此,本文分别以聚类特征为横坐标,以对象评分值为纵坐标,将聚类结果进行绘图,分类结果的散点图如图 3-13 所示。

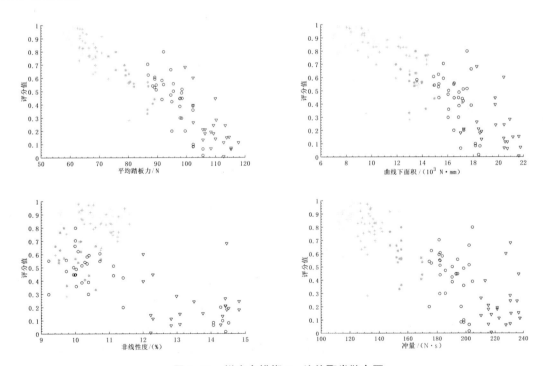

图 3-13　样本点模糊 C- 均值聚类散点图

　　可见平均踏板力、冲量对样本点的分类影响非常显著,其次是曲线下面积,最不显著的是非线性度,基本无法将样本点区分开。

二、舒适性评分值的判别分析

根据聚类分析的特征集以及聚类的结果,利用逐步判别的方法对 128 个样本进行判别分析,用以检验聚类结果分析的准确性。利用 SPSS 软件进行判别分析,得到了 4 个典型判别函数。其中前 2 个典型判别函数共可解释 99.9% 的方差变化,几乎包含全部主要信息,可以描述各指标之间的差异与联系。用前 2 个典型判别函数对所有样本点做散点图,结果如图 3-14 所示。由图可见,利用所建立的舒适性评价指标体系和所得的判别模型可以将不同舒适性评分值的样本区分开,划成 5 个类别。

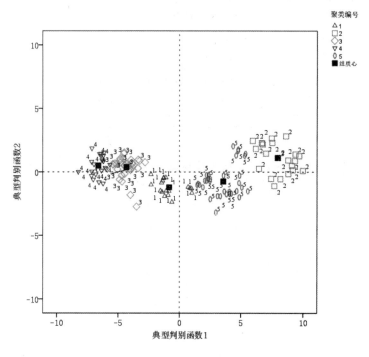

图 3-14　判别分析结果图

判别结果的分组图形如图 3-14 所示。根据个案的判别分析结果,原来聚类分析所得的第一类的 18 个样本,据判别分析重新分类后这 18 个样本仍被分为第一类;原来聚类分析所得的第二类的 22 个样本,据判别分析后这 22 个仍然被分为第二类;第三类的 33 个样本,经判别分析重新划分后仍有 31 个被划分为第三类,但有 2 个分别被重新划分为第一类和第四类;第四类 21 个样本全部被划分为第四类;34 个原属于第五类的样本共有 2 个被重新划为第二类。聚类分析与判别分析的分类结果的一致性达到 96.875%。结果表明,聚类分析和判别分析两种分析方法对本研究中拖拉机操纵舒适性等级区间的划分具有非常好的一致性。此外,从散点图可以看出,利用之前所建立的评价指标对舒适性评分值进行分类分析,各类之间均有明显的区分度,进一步证明了根据所构建的评价指标进行舒适性等级区分或评价可区分出不同舒适性的载具。

三、舒适性评分值区间划分

利用聚类分析将数据清晰地划分为 5 类,并获取了每一类数据样本所包含的评分值。但分类算法并不输出每一类数据的划分边界,那么对于如何描述每一类数据的边界,本研究考虑以每一类数据的概率分布为划分依据,以每一类样本点的概率分布函数的交点作为类的划分边界。考虑到样本数据点有限,同时每一类数据的总数不一致,故以每一类的数据点评分值的均值和标准差为参数,利用 MATLAB 的正态分布函数将每一类数据均扩充至 100 个数据点;而后在同一坐标系中绘制每一类 100 个评分值数据的频数分布直方图并分别拟合其概率分布函数,如图 3-15 所示。

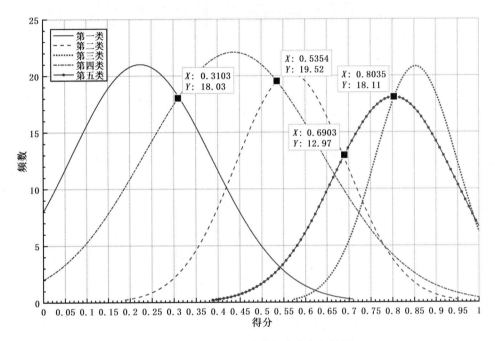

图 3-15　类数据评分值概率分布函数图

如图 3-15 所示,若将给定评分值落在某一类的概率看作该评分值从属于该类的隶属度,则可以利用所有类的概率分布函数的交点将 [0,1] 的评分值区间划分为 5 个子区间。划分详情如表 3-13 所示。

表 3-13　舒适性区间划分结果

区间	第一区间	第二区间	第三区间	第四区间	第五区间
评分值	0 ~ 0.31	0.31 ~ 0.54	0.54 ~ 0.69	0.69 ~ 0.80	0.80 ~ 1

若将舒适性评分值区间与主观感受进行对应,本研究的舒适性评分值遵循越大越优原则,这里同样将主观感受划分为 5 个等级,则可将评分区间与主观感觉区间进行对应,具体信息如表 3-14 所示。

表 3-14　舒适性等级划分

区域	Ⅰ区	Ⅱ区	Ⅲ区	Ⅳ区	Ⅴ区
舒适性等级	不舒适	较不舒适	稍舒适	较舒适	舒适
评分值	0 ~ 0.31	0.31 ~ 0.54	0.54 ~ 0.69	0.69 ~ 0.80	0.80 ~ 1

3.5 基于操纵过程动作元分析的操纵舒适性物元分析模型的构建

　　操纵装置的舒适性是操纵机构设计、布局、品质的检验标准之一,对操纵装置进行舒适性评价的最终目的并不仅是就评价结果对某种型号的某一台设备给出"优、良、中、差"的评价结论,而是希望通过评价过程中的数据信息进行"溯源",根据评价数据信息找出影响舒适性的具体位置或关键设计,为设计和实践提供有效的信息参考。基于此种考虑,本节以明确了评分值和舒适性等级的操纵部件为对象,提出一种能对舒适性的影响因素进行探究的物元分析模型。

　　考虑将操纵全过程依据操纵过程的实际意义划分为多个动作片区,并为其赋予相应的属性集,以组合赋权的思想求解属性集的指标权重向量,并将在主体动作过程中具有相同物理意义和动作意义的包含属性集的基本动作片区定义为动作单元。将每个动作单元所耗用的时间占整个操纵过程中的时间比例组成时间约束向量,对操纵全过程的所有动作单元引入时间约束向量,以物元模型为基础实现操纵全过程的数字化描述。以该多动作单元耦合矩阵为基础,对实际操纵过程描述矩阵与"标准"操纵过程进行列项贴近度运算,对耦合组内各动作单元单项贴近度系数进行分析,根据舒适性等级区间,找出影响舒适性的负面因素。

　　本节主要研究工作如下:

　　(1)根据实际操纵动作过程和被操纵部件的物理机械构造,将操纵全过程划分为若干个动作片区;将其舒适性影响因素量化成指标集,计算相应的量值并构成属性集;同时对单元属性集赋予相应的指标权重,这样将操纵过程划分多个动作单元,利用这些动作单元完成操纵动作的单元化描述。

　　(2)以动作单元为出发点,物元模型为基础,动作单元耦合组描述的操纵过程为复合事物 R,动作单元为事物 M,单元属性集及其值作为事物 M 的属性 C 和量值 X,将所有动作单元描述的事物组代入物元模型 $R = (M, C, C(M_m))$,则每个动作单元就是该物元模型的列向量。组合后的动作单元耦合矩阵列项耦合系数是以操纵过程中各个动作单元占整个操纵过程的时间比例作为单元的时间约束的,将操纵过程中所有的操纵单元进行时序耦合,通过分析这种带有时序的动作耦合组,对操纵过程进行动态的数字化描述。

　　(3)对操纵全过程的耦合模型与标准模型进行列项贴近度运算。分别分析运算结果矩阵整体及各列向量的贴近度,根据贴近度序列信息和预设出的评价等级区间,评估操纵装置的舒适性状况;

最后,根据不同单元的贴近度数值,定位需要改进的动作单元。此外,若将需要改进的单元的 i 个属性组成新的单元列向量,结合属性设计推荐量值,再次进行贴近度计算,则最终可筛选出该动作单元中影响操纵装置舒适性的负面因素。

一、操纵过程的数字化描述

操纵者在进行操纵动作时,动作过程是一套连续的动态过程,这个过程会随着装置与操纵者组成的人机系统状态转移,因此,如何描述这种动态、随机的动态过程是研究操纵过程舒适性的关键。在工业工程中,通过动作分析,将人体以眼、手为中心的各部分动作用特定符号记录成表格,以此分析动作组合的合理性,找出改善点,并优化生产工艺。操纵者操纵各类装置时,操纵装置的舒适性实质是操纵装置的反馈信息在操纵过程中作用于人体,人体进而表现出的生理和心理反应。从工业工程的角度分析,操纵过程可以看作操纵者为达到某种效果或目的而进行的操纵作业过程。因此,对操纵装置的舒适性研究可以参照工业工程中的动作分析和程序分析原则,将整个操纵过程依据其物理特性进行分解,然后以分割后的微元耦合组来描述该动态操纵过程,则可将对操纵过程的研究转化为对该耦合组的研究。具体来说,将操纵过程的连贯动作根据操纵装置的物理特性或人体肢体的动作特点分解成一系列的带有时序特性的动作片区;然后合并具有相同运动特征和物理属性的相邻动作,构造新的动作片区,进而将整个操作过程划分为若干个动作片区。将这些动作片区与属性集结合组成新的可量化、可定量分析的动作块,称这样的动作块为一个动作单元。

根据上述理论,假设一个操纵过程有 m 个动作,每个动作有 n 个属性,则可建立如下动作单元模型:

$$\boldsymbol{M}_k = \left\{ \left\{ \boldsymbol{C}_i \right\}_{i=1,2,\cdots,n}, \boldsymbol{X}_k, \boldsymbol{T}_k \right\} \tag{3-49}$$

式中, $\boldsymbol{M}_k$ 表示第 k 个动作单元; $\boldsymbol{C}_i$ 表示动作单元的属性集(指标体系); $\boldsymbol{X}_k$ 表示第 k 个动作单元属性集对应的属性量值; $\boldsymbol{T}_k$ 表示第 k 个动作单元的时间约束(该单元占整个操纵过程的时间比例)。

二、操纵过程的动作单元划分

离合器工作过程可以分为分离和接合两个过程。在分离过程中,踩下离合器踏板,在自由行程内首先消除的是自由间隙,然后在工作过程中产生分离间隙,离合器分离。自由行程对应于离合器踏板被踩下到自由间隙完全消除这一过程中踏板的行程。消除自由间隙后,继续踩下离合器踏板,将会产生分离间隙,此过程对应的踏板行程为工作行程。

3.2 节对操纵过程中的舒适性影响因素进行了分析,根据离合器动作的物理状态,可将离合器操纵过程分别以自由行程、分离行程和接合行程为分解节点,综合考虑人体动作过程,将整个操纵过程划分为四个动作单元,即自由行程单元、分离行程单元、进挡单元以及接合行程单元。

由于不同操纵人员在动作时熟练度和习惯不尽相同,为了尽量规范化整个动作过程,对于手部进挡动作,利用预定动作时间标准法中的 MOD 法进行规范,可将手部动作时间统一为 2 s,使其不随操作者熟练度差异而改变。

三、单元指标组合权重的确定

对于整个指标体系,每一个指标对系统目标的作用和贡献并不完全相同,不同指标对系统的贡献程度和相对重要程度可用指标权重来表示,指标权重的合理性对评价结果的可靠性和准确性具有直接影响。确定评价指标的权重的方法主要有主观赋权法和客观赋权法两类。主观赋权法在赋权时,主要是依靠专家对指标重要性的认识经验来对指标赋予权重,如 Delphi 法和专家排序法等,这样的权重赋值法对专家的经验水平存在不同程度的依赖。而客观赋权法则是通过数理运算来获得指标的信息权重,如熵权法、变异系数法等。客观赋权具有绝对的客观性,但它们也存在诸如违背指标经济意义、权重无法体现指标自身价值的重要性等问题。因此本研究采用组合赋权方法,将主、客观权重信息相结合对指标进行组合赋权,以期尽量减少定性的成分,同时保留人的感知效应。

1.层次分析法主观计权

层次分析法(analytic hierarchy process, AHP)由托马斯·塞蒂(T. L. Satty)于 20 世纪 70 年代正式提出,是系统工程中经常使用的一种定性与定量相结合的、系统化的、层次化的评价与决策方法,目前已被广泛应用于各个领域。

利用层次分析法进行计权的一般步骤如下:

(1)建立层次结构模型。对实际问题进行分析,将决策目标、考虑的因素(决策准则)依照对象之间的相互关系,自上而下地分为若干层次。同层诸因素对上层从属或影响,对下层支配或受影响。

(2)构造判断矩阵。从层次结构的第二层开始,对从属于上一层某个因素的同一层的所有因素,采用成对比较法,构造成对比较矩阵,直至最后一层。

(3)计算权向量,并进行一致性检验。计算每一个成对比较矩阵的最大特征根及对应特征向量,利用一致性指标、随机一致性指标和一致性比率进行一致性检验。若检验通过,特征向量(归一化后)即为权向量;若检验不通过,需调整或重新构造成对比较矩阵。

2.熵权法客观计权

熵权法是一种根据各项指标观测值所提供的信息量的大小来确定指标权重的方法,其结果主要受客观资料影响,几乎不受主观因素的影响,可以很大程度上避免人为因素的干扰。

设有 m 个方案可以利用,共有 n 个指标,指标量值为 $x_{ij}(i=1,2,\cdots, m; j=1,2,\cdots, n)$,则利用熵权法求指标客观权重的步骤如下:

1)数据标准化

将各个指标数据一致化后进行标准化处理(假设数据一致化后均为正指标)。假设第 i 个方案给定了 n 个指标量值 $x_{i1}, x_{i2},\cdots, x_{in}$,标准化后的值分别为 $y_{i1}, y_{i2},\cdots, y_{in}$,那么

$$y_{ij} = \frac{x_{ij} - \min x_{ij}}{\max x_{ij} - \min x_{ij}} \tag{3-50}$$

2)求各指标的信息熵

根据信息论中信息熵的定义,一组数据的信息熵 E_j 为

$$E_j = -\ln(m)^{-1}\sum_{i=1}^{m} p_{ij}\ln p_{ij} \tag{3-51}$$

式中，$p_{ij} = y_{ij}/\sum_{i=1}^{m} y_{ij}$，如果$p_{ij}=0$，则定义$\lim_{p\to 0} p_{ij}\sum_{i=1}^{m}\ln p_{ij}=0$。

3）确定各指标权重

根据信息熵的计算公式，计算出各指标的信息熵为$E_1,E_2,\cdots,E_n$。通过信息熵计算各指标的权重w_j。

$$w_j = \frac{1-E_j}{K-\sum E_j}, \qquad j=1,2,\cdots,n \tag{3-52}$$

3.组合权重

综合指标的主观权重与客观权重，可以获得组合权重$w(j)$，显然组合权重与主观权重及客观权重都要尽可能接近，根据最小相对信息熵原理有

$$\min F = \sum_{j=1}^{n} w_1\big[\ln w(j)-\ln w_1(j)\big]+\sum_{j=1}^{n} w(j)\big[\ln w(j)-\ln w_2(j)\big] \tag{3-53}$$

$$\sum_{j=1}^{n} w(j)=1, \qquad w(j)>0, \ j=1,2,\cdots,n \tag{3-54}$$

用拉格朗日乘数法解上述优化问题，得到

$$w(j)=\frac{\big[w_1(j)w_2(j)\big]^{\frac{1}{2}}}{\sum_{j=1}^{n}\big[w_1(j)w_2(j)\big]^{\frac{1}{2}}}, \qquad j=1,2,\cdots,n \tag{3-55}$$

其中，w_1、w_2分别表示主观和客观权重。

根据动作划分结果将属性集与动作单元一一对应，同时按照该计算过程求取各动作单元的指标权重，各单元属性分布及权重系数情况如表 3-15 所示。数据标准化过程参照表 3-16 进行。

表 3-15　动作单元属性分布及指标权重

属性	自由行程	分离行程	退挡、进挡	接合行程	权重
作业强度	√	√	同前一个单元	√	0.2064
单元行程	√	√	0	√	0.3096
踏板特征力	√	√	√	√	0.3034
冲量	√	√	√	√	0.1806

表 3-16　数据标准化参照表

属性	自由行程	分离行程	退挡、进挡	接合行程
作业强度系数	逆指标	逆指标	逆指标	逆指标
单元行程 /mm	20 ~ 30	75 ~ 100	0	100 ~ 180
踏板特征力 /N	15 ~ 25	80 ~ 136	150 ~ 200	50 ~ 100
冲量（补充）	逆指标	逆指标	逆指标	逆指标

四、操纵过程多动作单元耦合

为了将分解后的操纵过程重新组合起来,本研究以物元模型为基础,通过各个单元的时间约束对所有划分的动作单元进行耦合。具体来说,以动作单元耦合组描述的操纵过程为复合事物 R,动作单元为事物 M,单元属性集及其值作为事物 M 的属性 C 和量值 X,将所有动作单元描述的事物组代入物元模型 $R = (M, C, C(X))$,每个动作单元即为该物元模型的列向量。在同一种部件的操纵中,一般情况下操纵状态基本固定,动作单元则是一组动态变化的过程,各单元的出现概率基本固定。同时,该概率在很大程度上满足古典概型,因此可通过计算每个单元占整个过程的时间比例来确定这一概率,并将其作为单元与单元之间的约束。

1.物元模型

物元模型是研究如何处理难题的一种人脑思维模型,最早由我国学者蔡文于 1983 年在其发表的论文《可拓集合和不相容问题》中提出,该理论通过建立相应的数学模型,试图将人们解决问题的过程形式化。通过系统物元和结构变换等概念,利用系统物元变换寻求合理的系统结构,建立解决大系统决策问题的可拓扑决策方法。

1)基本模型

对于给定事物 M,若其特征 C 的量值为 X,以有序的三元组 $R(M, C, X)$ 作为描述事物的基本元,简称物元。若模型中事物的特征量值具有模糊性,便称此物元为模糊物元。若有 m 个事物,每个事物有 n 个特征 C_1, C_2, $\cdots$, C_n,对应的模糊量值是 x_1, x_2, $\cdots$, x_n,将这 m 个事物组合在一起便构成了 m 个事物的 n 维复合模糊物元 R_{mn},即

$$R_{mn} = \begin{bmatrix} & M_1 & \cdots & M_m \\ C_1 & x_{11} & \cdots & x_{m1} \\ \vdots & \vdots & & \vdots \\ C_n & x_{1n} & \cdots & x_{mn} \end{bmatrix} \tag{3-56}$$

2)按从优隶属度原则将量值标准化

各单项评价指标相应的模糊量值从属于标准方案中各对应评价指标相应的模糊量值的隶属程度,称为从优隶属度,由此建立的原则称为从优隶属度原则。

一般有三种类型的指标,其从优隶属度计算公式各不相同。

① 越大越优型(正指标)。

$$u_{ij} = \frac{x_{ij} - (x_{ij})_{\min}}{(x_{ij})_{\max} - (x_{ij})_{\min}} \tag{3-57}$$

② 越小越优型(逆指标)。

$$u_{ij} = \frac{(x_{ij})_{\max} - x_{ij}}{(x_{ij})_{\max} - (x_{ij})_{\min}} \tag{3-58}$$

③ 中间型指标。

对于目标 $x_{ij} \in X$,存在介于 $(x_i)_{\max}$ 与 $(x_i)_{\min}$ 之间的某一值 x^* 最劣。

$$u_{ij} = \begin{cases} (x^* - x_{ij})/[x^* - (x_i)_{\min}] & (x_i)_{\min} \leq x_{ij} < x^* \\ (x_{ij} - x^*)/[(x_i)_{\max} - x^*] & x^* < x_{ij} \leq (x_i)_{\max} \end{cases} \tag{3-59}$$

对于目标 $x_{ij} \in X$，存在介于 $(x_i)_{\max}$ 与 $(x_i)_{\min}$ 之间的某一值 x^* 最优。

$$u_{ij} = \begin{cases} (x_{ij} - (x_i)_{\min})/[x^* - (x_i)_{\min}] & (x_i)_{\min} \leq x_{ij} < x^* \\ (x_i)_{\max} - x_{ij})/[(x_i)_{\max} - x^*] & x^* < x_{ij} \leq (x_i)_{\max} \end{cases} \tag{3-60}$$

式中，u_{ij} 为第 i 个事物第 j 项特征对应的标准化后量值；x_{ij} 为第 i 个事物第 j 项特征对应的量值（$i=1$，$2, \cdots, m$；$j=1, 2, \cdots, n$）；$(x_i)_{\max}$ 为各事物中第 j 项特征所对应的所有量值中的最大值；$(x_i)_{\min}$ 为各事物中第 j 项特征所对应的所有量值中的最小值；x^* 为指标的中间目标值。

按从优隶属度原则将模糊量值标准化，则有模型 R_{mn}'：

$$R_{mn}' = \begin{bmatrix} & M_1 & \cdots & M_m \\ C_1 & u_{11} & \cdots & u_{m1} \\ \vdots & \vdots & & \vdots \\ C_n & u_{1n} & \cdots & u_{mn} \end{bmatrix} \tag{3-61}$$

3）差平方模糊物元

由标准模糊方案 R_{on} 与标准化后的模型 R_{mn}' 中各项差的平方 Δ_{ij}（$i=1, 2, \cdots, n$；$j=1, 2, \cdots, m$）组成的物元模型称为差平方复合模糊物元 R_Δ，即

$$R_\Delta = \begin{bmatrix} & M_1 & \cdots & M_m \\ C_1 & \Delta_{11} & \cdots & \Delta_{m1} \\ \vdots & \vdots & & \vdots \\ C_n & \Delta_{1n} & \cdots & \Delta_{mn} \end{bmatrix} \tag{3-62}$$

标准模糊方案 R_{on}：若定义标准模糊方案 R_{on} 为 R_{mn} 中各单元属性的从优隶属度的最大值，则本研究将测量的多组装备的操纵数据按上述的计算方法组成类似 R_{mn} 的数字化形式，取各单元各单项评价属性模糊值标准化后的最大值作为该单元该属性的最优值。

2.操纵过程数字化描述

设整个操作过程为 $P = [T_a, T_b]$，经动作特征与物理属性一致性分析后组成了 m 个动作单元。设 $P = [T_a, T_b]$ 中总操纵时间之和为 T，各动作单元的累计时间为 $g(m)$，则可将完成每一个动作单元的耗时与总时间的比值定义为对应动作单元的时间约束，记为 λ_k。

即

$$\lambda_k = \frac{g(m)}{T} + \alpha_0 \tag{3-63}$$

其中，α_0 为无穷小量，一般情况下取0，本研究作为某些特定情况下的修正余量。

将整个操纵过程所有的动作单元利用时间约束和属性集权重耦合起来，则整个动态操纵过程可数字化描述为

$$R_p = \sum_{k=1}^{m} \lambda_k M(\{w_i X_{ki}\})_k \tag{3-64}$$

式中，R_p 为操作过程；$M(\ )_k$ 表示第 k 个动作单元；λ_k 为第 k 个动作单元对应的时间约束；w_i 为第 i 个属性对应的权重系数；x_{ki} 为第 k 个动作单元第 i 个属性对应的量值；$w_i x_{ki}$ 为属性类对应的计权后的属性值。

对上式进行展开，得到

$$R_p = \{w_i\} \begin{bmatrix} & M_1 & \cdots & M_k \\ C_1 & x_{11} & \cdots & x_{k1} \\ \vdots & \vdots & & \vdots \\ C_i & x_{1i} & \cdots & x_{ki} \end{bmatrix} \{\lambda_k\} \quad （3-65）$$

式中，$\{w_i\}$ 为各属性的权重集，通过上述熵权法求得。

五、负面因素定位模型

一般采用贴近度作为计量指标来描述两个模糊集合的相似或贴近程度。我国学者汪培庄教授最早提出了贴近度的概念，并给出了贴近度的计算公式。至今，贴近度的计算公式多种多样，常用的有海明贴近度、欧式贴近度等，选择合适的贴近度计算方法对解决实际问题至关重要。考虑到本研究具有综合评价的意义，故采用欧氏贴近度作为评价系数，采用 $M(\cdot,+)$ 算法，即先乘后加来运算欧式贴近度 ρH_j。

将实际操纵过程的耦合模型与标准的物元模型进行列项贴近度运算，根据所有列的综合贴近度及舒适性等级区间，实现操纵装置的舒适性评价；同时对所有列的贴近度序列及数值进行分析，定位出需要改进的动作单元；以该动作单元的 i 个属性组建新的单元列向量，并结合属性的设计指标再次进行贴近度计算，定位出欠舒适性的属性，最终可根据该属性找出该属性背后的设计因素。这些数据信息即可为操纵装置的设计提供反馈支持。

欧式贴近度公式如下：

$$\rho H_j = 1 - \sqrt{\sum_{j=1}^{n} w_j \Delta_{ij}} \quad （3-66）$$

式中，ρH_j 为第 j 个评价方案与标准方案（最优方案）之间的贴近度，ρH_j 值越大，表示方案 i 与标准方案越接近；反之，则表示与标准方案相差越远。Δ_{ij}（$1=1,2,\cdots,n$；$j=1,2,\cdots,m$）表示标准模糊物元 R_{on} 与复合模糊物元 R_{mn} 中各项差的平方。

以此来构造欧式贴近度复合模糊物元 $R_{\rho H}$，即

$$R_{\rho H} = \begin{bmatrix} & M_1 & M_2 & \cdots & M_m \\ \rho H_j & \rho H_1 & \rho H_2 & \cdots & \rho H_m \end{bmatrix} \quad （3-67）$$

则操纵全过程的贴近度为 $F_{\rho H} = R_{\rho H} \times \lambda_k^{\mathrm{T}}$。

据此，筛选出其中低于置信度水平的动作单元，假设不符合置信度水平的单元为 M_k，则将其组

建为新的物元模型，即

$$R_{\Delta k}=\begin{bmatrix} & M_k \\ c_1 & \Delta_{k1} \\ c_2 & \Delta_{k2} \\ \vdots & \vdots \\ c_n & \Delta_{kn} \end{bmatrix} \quad (3-68)$$

则再次构造单个操纵单元的欧式贴近度模型，得到

$$\tilde{R}_{\rho Hk}=\begin{bmatrix} & c_1 & c_2 & \cdots & c_n \\ \tilde{\rho H_i} & \tilde{\rho H_1} & \tilde{\rho H_2} & \cdots & \tilde{\rho H_n} \end{bmatrix} \quad (3-69)$$

据此则可以定位出影响舒适性的负面因素。

六、基于物元分析模型的评价结论

根据上文采集的数据，利用 MATLAB 将上述的评价和定位过程程序化，编写 M 文件，计算结果如表 3-17 至表 3-20 所示。

表 3-17　M1 单元各载具属性值

属性	载具 1	载具 2	载具 3	载具 4	载具 5	载具 6	载具 7	载具 8
作业强度系数	0.1815	0.2207	0.2268	0.3692	0.3520	0.4863	0.4367	0.2817
单元行程 /mm	23.7500	24.3120	23.3750	29.9380	23.0620	29.6250	23.2500	24.3264
踏板特征力 /N	18.9060	20.3750	20.8120	26.6850	19.4680	25.6250	26.1880	22.0310
冲量（补充）	4.8781	4.4792	4.5229	5.7777	4.7081	5.3004	5.2777	5.1209

表 3-18　M2 单元各载具属性值

属性	载具 1	载具 2	载具 3	载具 4	载具 5	载具 6	载具 7	载具 8
作业强度系数	10.2146	9.6406	8.4582	18.5721	15.2739	16.3095	18.0424	15.2020
单元行程 /mm	107.2500	102.6880	95.8730	151.5620	151.5652	139.1880	146.231	167.6870
踏板特征力 /N	151.8440	149.8440	138.0000	193.1250	178.2180	193.9370	199.2190	136.0310
冲量（补充）	122.2330	127.1560	136.2153	204.3204	177.7627	194.7861	212.8240	150.2975

表 3-19　M3 单元各载具属性值

属性	载具 1	载具 2	载具 3	载具 4	载具 5	载具 6	载具 7	载具 8
作业强度系数	20.2477	19.0601	16.6896	36.7750	30.1958	31.9378	35.6481	30.1223
单元行程 /mm	0.0000	0.0000	0.0000	0.0000	0.0000	0.0000	0.0000	0.0000
踏板特征力 /N	183.0310	181.8120	143.3750	200.3581	178.7180	204.3130	214.6570	141.8750
冲量（补充）	470.3159	479.8873	432.0595	596.5138	493.9070	637.2228	681.8686	417.6553

表 3-20　M4 单元各载具属性值

属性	载具 1	载具 2	载具 3	载具 4	载具 5	载具 6	载具 7	载具 8
作业强度系数	25.3167	24.2351	22.8227	49.6552	40.9901	44.5954	44.3104	39.6908
单元行程 /mm	120.8750	119.6880	118.9370	186.7500	184.7500	189.0630	161.8120	192.4380
踏板特征力 /N	97.7810	101.5620	95.9690	140.1310	112.8430	128.3750	113.9380	102.1880
冲量（补充）	537.3344	557.8850	511.0839	738.6271	615.0652	756.1707	783.7857	512.9803

根据载具属性值，计算得到各载具单元贴近度和总体贴近度信息，如表 3-21 所示。

表 3-21　各载具分单元贴近度表

载具	M1 单元贴近度	M2 单元贴近度	M3 单元贴近度	M4 单元贴近度	综合贴近度	综合贴近度排序
载具 1	0.8867	0.9071	0.8583	0.9233	0.8867	3
载具 2	0.9312	0.9340	0.8889	0.9277	0.9140	2
载具 3	0.9194	0.9401	0.9788	0.9981	0.9693	1
载具 4	0.5758	0.2770	0.4038	0.1157	0.2553	8
载具 5	0.6929	0.5597	0.6231	0.5253	0.5815	4
载具 6	0.4080	0.3862	0.4413	0.1390	0.3438	6
载具 7	0.4790	0.2047	0.1943	0.4219	0.2730	7
载具 8	0.6175	0.3206	0.6392	0.3410	0.5114	5

将综合贴近度评价的排序值与 3.3 节的评价结果进行对比，结果如表 3-22 所示。

表 3-22　各载具综合评价值对比表

评价方法	载具 1	载具 2	载具 3	载具 4	载具 5	载具 6	载具 7	载具 8
组合评价评价值	0.8841	0.8879	0.9653	0.1707	0.6049	0.5234	0.1943	0.7900
组合评价排序	3	2	1	8	5	6	7	4
综合贴近度评价值	0.8867	0.9140	0.9693	0.2553	0.5815	0.3438	0.2730	0.5114
综合贴近度排序	3	2	1	8	4	6	7	5

利用斯皮尔曼相关系数对基于物元模型的评价结果与组合评价结果进行一致性分析,利用 SPSS 软件直接计算斯皮尔曼相关系数,结果如表 3-23 所示。

表 3-23　组合评价与综合贴近度评价结论相关性检验表

距离	相关系数	1.000	0.976**
	显著性(双尾)		0.000
	个案数	8	8
贴近度	相关系数	0.976**	1.000
	显著性(双尾)	0.000	
	个案数	8	8

可见利用物元模型的综合贴近度进行评价的结果与组合评价结果在排序上与主观感受基本一致,在统计学上也具有一致性。但是,在对各载具进行评分时,部分载具的差异较为明显,如载具 8 两种方法的评分差异为 0.2786。这种差异的根源可能是由于对操纵过程进行了拆分重组并引入了时间约束。考虑到需要利用贴近度定位出影响舒适性的负面因素,间接指标不如直接指标直观,因此在选取评价指标时,采用部分直接指标代替间接指标。聚类分析结果表明,指标非线性度对舒适性评分值的区分度很低,因此这里将非线性度指标进行了替换。

分析两种评价模型对每个评价对象的评分结果发现,利用组合评价模型进行舒适性评价时,对象与对象之间的评分差距较为明显,因而更有利于将不同的对象进行评级。此外,物元分析模型评价结论能够反映各个载具的限制因子的差异,例如,综合评分值最高的是拖拉机 1、2、3,其贴近度最低的单元分别在 M3、M3、M1,即进挡单元、进挡单元、自由行程单元。

七、基于MATLAB的图形界面评价程序

操纵舒适性的指标计算和评价过程多涉及矩阵形式的运算,数值运算是 MATLAB 强大的核心功能之一,MATLAB / GUI 工具箱简单易学,开发周期短,可以设计出满足功能的图形界面。因此,本研究采用 MATLAB / GUI 工具箱来开发换挡操纵舒适性评价系统。

图 3-16 所示为换挡操纵舒适性评价系统的界面,进入初始界面(图 3-16)后,用户可以根据需要,灵活进行数据导入、处理、存档以及报表统计等操作。软件的设计思路基于整体评估 - 单元细分 - 细节定位的评估流程,主要包括数据导入[图 3-17(a)]、单元划分及计算、数据库记录、报表统计[图 3-17(b)]四大部分,可以实现以下功能:对操纵力 - 位移采集系统采集到的力 - 位移、力 - 时间、位移 - 时间等曲线数据的导入、绘图、拟合;对采集的离合器基础数据进行基于物元模型的数学计算,获得待评价载具离合器操纵舒适性的综合评分值和分单元评分值;对已处理的实验数据进行数据记录,录入数据库,同时将计算得到的结论数据一并记入对象对应的关联表中;生成本次评价对象评价信息的结论报表。

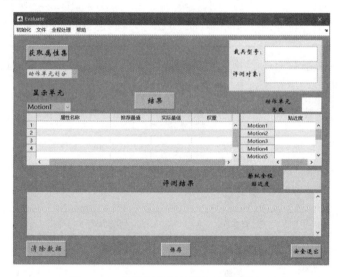

图 3-16 换挡操纵舒适性评价系统界面

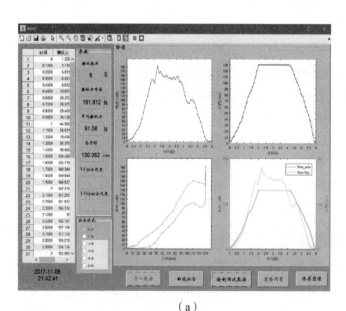

（a）

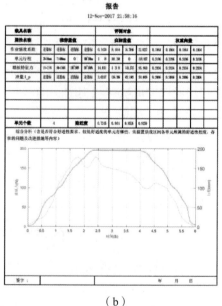

（b）

图 3-17 数据导入及报表统计

3.6　本章小结

　　本章主要针对目前操纵舒适性存在的欠缺和其未来研究的发展趋势,在充分研读相关文献资料的基础上,提出了整体评估－等级定位－单元细分－细节追踪的操纵舒适性评价分析流程,即就试验待评价的操纵部件的舒适性通过评价模型给出客观的评分值;而后,针对舒适性评分值区间 [0,1] 当如何进行等级划分的问题,利用聚类分析的方法进行了探究,以期相对客观地将舒适性评分值划分为若干个与主观感觉相对应的等级区间;最后,对于明确了从属于何种等级的部件,构建探究该舒适性评分的数字化模型,即明确"好在哪里,坏在哪里"。

　　主要取得如下研究成果:

　　(1)以人机交互过程中的动力学特性对人体感觉的舒适性影响规律为着眼点,研究操纵过程中的舒适性评价的问题。依据评价指标构建的基本原则,从人体感知特性和力学特性两方面切入,选择平均踏板力 F、曲线下面积 A_r、冲量 I_p、非线度性 I、最大分离力 F_{max} 五个参数作为换挡操纵舒适性的评价指标。根据课题研究需要,采集了八台拖拉机对象的换挡操纵时的踏板反馈信息,包括踏板力和踏板行程数据。

　　(2)综合考虑拖拉机换挡操纵过程中的各舒适性影响因素,提出了一种基于离差最大化的拖拉机换挡操纵舒适性组合评价模型。以八台不同型号的农用拖拉机为研究对象,采集其离合器踏板力、踏板行程数据,并以此为基础,分别采用基于熵的综合评价法、主成分分析法(PCA)、灰色关联分析法、理想解法(TOPSIS)以及改进理想解法五种不同的评价方法对载具换挡过程的操纵舒适性进行分析与评价,并用 Kendall 协和系数法对五种方法的评价结论进行一致性检验;之后,基于离差最大化的思想,计算相容方法集的组合权重向量,进而完成对多个相容评价方法结论的组合。对比组合评价结论与人体主观感受发现:组合评价结论与人体主观评价结果基本一致,采用组合评价的方法可以弥补单一方法的不足和结论的不一致性,得到更加科学合理的评价结论。

　　(3)介绍了模糊 C-均值聚类算法,并在前文的基础上,就给定的舒适性评分值当从属于何种舒适性区间的问题,提出了采用模糊 C-均值聚类的方法以舒适性评价指标集为特征集对试验采集的数据样本进行模糊聚类分析,以无监督学习的方式将样本数据划分为五类;而后,利用舒适性评分值与评价指标之间的回归关系,将所有类中包含四个特征的样本点转换为相应的舒适性评分值;最后,利用每一类样本点的概率分布函数的交点将评分值区间相对客观地划分为五个区,即 0 ~ 0.31、0.31 ~ 0.54、0.54 ~ 0.69、0.69 ~ 0.80、0.80 ~ 1,实现了对舒适性评分值区间 [0,1] 的非线性客观划分。

　　(4)以载具换挡操纵过程 4 为研究对象,遵循单元细分－细节追踪的分析流程,根据"微分"思想及实际动作状态,将操纵过程划分为四个动作单元:自由行程单元、分离行程单元、进挡单元、接合行程单元。以物元模型为基础,采用动作单元的耦合组描述离合器操纵过程。通过描述实际模型与目标模型的贴近度,衡量操纵过程的舒适性程度,并将其结果与组合评价方法的结果进行比较。研究表明：离合器的分离行程单元对舒适性影响程度最大；以载具 1 为例，物元分析模型给出了载具综合贴近度的评分值(0.8867)，且该评分值与多指标组合评价的评分值(0.8841)非常接近；在此基础上，该模型还给出了载具各个单元的评分值，其值可直接反映研究对象的每一个薄弱环节；从各个单元的贴近度来看，其最薄弱的环节是进挡单元(M3)。采用物元分析模型对操纵舒适性进行评价，评价结果不仅可以反映部件的操作舒适程度，还可以对整个操纵过程中的负面环节进行定位。设计者可以根据模型的分析结果针对专门的部件结构进行分析，以节约设计过程中探索的时间和精力，为设计的优化提供数据支持。

第4章
农机装备操纵舒适性影响机制及关键参数优化

第4章　彩图

—

4.1　引　　言

目前农机装备虽然在农田劳作功能方面比较完善,但在操纵舒适性方面并不能很好地满足大众的需求。其原因在于目前有关操纵装置与作业人员之间人机交互规律的研究较少,操纵装置的舒适性影响机制尚不明确,操纵装置的设计未能完全遵循人机工效学设计准则。基于此,本章主要以人机工效学理论为基础,同时结合拖拉机与联合收获机等农机装备驾驶室的空间布局,搭建一种由座椅、方向盘、操纵装置等组成的,具有多工位可调节的农机装备驾驶室操纵舒适性试验平台;然后全面梳理农机装备操纵装置舒适性评价指标,深入剖析各指标的影响因素,构建农机装备操纵装置舒适性多级评价指标体系;最后根据操纵装置舒适性多级评价指标体系,结合单因素与响应面试验,对驾驶室内座椅、方向盘、脚踏板以及操纵杆四个操纵装置的舒适性进行定量分析与综合评价,深入分析不同位置参数及其交互作用对各操纵装置舒适性的影响机制,并以此为基础对各操纵装置的关键位置参数进行优化。

4.2　驾驶室操纵舒适性试验平台的设计

农机装备的操纵舒适性是指驾驶员在不同的外部环境以及不同的工作状态下,在一定的时间内,对农机装备操纵装置进行操纵时,所感受到的难易程度和舒适程度。其中,人为因素与农机装备驾驶室内的布局设计是影响农机装备操纵舒适性的主要因素;而驾驶室内的主要操纵装置决定了驾驶员的作业空间,约束了驾驶员的操纵姿势,从而影响了驾驶作业人员的操纵舒适性。因此,本节主要以拖拉机与联合收获机等农机装备的驾驶室为参考,通过研究人机工效学原理,从驾驶室内部件及作业空间对驾驶员坐姿及驾驶姿势的影响入手,结合农业机械设计原则,研究并设计了农机装备驾驶室操纵舒适性试验平台。试验平台内驾驶座椅、方向盘、手操纵杆、脚踏板等装置的位置布局设计与结构设计,均以人机工效学理论为基础,并参照农机设计的国家标准要求进行设计。试验平台内各部件的相对位置可调,能够模拟不同农机装备驾驶室的人机界面布局;同时在试验平台上,通过安装不同的力学传感器来模拟测量农机装备驾驶室内驾驶员操纵过程所涉及的力学特性试验,为农机装备操纵舒适性的研究及其操纵装置的优化设计奠定基础。图4-1所示为试验平台的总体设计思路。

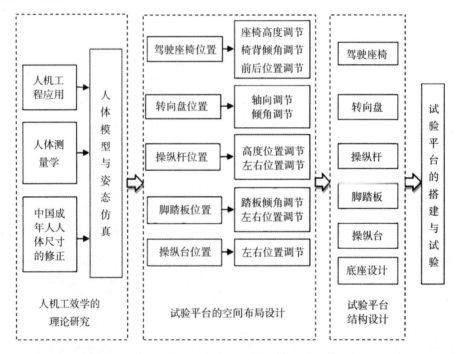

图4-1　操纵舒适性试验平台总体设计思路

一、驾驶室操纵舒适性试验平台的空间布局设计

以拖拉机、联合收获机为主的农机装备驾驶工作属于操作复杂的机械类作业,其人－机－环境系统是最常见的人机系统。在这个人机系统中,驾驶员需要根据农业机械的作业条件以及复杂的田间行驶条件,来操纵农机装备进行收获作业,并保证农机装备行驶的安全。驾驶室是驾驶员的作业场所,驾驶室作业空间的设计对于驾驶人员能安全、稳定地操纵农机车辆并完成收获等机械作业有重要的影响。目前,关于汽车驾驶室作业空间设计的研究相对较多,其目的是满足驾驶员与乘员的舒适性要求,以及整车的协调性要求;农业车辆驾驶室在功能方面以及驾驶员的驾驶姿势方面,虽然与汽车有一定的区别,但可以借鉴汽车的驾驶室作业空间的设计经验。

本研究遵循“以人为本”的指导思想,依据人机工效学理论,结合农业机械设计标准,对农机装备驾驶室的作业空间进行设计,从而优化人机系统的配置,减轻驾驶员的疲劳,满足不同驾驶员的

乘驾需求,进而减少作业过程中不稳定与不安全的因素。作业空间布局的设计思路如下:

(1)依据"总体设计－部分设计－仿真验证"的设计思路,首先对驾驶室试验平台作业空间布局进行整体设计,然后对试验平台内的各部件进行结构尺寸设计,最后通过仿真来检验设计的合理性,并根据仿真结果提出合理的改进意见。

(2)修正中国成年人人体尺寸数据,以此为基础创建人体杆状模型以及 5、50、95 百分位人体的三维模型,并根据人体尺寸数据计算 H 点、作业空间范围等。

(3)利用 5、95 百分位人体模型的 H 点计算结果,确定座椅的水平位置调节范围以及竖直高度变化的调节范围;通过作业空间的计算来确定手操纵作业空间与脚操纵作业空间;根据计算结果与农业机械设计标准相关要求确定脚踏板的布局设计。

(4)为满足大部分驾驶员的乘驾需求,本研究以作业空间的设计原则为基础,根据 5 和 95 百分位的人体模型来确定方向盘的极限位置,并确定方向盘角度调节范围与位置调节量。

(5)参照上述方法布置驾驶室试验平台的操纵杆以及操纵台,确定其调节位置与调节范围,使其同时处于 5 和 95 百分位人体的舒适操纵区域内。

(6)完成农机装备驾驶室作业空间布局的初步设计,再对驾驶室试验平台的结构、外形、尺寸进行设计;依据人体尺寸数据对驾驶室试验平台内的部件进行结构、尺寸设计,使其符合驾驶室人机工效学设计要求,从而满足不同驾驶员的操纵需求。

(7)利用三维建模软件对驾驶室操纵舒适性试验平台建模,并通过引入 50 百分位人体模型来检验试验平台设计的合理性,并给出合理的改进意见。

1.农机装备驾驶室作业空间设计

1)作业空间设计内容

驾驶室作业空间是指在驾驶员坐姿状态下,完成操纵作业所需的空间范围,包含驾驶员的操作活动空间与设备占有空间。作业空间设计是指按照人体测量学的要求以及人体操纵空间范围的约束,合理地布置、安排作业对象、机器设备等。

以拖拉机、联合收获机为主的农机装备驾驶室的作业空间设计,是指在驾驶员坐姿状态下,对座椅、操纵装置等的布局设计,其对驾驶员的工作效率、身心健康及安全等有着重要的影响,是农机装备驾驶室人机工程设计的重要部分。

2)作业空间设计原则

不同作业人员的主观感受、生物力学特性与人体测量学特性有些许差异,因此对作业空间有着不同的要求。对于作业空间布置来讲,设计中不可能把每一处设施布置于其本身理想的位置,需要依据一定的原则来设计。作业空间布置的设计原则如下:

①驾驶室作业空间设计应以人为中心,首要考虑驾驶员的操纵舒适性要求,为操作者提供良好的作业环境,保证驾驶员操作的舒适性和便捷性;

②操纵装置应优先布置在操作最适宜的空间范围内,当作业空间有限时,则按设备的重要性和使用频率依次布置在较优或次优的位置上,即重要和常用的部件应布置在驾驶员操作最便捷的区域;

③操纵装置的排列要从操纵人员的需求出发,要处理好总体与局部空间之间的关系。

对农机装备驾驶室试验平台的作业空间进行设计时,应考虑到农机车辆的作业环境复杂,在作业过程的振动较大,会影响驾驶员的反应速度、可及范围等。设计方案通常难以全部符合设计原则的要求,因此在实际设计中,要根据具体情况,对总体作业空间设计进行合理布置。

2.作业空间设计的人体因素

1)人体测量学

作为人机工效学的基础,人体测量学通过对大量个体身体各部位尺寸的测量、记录和描述,来确定个体之间和群体之间在人体尺寸上的差别,为产品设计和作业空间布局设计提供基本的数据支持。人体测量学对作业空间设计、操纵装置的设计具有重要的意义,依据人体测量学对作业空间布局进行合理设置,直接影响到操纵者的操纵舒适性。

测量人体尺寸时,通常使用平均值、标准差、百分位数三个统计量来描述人体尺寸的变化规律。

①平均值。

平均值是全部样本测量数据的算术平均值,表示样本数据集中趋向某一值,可用于衡量一定条件下的测量水平或概括地表现测量数据的集中情况。对于 n 个样本的测量值 x_1, x_2, $\cdots$, x_n,其平均值为

$$\bar{x} = \frac{x_1 + x_2 + \cdots + x_n}{n} = \frac{1}{n}\sum_{i=1}^{n} x_i \tag{4-1}$$

②标准差。

标准差反映测量值对平均值的波动情况,即被测样本数值距离平均值的分布情况。标准差大,表明样本测量数据分散;标准差小,表示样本测量数据接近平均值。标准差可用于衡量变量值的变异程度与离散程度。对于平均值为 $\bar{x}$ 的 n 个样本,若测量值为 x_1, x_2, $\cdots$, x_n,则标准差 S_D 的计算公式为

$$S_D = \left[\frac{1}{n-1} \left(\sum_{i=1}^{n} x_i^2 - n\bar{x}^2 \right) \right]^{\frac{1}{2}} \tag{4-2}$$

③百分位数。

百分位数表示设计的适应域。人体测量学中,一般采用百分位数表示人体尺寸的参数等级。百分位数的定义如下:某一百分位数将群体或样本的全部测量值分为两个部分,其中 $n\%$ 的测量值等于和小于它,$(100-n)\%$ 的测量值大于它。在设计中最常用的是 5、50、95 百分位数。5 百分位数代表"小"身材,即只有 5% 的人群的尺寸数值低于此下限值;50 百分位数代表"中"身材,即分别有 50% 的人群的尺寸数值高于或低于此值;95 百分位数代表"大"身材,即只有 5% 的人群的尺寸数值高于此上限值。

2)中国成年人人体数据的测量与修正

1988 年,我国颁布了《中国成年人人体尺寸》(GB/T 10000—1988)标准,该标准对中国成年人人体尺寸数据进行了测量统计,为中国人人体模型的创建提供了数据支持。但是该标准中的数据测量较早,已与当今中国成年人人体数据有一定的差距,采用该标准建模分析易产生误差。本文通过计算 1982 年第二版与 2007 年第四版的 ISO 3411《土方机械·操作者的人体尺寸和操作者最小

活动空间》中人体各部位尺寸的增长率,并将其作为国标 GB/T 10000—1988 的修正系数,修正了 50、95 百分位人体的尺寸数据。其中两版国际标准中的 5 百分位人体尺寸数据没有明显差异,故继续使用国标 GB/T 10000—1988 统计的 5 百分位人体数据。表 4-1 统计了 5、50、95 百分位的部分人体尺寸数据。

表 4-1　中国成年人男子部分人体尺寸数据

（单位：cm）

代号	尺寸名称	5 百分位男性（1988年）	50 百分位男性（1988年）	95 百分位男性（1988年）	50 百分位男性增长值	95 百分位男性增长值	50 百分位修正	95 百分位修正
us5	上臂长	28.9	31.3	33.8	0.2	0.3	31.5	34.1
us11	双肩宽	34.40	37.5	40.3	0.7	0.6	38.2	40.9
us13	最大肩宽	39.80	43.1	46.9	1.0	1.3	44.1	48.2
us27	臀膝距	51.50	55.4	59.5	1.0	1.8	56.4	61.3
us28	坐深	42.10	45.7	49.4	0.4	0.5	46.1	49.9
us39	立姿胯高	72.80	79.0	85.6	1.0	5.5	80.0	91.1
us50	坐姿眼高	74.90	79.8	84.7	1.6	1.8	81.4	86.5
us58	手宽	7.60	8.2	8.9	0.1	0.1	8.3	9.0
us60	手长	17.00	18.3	19.6	0.2	0.2	18.5	19.8
us67	坐姿臀宽	29.50	32.1	35.5	1.1	4.0	33.2	39.5
us68	坐姿肩高	55.70	59.80	64.1	−0.6	0.1	59.2	64.2
us73	胫骨点高	40.90	44.4	48.1	−0.3	0.5	44.1	48.6
us74	坐姿膝高	45.60	49.3	53.2	−0.2	0.6	49.1	53.8
us87	小腿加足高	38.30	41.3	44.8	0.4	0.5	41.7	45.3
us88	前臂长	21.60	23.7	25.8	0.2	0.3	23.9	26.1
us94	坐立高度	85.80	90.8	95.8	1.4	1.6	92.2	97.4
us100	身高	158.30	167.8	177.5	1.5	2.4	169.3	179.9

3）人体三维模型与杆状模型

基于修正后的人体尺寸建立人体模型,能够有效地描述人体形态特征和力学特征。人体模型是研究与分析人机系统的重要辅助手段。常用的人体模型有以下两种:

①三维数字人体模型。

根据修正后的人体尺寸数据,利用 CATIA 软件,可快速编辑并创建三维人体模型。利用所创建的人体模型来检验设计产品是否合理。三维人体模型为三维产品的设计提供了设计所需的三维空间内有关的数据信息,提高了三维产品设计的效率。图 4-2(a)给出了 5、50、95 百分位人体的三维模型。

②二维杆状人体模型。

通过合理简化人体各部分尺寸,保留重要的人体结构关节点,建立二维杆状人体模型,其常用于研究分析作业姿势等人机工效学问题。

二维杆状人体模型的建立,便于研究人员分析人机之间的相互位置关系。如图 4-2(b) 所示的人体侧面数学模型,在平面直角坐标系中以点的形式简化了人体的特征部位,以相邻两点间的连线 $L_i(i=1,2,\cdots,10)$ 表示人体的某一身体部位,相邻连线间的夹角 $\theta_i(i=1,2,\cdots,9)$ 表示人体关节点处相邻身体部位间的夹角。根据人体尺寸数据,可求出各点的位置坐标,从而确定人体的操纵姿势与作业空间的范围。

（a）三维数字人体模型　　　　　　　　　　（b）二维杆状人体模型

图 4-2　人体模型

本文将以二维杆状人体模型作为驾驶室内部布置设计的主要工具,以三维数字人体模型作为检验驾驶空间布置的主要工具。

3.H点的计算

在拖拉机、联合收获机等农机装备驾驶室的内部布置中,座椅、方向盘以及脚踏板等操纵装置的相对位置决定了驾驶员的驾驶操纵姿势,其对驾驶员的操纵舒适性具有重要影响。确定座椅的安装位置有助于驾驶室内其他装置的布置,而座椅位置需要结合驾驶员与座椅结构的相对位置关系来确定。由于不同的制造厂有不同的座椅尺寸标准,这给座椅安装位置的确定增加了难度。

H 点即胯点(hip point),是指人体躯干与大腿的交接点,H 点通常被用作驾驶室布置的定位基准点。H 点的水平和竖直位置的变化量反映了座椅位置理论上的水平调节量和竖直调节量。依据所建立人体坐姿二维杆状模型、相关的中国成年人人体模型尺寸数据以及图 4-3 所示的几何关系,建立了关于 H 点位置计算的数学方程,从而对农机装备驾驶室的 H 点设计进行求解。

设 H 点的坐标为 (H_x, H_z),H 点坐标的数学表达式为

$$\begin{cases} H_x = L_3\cos(\pi-\theta_1-\theta) + L_2\cos(\pi-\theta_1-\theta_2) + L_1\cos\theta_9 \\ H_z = L_3\sin(\pi-\theta_1-\theta) + L_2\sin(\pi-\theta_1-\theta_2) + L_1\sin\theta_9 \end{cases} \tag{4-3}$$

$$\theta = \arcsin L_4 / L_3 \tag{4-4}$$

式中, θ 为踝点与踵点的夹角; θ_1 为踏板与底面夹角; θ_2 为小腿与踏板面夹角; θ_3 为大腿与小腿的

夹角；θ_9为大腿与水平面的夹角，且$\theta_1+\theta_2=\theta_3+\theta_9$；$L_1$为大腿尺寸；$L_2$为小腿尺寸；$L_3$为踝点到踵点（$O$）的距离；$L_4$为踝点到踏板平面的距离。

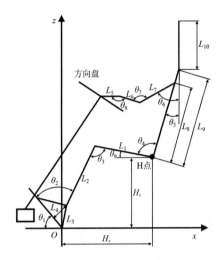

图 4-3　坐姿二维杆状人体模型中 H 点

用于计算 H 点坐标的部分人体尺寸如表 4-2、表 4-3 所示，改变舒适关节角度和人体尺寸的取值范围，并将数值代入式中，运用 MATLAB 软件对计算式进行编程，可绘制出 H 点坐标区域曲线（图 4-4）。

表 4-2　与 H 点计算相关的人体尺寸

（单位：mm）

含义	5 百分位	50 百分位	95 百分位
大腿尺寸 L_1	428	465	505
小腿尺寸 L_2	338	369	403
踝点到踵点距离 L_3	116	124	129
踝点到踏板平面距离 L_4	75	84	87

表 4-3　驾驶员坐姿舒适关节角度

角度含义	符号	人体坐姿舒适角度范围
踏板面与底面夹角	θ_1	45° ~ 75°
踏板面与小腿夹角	θ_2	92° ~ 113°
大腿与小腿夹角	θ_3	95° ~ 135°
大腿与躯干夹角	θ_4	95° ~ 120°
躯干与竖直面夹角	θ_5	20° ~ 30°
上臂与竖直面夹角	θ_6	10° ~ 45°
上臂与前臂夹角	θ_7	80° ~ 120°
前臂与手腕夹角	θ_8	170° ~ 190°
大腿与水平面夹角	θ_9	4° ~ 12°

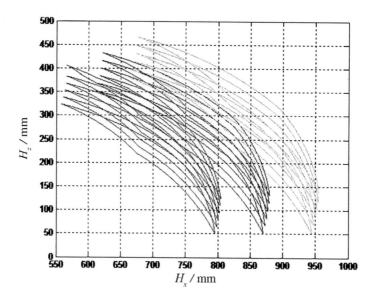

图 4-4　驾驶室舒适性的 H 点区域

由图 4-4 可知,与 5 百分位的人体尺寸对应的 H 点的高度坐标值范围是 325～415 mm,水平坐标值范围是 565～815 mm;与 95 百分位的人体尺寸对应的 H 点的高度坐标值范围是 375～460 mm,水平坐标值范围是 675～965 mm。所以可计算出 H 点的竖直方向位置变化量约为 60 mm,水平方向位置变化量约为 150 mm,从而可以确定座椅竖直高度位置的调节量为 60 mm,座椅水平位置的调节量为 150 mm。为满足大多数驾驶员的操纵舒适性与坐姿舒适性的要求,本研究中取 H 点的高度坐标取值范围是 370～415 mm,H 点的水平坐标取值范围是 675～815 mm。

4.手操纵空间的确定

当驾驶员在驾驶农机车辆时,不仅需要关注农机车辆的行驶条件,还要保证收获作业的工作质量,其神经处于较为紧张的状态。为了农机作业人员能高效而又舒适地进行操纵作业,应确保驾驶室内的操纵装置操纵方便,保证驾驶员操作准确。从操纵便捷性与舒适性角度出发,要保证驾驶员坐姿状态下,身体躯干部位变动不大时,能够方便地操纵驾驶室内的方向盘、操纵杆等装置。为了满足设计需要,一般采用驾驶员手伸及界面来直观表示驾驶员的手操纵范围。

1) 驾驶员手伸及界面

农机装备驾驶员的手伸及界面是农机车辆开发设计初期人机工程校核的一个重要方面,如图 4-5 所示。不同驾驶员的体型与身体尺寸数据不同,其手伸及界面的范围也有所不同。所以驾驶室的作业空间布局设计以及主要操纵装置的布局设计,均需要满足人体手伸及界面的要求,且保证驾驶员能够方便、舒适地操纵各个操作元件。

手操纵区域,即作业区域,是农机装备驾驶室作业空间的重要组成部分,分为水平作业区域和垂直作业区域。依据水平作业区域与垂直作业区域的计算结果,可确定驾驶员的操纵极限位置以及驾驶员手的作业高度,从而对驾驶室内的方向盘、操纵杆等装置进行布局设计,进而确定驾驶室试验平台的底座尺寸。

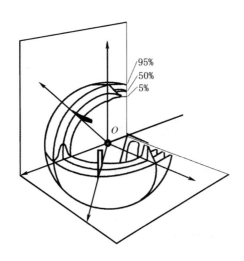

图 4-5　驾驶员手伸及界面

2) 水平作业范围计算

水平作业区域是指坐姿状态下,农机装备驾驶员的手臂在水平方向上操作活动所形成的轨迹,分为正常范围和最大范围。Farley、Barns 等人对水平作业范围进行了测定,并得到了相关数据;同时 Squires 等人也对水平作业范围进行了研究,他们认为当前臂由里侧向外侧做回转运动时,肘部位置发生了一定的相随运动,手指伸及点组成的轨迹不是圆弧而是外摆线,并提出了水平作业范围的经验公式。

本文依据 Squires 等人提出的水平作业范围的经验计算公式,建立以人体右臂肩关节节点为原点 O,以人体关节点构成的,且在水平面内投影的局部坐标系,如图 4-6 所示。图中 x 轴为人体矢状轴,y 轴为人体冠状轴,指向人体的右侧。前臂和手简化为直线,投影为 CQ,与最近工作面成 Ψ 角。求解驾驶员手握取的作业域时,CQ 为肘关节到掌心的距离;求解驾驶员指尖的作业域时,CQ 为肘关节到指尖的距离。O、C 和 E 位于同一平面,且 $OC=OE$。EF 表示前臂和手的最终位置,与最近工作面成 α 角。此时可计算人体处于正中面内侧时的作业范围,且 QF 上任意点的坐标值可以由数学方程求得。

设弧上一点 Q 的坐标为 (x, y),由图中几何关系,得到其坐标经验计算公式如下:

$$x = OC \times \sin\theta + CQ \times \sin\left[\alpha + (\beta / 90)\theta\right] \tag{4-5}$$

$$y = OC \times \cos\theta + CQ \times \cos\left[\alpha + (\beta / 90)\theta\right] \tag{4-6}$$

$$\beta = 180° - \alpha - \psi \tag{4-7}$$

式中,θ 的取值为 $0° \sim 90°$,当 $\theta=0°$ 时前臂和手对应的位置为 EF,当 $\theta=90°$ 时前臂和手对应的位置为 CQ。依据经验,α 取值为 $65°$。

当人体手臂处于正中面外侧作业范围时,即手越过正中面时,可利用 Sqiures 提出的经验公式进行计算。本研究中,假设肘部处在人体正中面上的 C 点保持不动,前臂在正中面外侧的运动轨迹是以 C 点为圆心,CQ 为半径的一段弧形区域。由图 4-6 所示的几何关系可得到圆弧 MQ 上各点的坐标:

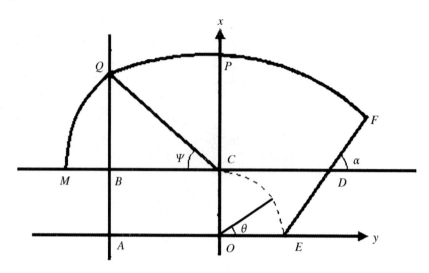

图 4-6　水平面内单侧手作业域示意图

$$\begin{cases} x = OC + CQ \times \sin\psi \\ y = -CQ \times \cos\psi \end{cases} \qquad (4-8)$$

式中，$\theta \in （0°，90°）$，$\Psi \in （0°，42°）$。当 CQ 与 CM 重合时，即 $\Psi=0°$ 时，手臂达到极限位置。

本文结合 95 百分位的人体尺寸数据，取 $BC=235\,\mathrm{mm}$，即半个肩宽，取 $OC=OE=178\,\mathrm{mm}$。当 Q 表示掌心时，取 $CQ=335\,\mathrm{mm}$；当 Q 表示指尖时，取 $CQ=386\,\mathrm{mm}$。将其代入上述公式，即可计算出驾驶员手操纵水平作业的极限位置的坐标，如表 4-4 所示，并依据计算出的极限坐标值来确定驾驶员的水平作业范围，为下文对试验平台的整体空间的尺寸设计提供数据支持。

表 4-4　水平作业极限位置点的坐标

（单位：mm）

极限位置点	掌心坐标（x，y）	指尖坐标（x，y）
点 F	（303.6，317.6）	（349.8，341.1）
点 P	（513.0，0.0）	（564.0，0.0）
点 Q	（402.2，-248.9）	（436.3，-286.8）
点 M	（178.0，-335.0）	（178.0，-386.0）

3）手作业高度的计算

不同百分位的人体尺寸数据不同，其驾驶姿势与操纵习惯也不同，从而导致农机驾驶员手的作业高度不同。本文对舒适坐姿状态下驾驶员手的作业高度进行了计算。

图 4-7 中，以驾驶座椅平面为基准，设定舒适坐姿状态下手与前臂共线，且手相对于 H 点坐标系中的 XHY 坐标平面的高度为 H。则依据图 4-7 中的几何关系，可得到手高的计算公式：

$$H = H_{\text{shoulder}} - H_{\text{upperarm}} \times \cos\theta_6 + (H_{\text{forearm}} + H_{\text{hand}}/2) \times \cos(\theta_7 - \theta_6) \qquad (4-9)$$

式中，H_{shoulder} 为坐姿肩高；H_{upperarm} 为人体上臂长，即图中 L_7；H_{forearm} 为前臂尺寸，即图中 L_6；当计

算驾驶员指尖的高度作业范围时，H_{hand} 为驾驶员的手部整体尺寸，当计算握取状态下的手伸及高度范围时，H_{hand} 为半个手长。式中的角度值以及相关人体数据尺寸均同上。

分析可知：当 θ_7 取最大值 120° 且 θ_6 取最小值 10° 时，得到舒适坐姿下手高的最小值 $H_{\min}$；当 θ_7 取最小值 80° 且 θ_6 取最大值 45° 时，得到舒适坐姿下手高的最大值 $H_{\max}$；将人体尺寸数据代入式(4-9) 中，可求得不同百分位人体坐姿状态下手的作业高度的取值范围，从而为下文驾驶室内操纵元件的布置提供设计依据。表 4-5 给出了计算相关数据以及计算结果。

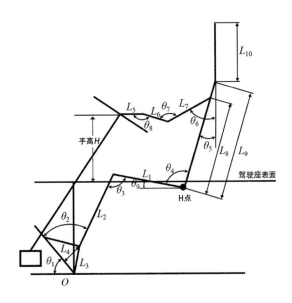

图 4-7　手高（H）求解坐标系

表 4-5　手作业高度计算数据

（单位：mm）

尺寸数据	5 百分位	50 百分位	95 百分位
H_{hand}	170	185	198
H_{shoulder}	557	592	642
H_{upperarm}	289	315	341
H_{forearm}	216	239	261
$H_{\max}$	599.2	641.8	695.8
$H_{\min}$	169.4	169.4	183.1

5.脚作业空间的确定

在农机装备驾驶室中，踏板等操纵装置主要是通过脚来操作的。脚的作业空间设计不合理会直接影响操作者的舒适度与操作的准确性。与手操纵空间相比，脚部活动精度不高，但脚部操纵力较大，因而脚部作业空间一般范围较小。舒适的脚作业空间应便于作业人员施力，利于降低驾驶员的脚部、腿部的疲劳程度；脚作业空间一般位于座高以下，作业人员身体前下方。图 4-8 给出了脚偏离身体中心线左右各 15° 范围内的作业空间示意图，阴影区为舒适的脚作业空间。

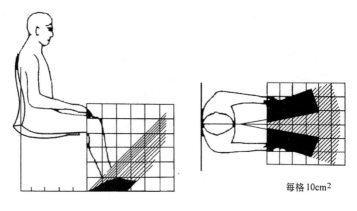

每格10cm²

图4-8 脚作业空间

脚部空间对脚操纵装置的布局设计有着重要的影响,在布置驾驶室内的脚操纵装置时,要充分考虑到不同百分位人体的不同需求,同时要依据农机设计标准来布局并设计脚操纵装置。

6.试验平台主要装置的布局

1)试验平台的底座总体尺寸

驾驶室试验平台的作业空间主要是指驾驶员坐姿状态下驾驶行为的活动范围、布置设备等所需空间的总和。设计时必须保证农机装备驾驶室作业空间满足驾驶员手、脚作业所需的空间,并使操纵装置布置在驾驶员的操纵舒适区间范围内。

本研究中试验平台的内部空间设计主要针对座椅、方向盘、操纵杆、操纵台以及脚踏板的作业空间设计。这些操纵装置的布局设计,是在农机装备驾驶室试验平台总布置的基础上进行的。所以,试验平台的空间尺寸满足《农业拖拉机驾驶室门道、紧急出口与驾驶员的工作位置尺寸》(GB/T 6238—2004)的驾驶室最小尺寸要求,如图4-9所示。

本文中,试验平台的总体作业空间尺寸主要与试验平台的底座尺寸有关。在进行试验平台内部布局设计前,要先确定试验平台底座的总体尺寸,然后基于底座的尺寸空间对驾驶室试验平台进行操纵作业空间的设计,从而使其满足驾驶便捷性、操纵舒适性等要求。参照手作业空间、脚操纵空间范围的结果,最终确定驾驶室试验平台的总体尺寸。本研究仅考虑试验平台的长度与宽度尺寸,同时考虑加工时要留有适当的加工位置与安装位置,故试验平台的总体尺寸数据为长 × 宽 = 1500 mm × 1300 mm。

2)方向盘的布置

在拖拉机、联合收获机等农机装备中,控制其行驶方向的操纵部件以方向盘为主。在作业过程中,方向盘控制转向需要连续操纵、精准操作,其位置布局对驾驶员的操作有重要的影响,所以设计时要充分考虑驾驶员与方向盘的位置关系及驾驶室整体的人机系统特性,合理的方向盘位置布局能有效提高驾驶员的乘坐舒适性以及操纵舒适性。

①方向盘转角的确定。

方向盘转轴的角度与操作方向盘所需要的力和疲劳度密切相关,方向盘的安装角度越平缓,驾驶员需施加的操纵力越大。参照《农业拖拉机 转向要求》(GB/T 19040—2016),方向盘操纵力按经验取值为45～200 N。为了便于驾驶人员对方向盘施力,方向盘的安装角度 α 通常选在便于活动的 10°~40°。方向盘转角应设计成可调,从而满足驾驶员不同的驾驶需求。

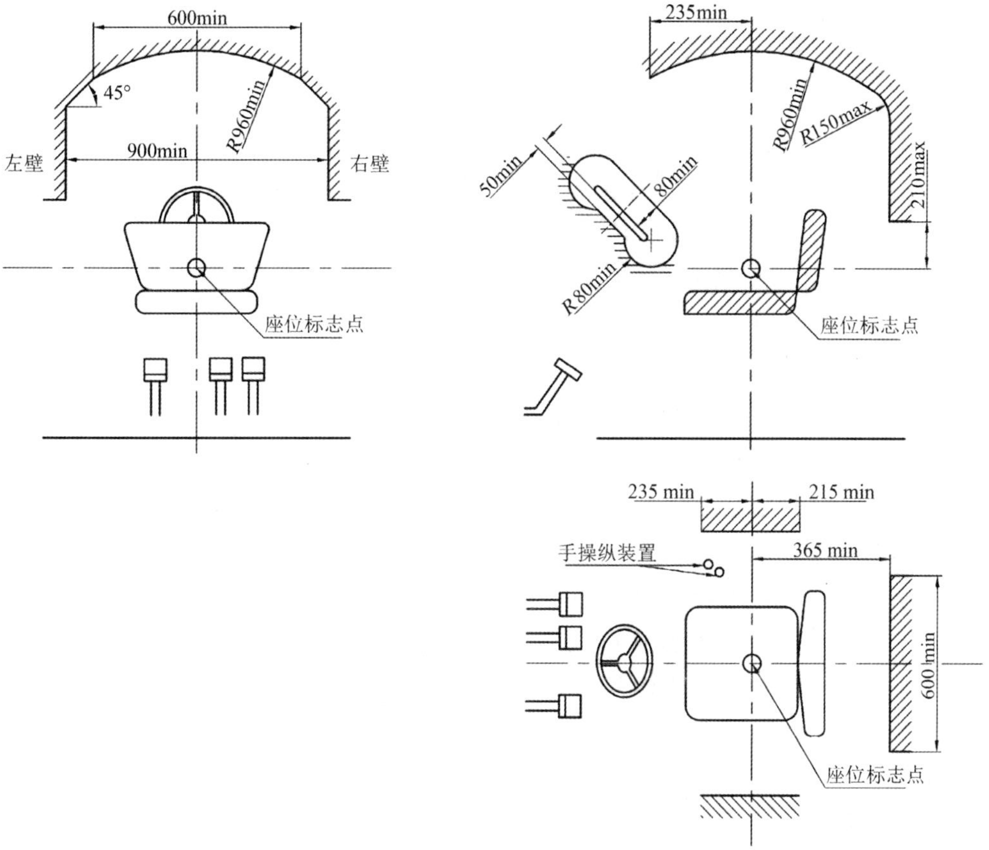

图 4-9　驾驶室作业空间的极限尺寸(单位:mm)

②方向盘在试验平台内位置的确定。

设计方向盘在驾驶室试验平台中的空间位置时,要综合考虑人体操纵舒适性夹角、手可及空间、腿部空间等因素。

方向盘相对于驾驶座椅的位置会影响驾驶员的操纵舒适性。方向盘高度位置会改变驾驶员驾驶状态下的上肢夹角,也会干涉驾驶员下肢的作业空间,方向盘过高或过低均会使驾驶员产生不舒适感。方向盘的前后位置则会影响驾驶员的操纵力矩的大小,方向盘距离人体过远,操作力矩降低,驾驶员施力变大;距离人体过近,则会使腰部失去座椅靠背的支撑,降低坐姿舒适性。设计时可参考《农业拖拉机驾驶员座位装置尺寸》(GB/T 6235—2004)标准中规定的方向盘中心距离座椅参考点(SIP)的几何尺寸数据,即图 4-10 中的 l_2、h_2。其中 l_2 的范围值为 425~525 mm;h_2 的范围值为 265~385 mm。

在本文中,方向盘可以根据需要调节高度,从而保证方向盘高度处于驾驶员操纵最适宜的位置;同时方向盘与驾驶座椅间的距离可以通过调节座椅的前后位置来实现,进而满足不同驾驶员的操纵需求。

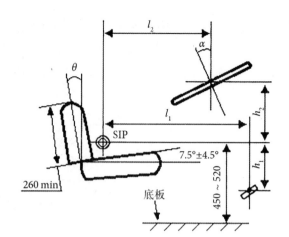

图 4-10　驾驶座及主要操纵装置简图

3) 操纵杆与操纵台的布置

农机装备驾驶室的手作业装置主要包括操纵杆、操纵台等。在农田进行播种、收获等作业时，驾驶员对手操纵装置的使用频率较大，对操纵舒适性要求较高；操纵杆、操纵台的位置布局设计直接影响到驾驶员的操作便捷性以及上肢的操纵舒适性。

设计手操纵装置的布局时，按照人机工效学原理的要求，应该保证驾驶员坐姿状态下，手臂自然伸缩、弯曲就可以灵活便捷地操作操纵杆、操纵台等装置。同时要考虑驾驶员施力与受力过程应在驾驶员的舒适操纵范围内，保证操纵杆设置在人能够有较大施力的位置，且便于施力。

在设计中，操纵杆的位置布局应该处于驾驶人员手操纵的舒适空间范围内，且保证驾驶员操纵方便灵活。可在软件中模拟驾驶员的操纵姿势，使驾驶在处于上臂自然下垂、前臂正常放置的状态下舒适地操作，所以在设计时要综合考虑人体手臂的尺寸及驾驶员的手舒适作业空间。图 4-11 显示了操纵杆在驾驶室中的位置，H_x、H_y 分别表示操纵杆距离 H 点的尺寸。前文已计算了手作业空间范围与手的作业高度，设计时还要结合坐姿状态下人体的肘高尺寸，进而确定操纵杆在试验平台中的位置。

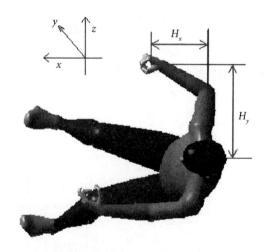

图 4-11　操纵杆与人体模型的位置关系

操纵台的位置需要满足驾驶员的操纵舒适性,并处于手作业空间范围内。参考人体上肢操作范围中能够到达的舒适区域范围以及最大区域范围,操纵台应尽可能地布置在手操纵舒适区域范围内,不能超出手操纵最大区域范围,保证驾驶员能正常地驾驶操作操纵杆。

农机装备中,不同的作业功能需要不同的操纵杆进行控制操作。不同操纵杆间需要有一定的间隙,从而保证驾驶员能够准确地操纵。依据 GB/T 6238—2004 的要求,不同操纵装置的间隙距离一般在 50 mm,所以在操纵杆与操纵台布局设计中要保证其间隙要求。

4) 脚操纵装置的布置

脚踏板在驾驶员进行农务作业时使用频率较低,但踏板位置的布局设计直接影响驾驶员的操纵效率和操纵力。所以,踏板的布局设计要综合考虑驾驶员的施力状态,使驾驶员容易发力,从而降低驾驶员的下肢疲劳。在踏板位置的布局设计中,要考虑踏板的功能、性能、使用场合。若踏板使用频率高,则踏板应距离人体上身较近,驾驶员只需要较小的踏板力就能满足工作要求,但其舒适性较差;若踏板使用频率较低,对舒适性要求较高,则踏板位置需要距离人体较远。所以在进行脚踏板位置布局设计时,要充分考虑其与座椅位置布局之间的关系。

GB/T 6235—2004 中规定了踏板中心偏离座椅参考点(SIP)的几何尺寸范围,如图 4-12 所示,本文将踏板的左右位置设计为可调,调节量 Δl=200 mm。可通过调节踏板的水平相对偏离位置得到驾驶员脚踏板的舒适位置。

在上文中,依据中国成年人人体尺寸数据对舒适坐姿下的 H 点进行了计算,并给出了 5、50、95 百分位驾驶员 H 点坐标的取值范围,并依此确定了满足大多数驾驶员(5 百分位的人体尺寸和 95 百分位的人体尺寸之间)的 H 点水平位置与竖直高度位置坐标的取值范围。H 点的水平位置坐标值即为踵点与 H 点的水平距离,取值范围为 675～815 mm,因而可据此确定踏板在试验平台空间布局中的位置。本研究中脚踏板位置距座椅 H 点的水平距离取 740 mm。同时为满足不同百分位驾驶员的操纵需求,可通过调节座椅的前后距离达到踵点到座椅的舒适距离。

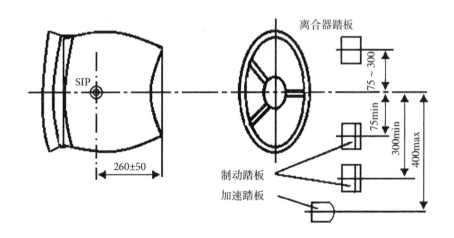

图 4-12 驾驶座及主要操纵装置俯视简图(单位:mm)

综上所述,依据本章对驾驶室试验平台总体作业空间及主要操纵装置的布局设计与计算结果,结合 GB/T 6235—2004 中操纵装置位置布局的推荐取值范围,可确定试验平台的作业空间布局设

计,如图4-13所示。图4-13中区域*A*为手操纵装置的作业空间范围,区域*B*为方向盘中心所在的
空间位置区域,区域*C*为脚踏板布置区域。

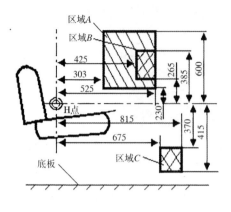

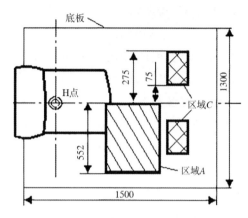

（a）垂直平面内的作业区域　　　　　　　　（b）水平平面内的作业区域

图4-13　试验平台作业空间布局示意图（单位：mm）

二、驾驶室试验平台主要装置的人机工程设计

农机装备驾驶室试验平台各部件包括驾驶座椅、方向盘、脚踏板、操纵杆等。这些与驾驶姿势
有关的部件,其结构尺寸参数的设计直接影响着驾驶员的操纵舒适性,关系着驾驶员作业过程的安
全性与高效性。农机装备驾驶室的设计目的是,提高驾驶员的工作效率,降低驾驶员的驾驶疲劳。
无论是作业空间设计,还是驾驶室内部件的结构设计,都将不断诉求更为人性化的设计。4.2节中,
对驾驶室操纵舒适性试验平台的作业空间布局进行了设计,本部分主要内容是以人机工效学为基
础,应用人体测量学和生物力学等知识和相关数据,对驾驶室试验平台内的部件结构进行设计,从
而保证各部件适合于人体特点,进而提高驾驶员的操纵舒适性。

1.试验平台的调节功能

1）调节方法

在研究驾驶室操纵舒适性的实际过程中,现有农机装备驾驶室作业空间布局、操纵装置的布置
及其结构参数的设计,均由生产制造厂确定。研究操纵舒适性可能需要对驾驶室的布局、结构、操
纵装置等进行改进,也可能需要根据研究目的来改变驾驶室的作业空间、操纵装置的相对位置等。
不同的研究需求会增加研究成本和研究的工作量,给研究带来极大的不便。

不同驾驶员的人体尺寸数据不同,驾驶姿势与驾驶习惯也存在差异,因此驾驶室内操纵装置的
作业空间应具有一定的可调节性。在人机工效学理论中常用的调节方法有以下几种:

①调节作业空间,即允许作业者自主调节作业空间的形状、位置和方向,从而满足作业者的工
作需求和舒适性要求;

②调节作业者与作业空间的相对位置,即在总体作业空间不变的情况下,调节作业空间内的部
件之间的相对位置,从而满足作业需求;

③调节工件,即通过调节某一工件的位置、方向等,来满足作业者的需求;

④调节工具,即利用某一具有调节功能的手持或其他类型的工具,来弥补装置的不足,从而满足作业者的工作需求。

上述方法中,调节作业空间可能会增加研究成本,超出预算,或影响其他重要设备的布置或维修;调节工具,在农机装备驾驶室的设计中不适用。所以,本研究对农机装备操纵舒适性试验平台进行结构设计时,主要考虑使用第②种、第③种调节方法,使所搭建的操纵舒适性试验平台具有调节功能。

2) 调节功能

农机装备驾驶室操纵舒适性试验平台的设计,主要以座椅、方向盘等装置的舒适性为研究对象,同时结合对试验平台总体空间、操纵装置作业空间的布局设计特点,对驾驶座椅、方向盘、操纵杆、踏板等进行了可调节功能的设计。调节部件包括座椅(高度位置、前后位置、靠背角度),方向盘(轴向位置、方向盘倾角),操纵杆(高度位置、前后位置、偏离 H 点的距离),脚踏板(倾角、踏板偏离 H 点距离),以及操纵台(左右位置)。

试验平台内的操纵装置调节范围与操作行程均限定在一定范围内,即处在试验平台作业空间内驾驶员的可操纵区域。其调节功能主要采用手动机械调节的方式来实现,从而实现在有限的试验平台作业空间内,驾驶员可通过调节座椅、操纵装置等的相对位置,满足其舒适性要求。

2.驾驶座椅的设计

驾驶座椅是农机装备驾驶室中驾驶员的直接支承装置,是与驾驶员体验联系最为紧密的部件。良好的驾驶座椅能够为驾驶员提供操纵舒适、安全可靠的乘驾环境。所以,农机装备驾驶座椅的设计应满足以下基本要求:座椅安全可靠、布置合理、方便操纵、外形尺寸符合人体生理功能,并具有调节功能。所以,座椅的人机工效学设计对提高农机装备驾驶室舒适性十分重要。

本文根据人机工效学中舒适坐姿的关节角度、生物力学特点、人体测量学尺寸,对农机装备驾驶室的座椅静态参数进行了设计和选取,同时针对座椅的可调节性进行了简要的设计。

农机装备驾驶座椅的主要设计参数如下。

1) 座椅高度

驾驶座椅高度要适宜,过高将加大大腿的承受压力,会影响驾驶员的血液循环与神经传导功能;座椅高度也不应过低,过低会使驾驶员脊椎受到损伤,长时间就座容易造成腰部劳损。椅面高度设计主要是依据人体下肢相关尺寸数据。表 4-6 所示为不同百分位的人体下肢尺寸。根据不同百分位人体的"小腿 + 足高 +1/2 大腿厚"尺寸,同时考虑座椅竖直方向的高度调节范围,座椅高度应小于"小腿 + 足高 +1/2 大腿厚"尺寸,一般比该值小 50~100 mm。

表 4-6　不同百分位的人体下肢尺寸

(单位: mm)

参数	5 百分位	50 百分位	95 百分位
小腿 + 足高	383.0	413.0	448.0
大腿厚	113.0	130.0	150.0
小腿 + 足高 +1/2 大腿厚	439.0	478.0	523.5

2) 座深与座宽

座椅深度的设计要保证驾驶员在驾驶过程中自然地依靠在椅背上,且小腿与椅面前缘不会发生挤压。座椅深度的设计一般以人体尺寸数据的臀膝距(表 4-7)为参考。如果座深大于小身材驾驶员的大腿长,座面前缘将压迫膝窝处的压力敏感部位,影响其舒适性。为适应绝大多数的驾驶员,通常采用 5 百分位人体的臀膝距的 3/4 作为设计依据,从而使小身材驾驶员在驾驶过程中保持舒适的坐姿,大身材驾驶员小腿能得到有效的支承,避免引起大腿部位压力疲劳。根据表 4-8,本研究将座椅深度设为 420 mm。而座椅宽度尺寸是包容性尺寸,需要满足大身材驾驶员的臀宽要求,故座椅宽度应略大于坐姿臀宽,本研究将其设为 410 mm。

表 4-7　不同百分位人体臀膝距与坐姿臀宽尺寸

(单位:mm)

参数	5 百分位	50 百分位	95 百分位
臀膝距	515	554	595
坐姿臀宽	295	321	355

表 4-8　对应于不同百分位人体的座椅深度与宽度尺寸

(单位:mm)

参数	5 百分位	50 百分位	95 百分位
座椅深度	386.25	415.50	446.25
座椅宽度	300.00	320.00	355.00

3) 椅面倾角

椅面倾角是指椅面前端翘起,椅面相对于水平面的夹角。椅面向后倾斜,能够使驾驶员自然地后倚,通过靠背的支撑减少背部肌肉所承受的静负荷,同时保证乘坐稳定性。驾驶座椅的椅面倾角一般取 0°～15°,推荐值为 3°～4°。

4) 座椅靠背

座椅靠背主要用来分担部分人体压力,用以支撑肩部、背部、腰部,靠背的尺寸要符合人体的舒适性要求。靠背过大会造成背部受压,还会阻碍驾驶员作业过程中的活动范围。靠背的设计主要考虑形状尺寸参数和倾角。

座椅的靠背高度设计主要依据驾驶员的坐姿肩高。在农机装备中,由于其特殊的作业环境与作业要求,靠背的高度应不影响驾驶员作业时的观察需求,所以靠背高度不能过高。而座椅的靠背宽度与人体肩宽有关,是包容性设计,所以座椅的靠背宽度应以大身材成人的尺寸数据为依据进行设计。

表 4-9 所示为坐姿人体肩高与肩宽尺寸。根据人体肩宽尺寸,座椅靠背宽度范围应为 344～403 mm,依据大身材成人的尺寸,靠背宽度取值为 410 mm;座椅靠背高度约为坐姿肩高的 0.8 倍,根据人体肩高尺寸,座椅靠背高度范围应为 445～512 mm,取均值 480 mm,如表 4-10 所示。

表 4-9　不同百分位人体的肩高与肩宽尺寸

（单位：mm）

参数	5 百分位	50 百分位	95 百分位
坐姿肩高	557	598	641
坐姿肩宽	344	375	403

表 4-10　对应于不同百分位人体的座椅靠背尺寸

（单位：mm）

参数	5 百分位	50 百分位	95 百分位
靠背宽度		344 ~ 403	
靠背高度	445	478	512

靠背倾角是指靠背与椅面的夹角,靠背倾角对驾驶员的坐姿、脊背、腰部的舒适性有重要影响。舒适角度一般取 95° ~ 110°,本设计将靠背倾角设计成可调,调节范围是 90° ~ 120°。本设计中座椅主要结构参数见表 4-11。

表 4-11　座椅主要结构参数统计

（单位：mm）

参数	数值	参数	数值
座高 /mm	380	靠背宽 /mm	410
座宽 /mm	410	椅面倾角	4°
座深 /mm	420	靠背倾角	90° ~ 120°
靠背高 /mm	480		

座椅主要尺寸参数确定后,座椅的调节功能也随之确定,其功能的实现主要利用相关的机械结构来实现。座椅高度通过高度升降器调节,行程 $\Delta H=60\,\text{mm}$,模型如图 4-14 所示;座椅靠背倾角通过座椅调角器调节,其角度调节范围为 90° ~ 120°,模型如图 4-15 所示;座椅前后位置的调节是通过滑轨机构调节,行程 $\Delta L=160\,\text{mm}$,模型如图 4-16 所示。依据表 4-11 中座椅主要结构参数,在建模软件中建立座椅结构三维模型,如图 4-17 所示。

图 4-14　高度升降器

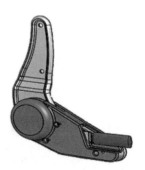

图 4-15　座椅调角器

（a）主滑轨

（b）辅滑轨

图 4-16　座椅滑轨

图 4-17　座椅结构三维模型

3.操纵装置的设计

1）方向盘的设计

方向盘是农机装备驾驶室中控制行驶方向的重要操纵装置,需要支持单手操作、双手操作,同时满足驾驶员的操纵需求与习惯。本文主要对方向盘的尺寸参数、位置调节方式进行了设计。

方向盘的形式主要有三辐式和两辐式。选择方向盘的形式,主要是考虑当驾驶员正常操纵时,方向盘在受到一定扭矩情况下能保持结构稳定,且不影响驾驶员观察仪表盘区域。本设计选择三辐式方向盘。在农业机械作业中,农机装备驾驶员一般需要在操控方向盘的同时,还要进行作业功能的操纵,通常在方向盘的轮缘上设计有圆形或椭圆形凸起的握柄,从而使驾驶员能够在作业过程中更高效地操纵方向盘。《操纵器一般人类工效学要求》(GB/T 14775—1993)标准中给出了方向盘的相关尺寸,如表 4-12 和图 4-18 所示。

表 4-12　方向盘的尺寸参数

（单位：mm）

操纵方式	手轮直径 D		轮缘直径 d	
	尺寸范围	优先选用	尺寸范围	优先选用
双手扶轮缘	140 ~ 630	320 ~ 400	15 ~ 40	25 ~ 30
单手扶轮缘	50 ~ 125	70 ~ 80	10 ~ 25	15 ~ 20
手握手柄	125 ~ 400	200 ~ 320		
手指握手柄	50 ~ 125	75 ~ 100		

参照标准中给出的尺寸范围,结合人体测量学的相关知识,参考中国成年人人体坐姿肘间宽以及人体手握尺寸,最终确定方向盘的尺寸参数:手握手柄横截面直径取 33 mm,轮缘直径取 $d=25$ mm,方向盘手轮直径取 $D=380$ mm。根据所设计的参数,在软件中建立的方向盘模型如图 4-19 和图 4-20 所示。

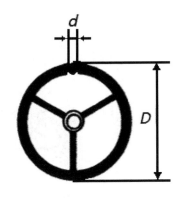
图 4-18　三辐式方向盘

图 4-19　方向盘三维模型

图 4-20　方向盘结构三维模型

在方向盘的设计中,方向盘的轴向位置可调,方向盘的倾角可调节,从而满足不同身材驾驶员的操作习惯,调节方向盘的空间位置,进而满足其操纵舒适的需求。

2) 操纵杆与操纵台的设计

农机装备驾驶室操纵舒适性试验平台的工作装置主要是指操纵杆和操纵台。在农机装备中,操纵杆与操纵台的主要功能是用来实现对农机装备速度、收获机构等的控制。由于其作业方式的特殊性,操纵杆的大小、形状及指向必须便于把握和移动,其外形应符合人手等部位的尺寸数据特征。

操纵杆的人机工程设计主要包括手握部分的形状、杆长尺寸、操纵角度和操纵位移几个方面。农机装备的操纵杆手柄的形状应便于人手的操纵,有利于对操纵杆施力。手柄的形状设计,要考虑手的生理结构特点。

由图 4-21 中手部肌肉的分布可知,掌心的肌肉最少,指骨间肌的神经末梢最多。故在手柄形状设计时应保证手柄的握持部位与掌心、指骨间肌间留有少量空隙,从而保障手掌的舒适性。一般取手柄直径为 50 mm,此时驾驶员的手掌与手柄接触面积最为理想,驾驶员的施力状态最佳。

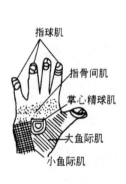

图 4-21 手的生理结构

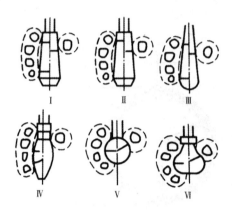

图 4-22 手柄形状的设计

图 4-22 给出了六种常见的手柄形状,当操纵者施力时间较长时,一般选用图中 Ⅰ、Ⅱ、Ⅲ 所示形状的手柄;当操纵者短时间内快速完成操作或施力较小时,一般选其余三种形状的手柄。变速操纵杆操作几乎为瞬时操作;而操纵台上的操纵杆由于农机装备特殊的作业需求,操纵时间较长。所以在本研究中,功能类操纵杆的手柄在前三种手柄类型中选择,变速杆的手柄在后三种手柄类型中选择。

操纵杆的长度尺寸设计要考虑驾驶员的操纵频率,操纵频率较高则选择较长的杆。农机装备中控制收获作业的操纵杆的使用频率较高,而换挡变速的操纵杆在实际行驶过程中使用频率较低。短操纵杆一般为 150~250 mm,长操纵杆一般为 500~700 mm。所以在试验平台的设计中,控制换挡变速的操纵杆设计为长操纵杆;模仿控制收获作业等功能的操纵杆设计为短操纵杆,如图 4-23 所示。在保证杆件强度要求下,尽量使杆件占用的空间小,本设计取长、短操纵杆的杆径为 15 mm。

(a) 短操纵杆

(b) 长操纵杆

图 4-23 不同类型的操纵杆

操纵台是农机装备中承载驾驶室内作业控制按钮、功能操纵杆的重要部件。其尺寸、位置的设计影响着驾驶员的操纵舒适性。操纵台的空间位置布局如图 4-13 区域 A 所示,此部分主要针对其外形尺寸进行设计。

操纵台的尺寸设计主要依据人体上肢能够到达的最大区域范围,即保证操作台处于手操纵空间范围的内侧,从而满足在驾驶员保持舒适坐姿情况下,能够对操纵台上的功能装置进行作业操作。结合上文的计算数据以及驾驶室操纵舒适性试验平台的整体结构,可确定操纵台的形状和尺寸。即将操纵台的形状设计成以驾驶员为中心,半径为 620 mm 的圆内的一部分,且其偏离 H 点的位置可调节。建立的操纵台模型如图 4-24 所示。

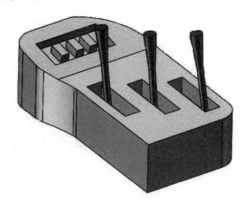

图 4-24　操纵台模型

3) 脚踏板的设计

农机装备中脚操纵装置主要是离合器踏板、加速踏板和制动踏板,主要作用是在行驶过程中控制农机装备的换挡、变速和制动。本文主要从踏板的形状尺寸以及踏平面角两方面进行设计。

踏板的结构形式不同,会导致操纵效率不同,同时会影响驾驶员的踏板操纵力。图 4-25 的简图中给出了几种较为常用的踏板结构形式。图 4-25(a) 和图 4-25(b) 所示两种形式的踏板通常用于用力较大的操纵状态,常用在汽车、工程车辆、农机车辆等机器中;图 4-25(c) 和图 4-25(d) 所示两种形式的踏板适用于操纵频繁且用力不大的情况。农机装备中,驾驶员对踏板的操纵频率较低,且施力较大,故本文选用图 4-25(a) 或图 4-25(b) 所示的踏板结构。

踏平面角也称踏板平面倾角,即踏板面和水平面之间的夹角,在很大程度上决定了操作员控制脚踏板的能力,踏平面角的设计是否合理直接影响驾驶员的操作舒适性。若踏平面角选用不合理,长时间操纵会造成驾驶员的脚部损伤。所以踏平面角设计应当使驾驶员既能操作舒适,又能便于用力,也就是说,驾驶员在进行踏板操纵时,要保证下肢及脚踝关节处的各个角度处在关节舒适角度范围。座椅的位置和操作者踝关节的结构决定了踏平面角的大小,踏平面角计算的经验公式如下:

$$\theta = 78.96 - 0.15Z - 0.0173Z^2 \tag{4-10}$$

其中,Z 为 H 点距踵点的垂直距离, 单位为 cm。根据上文中计算分析所得的座椅 H 点的高度取值范围, 计算出踏平面角的取值范围。经计算, 踏平面角应在 33.5°~56.5° 之间, 即踏平面角的调节范围为 33.5°~56.5°。

脚踏板多采用矩形或椭圆形平面板,踏板表面应有防滑纹理,增加摩擦力,有助于准确地操作。本研究中踏板以基本的人机工效学理论为指导并参照标准设计。其中,脚踏板形式设计为悬空式,踏板平面采用矩形,尺寸参数参照人体足部尺寸。查询中国成年人人体尺寸数据统计表可知,驾驶员足长的取值为 230~264 mm,其足宽的取值为 88~103 mm,则取踏板的长度为 75~300 mm,宽度为 88 mm,踏板面厚度 3 mm。踏板的三维结构模型如图 4-26 所示。

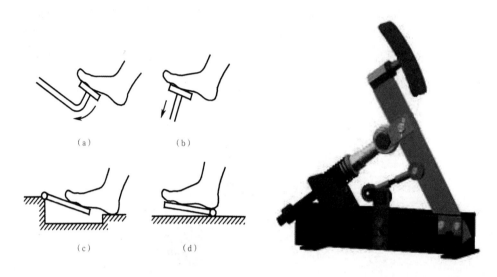

图 4-25 脚踏板的结构形式   图 4-26 踏板的三维结构模型

4.驾驶室试验平台的仿真校核

1)CATIA 人机工程模块简介

CATIA 是法国达索公司大型高端的 CAD/CAE/CAM 一体化应用软件,其内容涵盖了产品的概念设计、三维模型设计、动态模拟与仿真等,被广泛应用于航空航天、汽车制造、机械制造、电子电器等领域。CATIA V5 提供了人机工程分析模块,可利用该模块对设计进行模拟分析与评估。故本研究使用 CATIA V5 的人机工程分析模块对农机装备驾驶室操纵舒适性试验平台的作业空间布局和各部件的设计进行仿真,从而检验设计是否符合人机工效学的要求。CATIA V5 人机工程分析模块由以下四个模块组成:

①人体模型构造模块(Human Builder)。

在虚拟环境中建立和管理标准的数字化人体模型,从而在产品早期设计时进行人机工程交互式分析。其功能主要有编辑并创建人体模型、模拟仿真人体动作、高级视觉等。本研究利用该模块,依据修正后的中国成年人人体模型相关参数,建立了不同百分位的三维数字人体模型(图 4-2)。

②人体测量编辑模块(Human Measurements Editors)。

研究人员可以利用人体测量学和人体尺寸数据来生成与指定目标人群相接近的三维数字人体模型。

③人体行为分析模块(Human Activity Analysis)。

该模块提供了多种人机工效学的分析工具和方法,可以全面分析人机互动过程中的全部因素,且能够精确有效地预测人的行为。

④人体姿态分析模块(Human Posture Analysis)。

人体姿态分析模块可以在仿真环境中定性并定量地解析驾驶员的各种姿势,可以根据建立的舒适性评价体系在该模块上设置首选角度,从而确定人体的舒适度。该模块还可依据有问题的区域,重新做出分析,并进行姿态优化。

2) 驾驶员坐姿仿真

前文利用5、95百分位人体模型的相关尺寸数据,对驾驶室操纵舒适性试验平台的作业空间布局、主要装置的结构进行了设计。接下来我们采用50百分位人体模型来进行驾驶室操纵舒适性试验平台的仿真分析。之所以选择50百分位人体模型,是因为50百分位人体可代表大多数农机装备的驾驶员体型,具有实际意义。CATIA软件中的姿态评估功能可以对正在编辑的驾驶员人体模型的姿态进行定量分析,有助于检验本研究设计的合理性。

首先,在CATIA人机工效学设计与分析的人体模型构造环境下,利用编辑的人体尺寸数据文件,导出50百分位三维数字人体模型。然后,将创建的试验平台三维模型与三维人体数字模型在CATIA中装配,调节坐姿角度,使人体模型处于驾驶坐姿操纵姿势的状态,如图4-27所示。

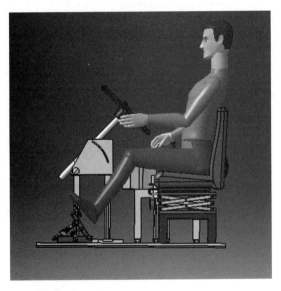 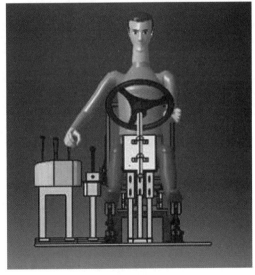

(a) 侧视图   (b) 主视图

图4-27 坐姿操纵状态的模拟

以此时的人体姿势关节角度为基础,利用CATIA的姿态分析模块,根据人体实际生理情况和操纵舒适原则进行舒适度区域的划分工作。建立人体坐姿舒适角度的范围,并赋予不同范围以不同分值,越接近于舒适性工作角度范围的中心,其评分值越高,对应的舒适性则越好。表4-13是坐姿关节角度舒适性评分表。如图4-28所示,在大腿部位建立了首选角度,并划分区域,设立分值,进行姿态评估。其他部位编辑过程与之类似。

表 4-13　坐姿关节角度舒适性评分表

人体部位	不同分数对应的角度范围				
	60	70	80	90	98
颈	−19° ~ −10°	−10° ~ 0°	5° ~ 12°	12° ~ 23°	0° ~ 5°
胸	—	−10° ~ 0°	10° ~ 15°	5° ~ 10°	0° ~ 5°
腰椎	−9.5° ~ 0°	20° ~ 37°	10° ~ 20°	5° ~ 10°	0° ~ 5°
上臂	90° ~ 170°	−60° ~ 0°	60° ~ 90°	35° ~ 60°	0° ~ 35°
前臂	0° ~ 10°	125° ~ 140°	10° ~ 85°	85° ~ 115°	115° ~ 125°
手腕	−70° ~ −30°	40° ~ 80°	−30° ~ −5°	15° ~ 40°	−5° ~ 15°
大腿	−18° ~ 55°	55° ~ 75°	75° ~ 85°	100° ~ 113°	85° ~ 100°
小腿	120° ~ 135°	0° ~ 60°	90° ~ 120°	85° ~ 90°	60° ~ 85°
脚踝	−50° ~ −20°	20° ~ 38°	10° ~ 20°	−20° ~ 0°	0° ~ 10°

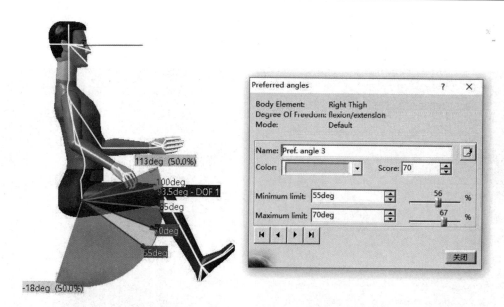

图 4-28　人体关节角度的编辑

　　设定 98 分以上用红色来表示,90 分用粉红色来表示,80 分用蓝色来表示,70 分用绿色来表示,60 分用灰色来表示。颈部角度在人低头时为正,仰头时为负;胸部、腰部角度相对于垂直面前倾为正,后倾为负;上臂角度在其前伸时为正,后伸时为负;手腕角度在其内伸时为正,外伸时为负;大腿角度在人体站立情况下前伸时为正,后伸时为负;脚踝角度在其前弓时为正,后弯时为负。

　　本研究采用 50 百分位人体对本研究所设计的驾驶室操纵舒适性试验平台进行合理性检验,坐姿仿真分析报告如图 4-29 所示。分析报告分别对人体坐姿操纵姿态下的颈、胸、腰椎、上臂、前臂、手腕、大腿、小腿、脚踝部位进行了舒适性评估。由图 4-29 可知,其中人体部位评分最高为 99.6 分,最低分为 66.4 分,均达到舒适性水平,且该分析报告给出的舒适性总得分为 89.6 分,故可验证本研究所设计的农机装备操纵舒适性试验平台设计是合理的,所设计的试验平台能够满足大多数驾驶员的舒适性要求。

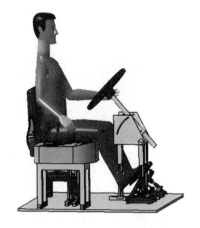

驾驶员的坐姿仿真分析报告		
人体关节部位		评分值
腰部		78.0
胸部		66.4
颈部		93.3
大腿	左	99.3
	右	99.3
小腿	左	93.6
	右	93.6
脚踝	左	92.0
	右	84.0
上臂	左	97.8
	右	86.4
前臂	左	81.4
	右	80.3
手腕	左	99.6
	右	99.6

图 4-29　驾驶员坐姿仿真分析报告

3）操纵可达性仿真

本研究设计的农机装备驾驶室试验平台,要求试验平台上的所有操纵装置都应在手操纵范围内,即在作业状态中,驾驶员能够在不移动身体而只移动手臂的情况下进行相关操纵。利用 CATIA 中手可触及区域设计的功能,对驾驶员的手操纵范围进行仿真,如图 4-30 所示。由仿真结果可以看出,右手的可触及区域覆盖了试验平台右侧的全部操纵装置布置区域,即说明驾驶室试验平台的主要操纵装置均布置在驾驶员的手操纵范围内,能够满足大多数驾驶员的手操纵需求。

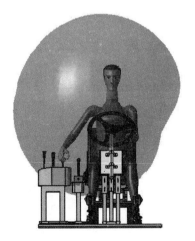

（a）正面　　　　　　　　　　　　　　　　（b）侧面

图 4-30　驾驶员的操纵可达区间仿真

综上所述,农机装备驾驶室操纵舒适性试验平台内主要装置的结构与人机工效学设计已完成,试验平台作业空间布局的设计也已完成。在此基础上,首先利用三维建模软件创建农机装备驾驶室操纵舒适性试验平台的三维模型;然后利用CATIA软件仿真分析,检验了试验平台设计的合理性;最后,参照所设计的参数绘制试验平台的加工图纸,完成驾驶室操纵舒适性试验平台的样机加工,如图4-31所示。

图4-31 驾驶室操纵舒适性试验平台样机

4.3 农机装备操纵舒适性影响机制及关键参数优化

本节主要以前文所构建的操纵舒适性试验平台为基础,以座椅、方向盘、脚踏板以及操纵杆四个主要操纵装置为试验对象,开展单因素与响应面试验,通过定义操纵装置的舒适性综合评价指标,剖析操纵舒适性的影响因素,构建各装置操纵舒适性定量分析与综合评价的指标,分析操纵装置关键位置参数及其交互作用对其舒适性的影响机制,并以此为基础对各操纵装置的关键位置参数进行优化。

图4-32所示为本节总体研究思路。

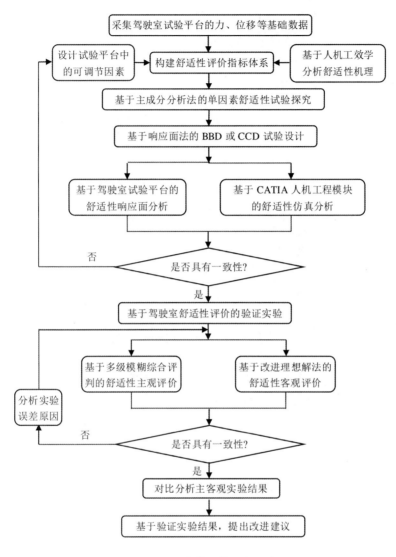

图 4-32　本节总体研究思路

一、本节主要研究工作

1.中国成年人人体尺寸数据的修正

通过分析国际标准 ISO 3411 的第二版以及第四版中人体各个部位尺寸的变化规律,对我国 1988 年颁布的 GB/T 10000—1988 中的数据进行适当的修正,从而得到更加贴近当前中国成年人人体的尺寸数据,为选择贴近当前 50 百分位尺寸的操作人员,以及建立用于舒适性仿真的 3D 人体模型提供数据基础。

2.驾驶室舒适性影响因素的确定

通过研究农机驾驶室各操纵装置的自由度,确定座椅、方向盘、脚踏板及操纵杆的位置参数及可调节范围。本研究中农机驾驶室的舒适性影响因素框架图如图 4-33 所示。其中,座椅的可调节参数包括 H 点相对踏点的前后距离、上下高度及靠背倾角;方向盘的可调节参数包括盘面倾角、方向盘

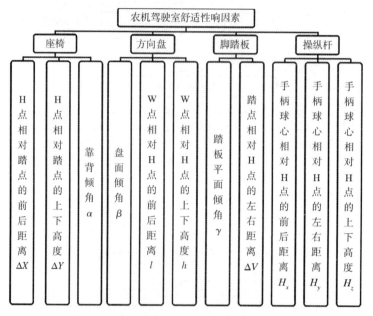

中心点 W 点相对 H 点的前后距离及上下高度;脚踏板的可调节参数包括踏板平面倾角、踏点相对 H 点的左右距离;操纵杆的可调节参数包括手柄球心相对 H 点的前后距离、左右距离及上下高度。

图 4-33　农机驾驶室舒适性影响因素框架图

3.农机操纵装置舒适性评价模型的建立

在试验优化部分,本研究从坐姿舒适性与操纵舒适性两个角度提取评价指标,结合评价对象的特征,选取合适的赋权法对各因素和指标赋予权重。同时,考虑到评价方法的多样性,本研究通过对比分析多种评价方法的优缺点及其适应场合,选择一种最适于多自由度试验平台优化的评价方法,从而建立农机驾驶室操纵装置的舒适性评价模型。

4.基于响应面法的试验优化设计

通过单因素爬坡试验,探究座椅、方向盘、脚踏板及操纵杆各自参数的舒适性范围及最佳水平。利用 Design-Expert 软件建立响应面回归模型,对操纵装置的位置参数进行 BBD 或 CCD 设计,继而完成响应面分析与试验优化,从而为农机驾驶室人机系统的舒适性研究提供一定的理论依据和数据支持。根据试验优化结果,进一步深入分析位置参数对操纵装置舒适性的影响规律,并提出相应的改进建议。

5.基于CATIA人机工程模块的驾驶室舒适性仿真分析

基于修正过的 50 百分位人体尺寸,在 CATIA 人机工程模块中建立 3D 人体模型。参照座椅、方向盘、脚踏板及操纵杆各自的位置参数,在人机工程模块中对 3D 人体模型进行姿态评估分析与快速上肢分析。通过试验与仿真的对比分析,进一步验证座椅、方向盘、脚踏板及操纵杆位置参数优化结果的可靠性。

6.试验优化结果在实例农机驾驶室舒适性评价中的应用

将试验探究结论应用到实例农机驾驶室的舒适性评价中,即在 5 台具有一定代表性的农机驾驶室上开展主客观对比实验。并依据舒适性评分结果对 5 台农机的驾驶室进行舒适性排序,通过对比验证主客观评价模型的合理性。最后,深入分析主观心理因素对农机驾驶室操纵装置舒适性的影响规律,从而将理论付诸实践,在建立舒适性评价体系的基础上进一步验证本研究结论的可靠性与实用性。

二、农机装备座椅的舒适性评价及位置参数优化

农机驾驶室的操纵装置类型较多,工作环境较为复杂,易导致长期注意力集中的驾驶员身心疲惫,进而诱发腰椎间盘突出和颈椎病等隐患。为了保障农机驾驶员的身心健康,并提高其工作效率,本研究从坐姿舒适性与操纵舒适性两个方面依次对座椅、方向盘、脚踏板及操纵杆的位置参数进行试验优化。然后通过验证试验、CATIA 人机工程仿真,以及主客观对比实验对试验优化结果进行验证,进而分析各操纵装置的舒适性影响机制,并提出相应的改进建议。

在驾驶农机的过程中,人体的臀部 、背部等绝大部分身体重量均依靠座椅的支撑。因此,座椅舒适性是保证驾驶舒适性的基础,故本研究先确定座椅的最优位置,再以相对固定的 H 点为基准点,分别对方向盘、脚踏板及操纵杆的位置参数进行优化。此外,本节将从人机工效学与人体测量学的理论入手,首先对农机座椅的舒适性评价指标体系展开研究,然后利用多项式响应面回归模型来确定座椅的空间位置,从而为方向盘、脚踏板及操纵杆的位置参数优化奠定基础。

1.人机工效学与人体测量学

1) 人机工效学在农机驾驶室中的应用

人机工效学是一门研究人－机－环境系统内相互作用规律的新兴学科,运用系统思维对作业过程中人的心理感受、身体负荷以及环境顺应能力进行分析,致力于提高人体身心健康水平及工作效率,促使人－机－环境之间的耦合度达到最佳。

在农机驾驶室的优化设计中,人机工效学发挥了重要的作用。针对农机驾驶室的舒适性与安全性较差的问题,国内外研究者基于人机工效学理论,通过人体测量学、CAD/CAE/CAM、动态模拟仿真等技术对驾驶室进行优化设计。例如,收获机在不同路面激励条件下的振动舒适性研究、农机驾驶室的舒适性仿真分析,以及农业中职业安全与健康的评估等,均渗透了人机工效学的理论知识。因此,本研究将人机工效学理论应用于农机驾驶室操纵装置的舒适性评价,以确定人机交互过程中舒适性最优的位置参数组合。最后,根据响应面试验、CATIA 人机工程仿真、主客观对比实验的结果,同时结合人机工效学理论,分别对座椅、方向盘、脚踏板及操纵杆的舒适性影响规律进行探究,并提出相应的改进建议。

2) 人体测量学及中国成年人人体尺寸数据的修正

人体测量学(anthropometry)是一门研究人体测量及观测方法的学科,通过对人体进行整体或局部的测量来分析人体的特征与发展,在国防科技、人机工程、体育保健、安全评估等方面被广泛应用。本研究将人体测量学与人机工效学相结合,采用数理统计的方法对中国成年人人体尺寸的特征进行数据分析,为操作人员的选择与三维人体的建模提供数据基础,从而在一定程度上提升研究结论的可靠性。

目前,我国人体建模常用的尺寸参数主要源自 1988 年颁布的 GB/T 10000—1988《中国成年人人体尺寸》。但近几十年来因中国经济的迅速发展,中国人人体尺寸已发生一定的变化,故需要对

原有的标准进行适当地修正,从而在一定程度上减小试验样本与人体仿真模型的误差。从 1975 年至 2007 年,国际标准 ISO 3411 已更新了 4 个版本,其中第二版最接近 GB/T 10000—1988 中数据。因此,本研究参照 ISO 3411 中第二版(1982 年颁布)与第四版(2007 年颁布)的人体尺寸数据,计算二者相同部位尺寸间的增长率,并将其近似作为 1988 年至 2019 年中国成年人对应尺寸的增长率,对 GB/T 10000—1988 中数据进行适当的修正,从而得到更加贴近当前中国成年人人体的尺寸数据,结果如表 4-14 所示。

同时,考虑到中国成年人体尺寸呈正态分布规律,故 50 百分位人体尺寸可以代表大部分中国成年人的人体尺寸。因此,本研究邀请 10 位贴近 50 百分位人体尺寸的操作人员开展重复试验,通过构建舒适性评价模型,对农机驾驶室试验平台进行单因素试验探究和响应面优化设计。

表 4-14　中国成年人主要人体尺寸数据

（单位：mm）

代号	尺寸名称	50 百分位男性（1988 年）	50 百分位男性增长值	50 百分位男性（2019 年）
us5	上臂长	313	2	315
us11	双肩宽	375	7	382
us13	最大肩宽	431	10	441
us27	臀膝距	554	10	564
us28	坐深	457	4	461
us39	立姿胯高	790	10	800
us50	坐姿眼高	798	16	814
us58	手宽	82	1	83
us60	手长	183	2	185
us67	坐姿臀宽	321	11	332
us68	坐姿肩高	598	−6	592
us73	胫骨点高	444	−3	441
us74	坐姿膝高	493	−2	491
us87	小腿加足高	413	4	417
us88	前臂长	237	2	239
us94	坐立高度	908	14	922
us100	身高	1678	15	1693

2.试验设计

1)试验仪器与设备

如图 4-31 所示,本课题组已研制一台多自由度农机驾驶室试验平台,其座椅、方向盘、脚踏板及操纵杆的空间位置均可调节。本试验的主要仪器有诺盛 LAB-B-B 压力传感器及显示仪表、精锐锋 JRF 数显角度尺,分别如图 4-34 和图 4-35 所示。

图 4-34　压力传感器及显示仪表

图 4-35　数显角度尺

2) 试验因素及评价指标

在人机工效学中,人体躯干与大腿之间的胯点(hip points)被简称为 H 点,常用作驾驶室布局的基准点。本文以人脚踏点为参考点,在座椅中选取 3 个位置参数:H 点相对踏点的前后距离 ΔX、上下高度 ΔY,以及座椅靠背倾角 α,如图 4-36 所示。

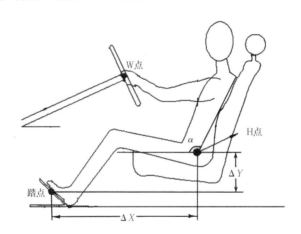

图 4-36　座椅单因素示意图

考虑到评价指标应具有代表性、确定性、灵敏性以及独立性等特征,本研究从坐姿舒适性和操纵舒适性两个方面选取评价指标。

(1) 坐姿舒适性评价指标。

如图 4-37 所示,本研究考查上臂与躯干夹角(A)、大腿与躯干夹角(B)、大腿与小腿夹角(C)、小腿与脚底平面夹角(D),以及上臂与前臂夹角(E),共 5 个关节角度的最佳舒适性范围,以此衡量坐姿舒适性。

如表 4-15 所示,为确定人体各关节角度的最佳舒适性范围,国内外研究者的结论略有不同。为了细致区分出各试验水平下的舒适性差异,本研究适当缩小各关节角度的舒适性范围,即将同一关节角度的所有舒适性区间的左极限的最大值与右极限的最小值,分别作为新舒适性区间的左、右极限值,从而得到具有综合性与区分性的关节角度最佳舒适性新区间,以此作为坐姿舒适性的评价指标。

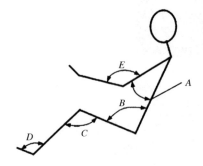

图 4-37　驾驶姿态下的人体关节角度

表 4-15　舒适驾驶姿态下的人体关节角度范围

角度	Rebeffe	Grandjean	Porter	Park	罗仕鉴	新区间
A/(°)	10 ~ 45	20 ~ 40	16 ~ 74	7 ~ 37	5 ~ 28	20 ~ 28
B/(°)	95 ~ 120	100 ~ 120	89 ~ 112	100 ~ 131	99 ~ 115	100 ~ 112
C/(°)	95 ~ 135	110 ~ 130	103 ~ 136	120 ~ 152	111 ~ 134	120 ~ 130
D/(°)	90 ~ 110	90 ~ 110	81 ~ 105	82 ~ 124	89 ~ 124	90 ~ 105
E/(°)	80 ~ 120	80 ~ 120	80 ~ 161	86 ~ 144	80 ~ 129	86 ~ 120

(2)操纵舒适性评价指标。

在座椅上均匀对称地安装压力传感器,对采集的数据进行处理,得到动力学特性及数理统计指标,具体含义如下:

①平均压力 $\overline{F}$。

将所有压力测量值的算术平均值定义为平均压力,即

$$\overline{F} = \frac{F_1 + F_2 + \cdots + F_N}{N} \qquad (4-11)$$

式中,N 为试验者臀部与座椅之间压力测量点个数。

②最大压力 $F_{\max}$。

若任意一个压力传感器的测量值为 $F_i(i=1,2,\cdots,n)$,则最大压力 $F_{\max}$ 被定义为 F_i 中的最大值,即

$$F_{\max} = \max F_i \qquad (i=1,2,\cdots,n) \qquad (4-12)$$

③不对称系数 C_u。

将左右对称测点的压力差的绝对值,与所有测点压力总和的比值定义为不对称系数,即

$$C_u = \frac{\sum_{i=1}^{N/2} \left| F_i - F_{N+1-i} \right|}{\sum_{i=1}^{N/2} \left| F_i + F_{N+1-i} \right|} \qquad (4-13)$$

④平均压力梯度 $\bar{\mu}$。

座椅上相邻压力传感器对应的压力值存在差异,差值越大则说明压力过渡得越急促,操纵舒适性越差。因此,为了描述压力过渡的不平缓程度,本节将所有相邻传感器的压力差之和的算术平均值定义为平均压力梯度,即

$$\bar{\mu} = \frac{\sum_{i=1}^{N-1}\left|F_i - F_{i+1}\right|}{N-1} \tag{4-14}$$

⑤异点数量 Ne。

在座椅上的不同位置,人体臀部与座椅之间的压力值不同。根据格拉布斯准则,可以对所有压力值样本进行异点判别与分析。计算最小允许压力值 $F_{i(\min)}$ 与最大允许压力值 $F_{i(\max)}$,将不满足 $F_{i(\min)} \leqslant F_i \leqslant F_{i(\max)}$ 条件的压力值定义为异点。异点出现的个数越多,则操纵舒适性越差。因此,本节将异点出现的总个数定义为异点数量 Ne,即

$$Ne = f(F_i) \tag{4-15}$$

3)舒适性评价方法的选择

目前关于舒适性的评价方法主要有灰色关联分析法、秩和比法及主成分分析法等。其中,灰色关联分析法具有计算简便、普适性强的优势,但其理论体系与方法仍需进一步完善;秩和比法虽然对指标的选择无特殊要求,并在一定程度上综合多项评价指标信息,但在数据处理中易丢失部分原始数据信息;主成分分析法不仅可以综合大量原始数据的信息,还可以通过主成分函数评分对系统特征进行科学评价,但偶尔存在函数意义不够明确的情形。

在本研究中,由于坐姿舒适性与操纵舒适性的评价指标均较多,且两两之间可能存在一定程度的相关性,故需找寻一种适于多项评价指标,且不受指标间相关性影响的评价方法。经对比发现,主成分分析法可以将多维度的评价指标进行降维,即在一定程度上消除指标之间的相关性,将多项指标转化为少量能对驾驶舒适性起决定作用的评价指标。因此,本研究采用主成分分析法作为试验优化中的评价方法。

4)试验过程与方法

本研究邀请了 10 名人体尺寸接近 50 百分位且具有一定驾龄的操作人员,在 14:00-17:00 开展座椅舒适性试验。操作人员的基本信息如表 4-16 所示。

表 4-16 操作人员的基本信息

年龄 / 周岁	性别	体重 / kg	身高 /cm
24 ~ 34	男	60 ~ 70	168 ~ 173

依次设置座椅的各相关因素状态值,然后请操作人员以日常驾驶农机的姿态坐在均匀布有 12 个压力传感器的坐椅上。待操作人员坐姿稳定后,采用数显角度尺测量图 4-37 中 A、B、C、D、E 共 5 个关节角度,并读取各个压力传感器的数值。最后请操作人员离开座椅再回到座椅,在各因素水平上开展 3 次重复试验。图 4-38 所示是座椅舒适性试验现场取景。

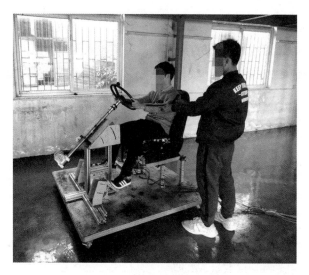

图 4-38　座椅舒适性试验现场

5) 试验数据的处理

(1) 隶属度的计算。

在本研究的试验因素中,第 i 个水平中第 j 个评价指标的原始值被记为 x_{ij},经数据标准化处理即可得到隶属度 y_{ij}。

① 坐姿舒适性。

$$y_{ij} = \begin{cases} 1 - \dfrac{\delta_1 - x_{ij}}{\delta_2 - x_{ij}} & x_{ij} < \delta_1 \\ 1 & \delta_1 \leq x_{ij} \leq \delta_2 \\ 1 - \dfrac{x_{ij} - \delta_2}{x_{ij} - \delta_1} & x_{ij} > \delta_2 \end{cases} \qquad (4\text{-}16)$$

式中, δ_1、δ_2 分别为第 j 个关节角度指标最佳舒适区间的左、右极限值,且最优舒适区间 $[\delta_1, \delta_2]$ 按照表4-15中的新区间取值。

② 操纵舒适性。

a. 效益型指标(正指标):

$$y_{ij} = \frac{x_{ij} - (x_{ij})_{\min}}{(x_{ij})_{\max} - (x_{ij})_{\min}} \qquad (4\text{-}17)$$

b. 成本型指标(逆指标):

$$y_{ij} = \frac{(x_{ij})_{\max} - x_{ij}}{(x_{ij})_{\max} - (x_{ij})_{\min}} \qquad (4\text{-}18)$$

式中, $(x_{ij})_{\min}$、$(x_{ij})_{\max}$ 分别为第 i 个水平中第 j 个评价指标的最小值与最大值。

(2) 权重的计算。

在评价体系中,合理地赋权对提高评价结果的准确性具有重大意义。权重的计算方法分为主观赋权法与客观赋权法。其中,主观赋权法主要依靠专家打分来定权,包括德尔菲法和层次分析法;

客观赋权法主要根据计算法则来定权,例如变异系数法和熵权法。由于变异系数法可以客观地综合坐姿、操纵舒适性的评分,具有较强的合理性与准确性,故本研究在试验优化部分选择变异系数法赋权。

(3)评分归一化。

为了高效便捷地分析舒适性影响规律,本研究在主成分分析评价的基础上,采用极差标准化方法将舒适性评分归一化到 [0,1] 区间。

3.单因素试验

在单因素试验中,本研究采用控制变量的方法,仅改变某个单因素的水平,采集试验数据并结合 MATLAB 编程计算舒适性评分值,进而在 SPSS 中进行显著性分析。其中,座椅单因素试验的因素水平表如表 4-17 所示。

表 4-17　座椅舒适性的因素水平表

水平	因素		
	H 点相对踏点的前后距离 ΔX /mm	H 点相对踏点的上下高度 ΔY /mm	靠背倾角 I /(°)
1	660	350	90
2	700	380	100
3	740	410	110
4	780	440	120
5	820	470	130

1)前后距离对座椅舒适性的影响

以踏点为基准点,先将 H 点相对踏点的上下高度 ΔY 调节至 440 mm 位置,将座椅的靠背倾角 α 调节至 110° 位置,然后在 H 点相对踏点的前后距离 ΔX 分别为 660 mm、700 mm、740 mm、780 mm、820 mm 的条件下开展座椅的单因素试验,测定相应的坐姿舒适性和操纵舒适性指标值。对 3 次重复试验的舒适性评分求算术平均值,得到座椅在不同 ΔX 条件下的舒适性评分(表 4-18),绘制座椅舒适性综合评分随 ΔX 变化的折线图,如图 4-39 所示。

表 4-18　不同前后距离下座椅舒适性评分结果

前后距离 ΔX /mm	坐姿舒适性	操纵舒适性	舒适性综合评分
660	0.53	0.49	0.51
700	1.00	1.00	1.00
740	0.58	0.81	0.70
780	0.41	0.29	0.35
820	0.00	0.00	0.00

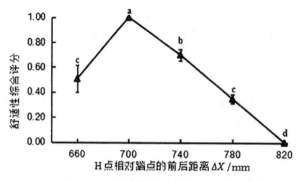

图 4-39　前后距离对座椅舒适性的影响

由图 4-39 可知,随着 ΔX 的增加,座椅的舒适性综合评分先增大后减小,在 ΔX 为 700 mm 处达到最大值。主要原因分析如下:

当 ΔX 较小时,驾驶员上身易前倾,膝关节部位往前方收紧,导致上臂与躯干夹角、大腿与躯干夹角、大腿与小腿夹角,以及上臂与前臂夹角均较小,稍偏离了各关节角度的最佳舒适性范围,导致低水平处的坐姿舒适性一般;同时,驾驶员臀部与座椅之间的压力较大,且体压分布较不均匀,倾向于座椅前方的局部位置,导致操纵舒适性也一般,故座椅的综合舒适性一般。当 ΔX 逐渐增大时,人体各关节角度适当增加,基本位于各关节角度的最佳舒适性区间内,故坐姿舒适性提升;同时,驾驶员的身体会渐渐直立,体压分布较为均匀,臀部受力面积增大,压强减小,促使操纵舒适性提升,故座椅的综合舒适性提升。然而,当 ΔX 超过 740 mm 时,驾驶员离方向盘、脚踏板、操纵杆等装置的距离较远,使得各关节角度增大,渐渐远离各关节角度的最佳舒适区间,导致坐姿舒适性下降;同时,驾驶员身位逐渐后倾,使得臀部后方压强增大,且体压分布均匀度减小,导致操纵舒适性下降,故座椅的综合舒适性下降。综上所述,从座椅的综合舒适性角度考虑,ΔX 的最优水平为 700 mm,最优水平范围为 660～740 mm。

2) 上下高度对座椅舒适性的影响

以踏点为基准点,将前后距离 ΔX 调节至 700 mm 位置,将靠背倾角 α 调节至 110° 位置,在 H 点相对踏点的上下高度 ΔY 分别为 350 mm、380 mm、410 mm、440 mm、470 mm 条件下开展座椅的单因素试验,分别测定相应的坐姿舒适性和操纵舒适性指标值。对 3 次重复试验的舒适性评分求算术平均值,可得座椅舒适性综合评分随 ΔY 变化的折线图,如图 4-40 所示。

由图 4-40 可知,随着 ΔY 的增加,座椅的舒适性综合评分先增大后减小,且在 ΔY 为 440 mm 处达到最大值。主要原因分析如下:

当 ΔY 较小时,驾驶员的膝关节部位向上收紧,使得大腿与躯干夹角、大腿与小腿夹角均偏小,且臀部与手臂的高度差很大,使得上臂与前臂、上臂与躯干的夹角均偏大,偏离了各关节角度的最佳舒适性区间,导致坐姿舒适性较差;同时,座椅较低会导致双手距离各装置较远,操纵难度较大,人脚紧贴驾驶室地面,不利于腿部各关节的伸张,且此时视野舒适性也较差,会给驾驶员心理带来紧迫感,导致操纵舒适性也较差,故座椅的综合舒适性较差。当 ΔY 逐渐增大时,人体各个关节自由舒张的空间增大,故坐姿舒适性提升;同时,驾驶员距离各部件的距离适中,不用挪动臀部即可轻松操控各装置,促使操纵舒适性提升,故座椅的综合舒适性提升。然而,当 ΔY 继续增大时,人脚距离驾驶室地面较远,臀部有前移的趋势,使得座椅靠前部分压强增大,且与座椅后部受力差异较大,导致体压分布不均匀度上升,故座椅的综合舒适性下降。综上所述,从座椅的综合舒适性角度考虑,ΔY 的最优水平为 440 mm,最优水平范围为 410～470 mm。

3)靠背倾角对座椅舒适性的影响

以踏点为基准点,将前后距离 ΔX 调节至 700 mm 位置,将上下高度 ΔY 调节至 440 mm 位置,然后在座椅的靠背倾角 α 分别为 90°、100°、110°、120°、130° 的条件下开展座椅的单因素试验,分别测定相应的坐姿舒适性和操纵舒适性指标值。对 3 次重复试验的舒适性评分求算术平均值,得到座椅舒适性综合评分随 α 变化的折线图,如图 4-41 所示。

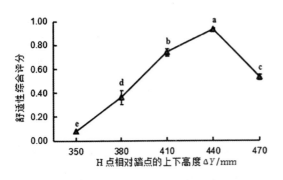

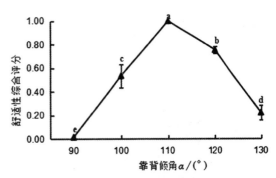

图 4-40　上下高度对座椅舒适性的影响　　图 4-41　靠背倾角对座椅舒适性的影响

由图 4-41 可知,随着 α 的增加,座椅的舒适性综合评分先增大后减小,且在 α 为 110° 时达到最大值。主要原因分析如下:

当 α 较小时,人体躯干直立,上臂与躯干之间的空隙较小,导致肘关节紧缩且上臂顶住躯干;此外,驾驶员背部被迫呈直立状态,与人体脊椎的 S 形形态相违背,不符合人机工效学的理论,不利于人体背部休息,故座椅的综合舒适性较差。当 α 逐渐增大时,驾驶员背部可以跟座椅靠背适度贴合,促使背部负荷减轻,故坐姿舒适性提升。但是当 α 继续增大时,驾驶员为了便于操控前方装置及获得开阔性视野,其背部被迫保持前倾,需要部分依靠自身脊椎发力来撑住背部,导致背部负荷增大,故座椅的综合舒适性下降。综上所述,从座椅的综合舒适性角度考虑,α 的最优水平为 110°,最优水平范围为 100°～120°。

4.响应面试验

1)响应面法简介

1951 年,数学家 Wilson 和 Box 提出了响应面法(RSM)这一优化方法。响应面法的核心思想为,基于一系列试验数据,利用多元二次回归方程,对响应值与各变量之间的映射关系进行拟合,然后通过回归分析对多变量问题进行优化求解。响应面法的优势明显,可以快速准确地获取可视化结果,单凭观察即可选择响应曲面设计中的优化条件。

2)试验方法

当试验因素的个数相同时,响应面法中 BBD(Box-Behnken design) 比 CCD(central composite design)所需要的试验次数少,更加简便、经济、高效。因此,基于座椅单因素试验结论,本研究对影响座椅舒适性的 3 个位置参数进行 BBD 设计,继而开展 3 因素 3 水平的响应面试验。其中,响应面试验中的试验变量分别为 A 前后距离、B 上下高度及 C 靠背倾角,且每个变量均设置 3 个水平。试验设计方法同上,分别计算各因素水平组合位置的舒适性综合评分,以此作为座椅响应面试验的响应值。座椅响应面试验的因素水平编码取值如表 4-19 所示。

表 4-19 座椅响应面试验的因素水平编码表

水平	因素		
	A: 前后距离 /mm	B: 上下高度 /mm	C: 靠背倾角 / (°)
−1	660	410	100
0	700	440	110
1	740	470	120

在农机驾驶室试验平台上开展响应面试验,通过 3D 响应曲面及其等高线图,对多因素作用结果进行响应面分析,并结合人机工效学理论分析交互作用对座椅舒适性的影响机制。最后利用响应面法计算座椅的 3 个位置参数组合的最优解,实现基于舒适性的座椅位置参数优化。

3)试验结果与分析

(1)试验结果。

座椅响应面试验的因素水平组合方案及其响应值如表 4-20 所示。可以直观地看出,不同位置参数组合的舒适性综合评分存在较大差异。为了实现座椅位置参数的优化,本研究将利用响应面法建立座椅的舒适性回归模型。

表 4-20 不同位置参数组合的座椅舒适性评分结果

试验号	A: 前后距离	B: 上下高度	C: 靠背倾角	Y: 舒适性综合评分
1	0	1	−1	0.43
2	0	1	1	0.14
3	−1	1	0	0.24
4	1	0	1	0.35
5	1	0	−1	0.45
6	0	0	0	0.95
7	0	−1	−1	0.39
8	0	0	0	0.90
9	0	0	0	0.86
10	1	−1	0	0.58
11	−1	0	1	0.58
12	1	1	0	0.13
13	0	0	0	0.86
14	0	0	0	0.83
15	0	−1	1	0.65
16	−1	−1	0	0.38
17	−1	0	−1	0.20

(2)舒适性回归模型的建立。

基于 Design-Expert 8.0 的数据分析功能,本研究对座椅的舒适性试验数据进行回归分析。首先,分别基于线性回归模型、双因子交互回归模型、二阶回归模型对座椅舒适性评分进行拟合,得到 3 个模型下的调整 R^2_{Adj}、预测 R^2_{Pre},以及失拟项 P-value 值,结果如表 4-21 所示。

表 4-21　不同回归模型下的座椅舒适性拟合结果

模型类型	线性	双因子交互	二阶
R^2_{Adj}	−0.0788	−0.1976	0.9581
R^2_{Pre}	−0.3368	−0.7752	0.8132
P-value	0.0009	0.0006	0.2591

由表 4-21 可知,座椅舒适性二阶回归模型失拟项的 P-value 为 0.2591,其不显著程度最高,故拟合效果最好。同时,二阶回归模型的 R^2_{Adj} =0.9581, R^2_{Pre} =0.8132,均接近于 1,且 R^2_{Adj} 与 R^2_{Pre} 的差值在 0.2 之内,可以对座椅舒适性进行准确的拟合,故二阶回归模型为理想模型。对座椅舒适性的二阶回归模型进行方差分析,结果如表 4-22 所示。

表 4-22　座椅舒适性二阶回归模型方差分析

变异来源	平方和	自由度	均方	F 值	P 值	显著性
模型	1.22	9	0.14	41.66	< 0.0001	**
A	0.00	1	0.00	0.46	0.5196	N
B	0.14	1	0.14	44.04	0.0003	**
C	0.01	1	0.01	2.65	0.1478	N
AB	0.03	1	0.03	7.90	0.0261	*
AC	0.06	1	0.06	17.51	0.0041	**
BC	0.08	1	0.08	23.49	0.0019	**
A^2	0.32	1	0.32	98.58	< 0.0001	**
B^2	0.31	1	0.31	94.95	< 0.0001	**
C^2	0.18	1	0.18	56.53	0.0001	**
残差	0.02	7	0.00			
失拟项	0.01	3	0.00	1.98	0.2591	N
纯误差	0.01	4	0.00			
总和	1.24	16				

注:* 表示影响显著(P-value < 0.05); ** 表示影响极显著(P-value < 0.01)。

由表 4-22 可知,因子 A 和 C 对座椅舒适性的影响均不显著(α=0.05)。因此,需剔除不显著因子 A 和 C,对座椅舒适性的二阶回归模型进行重新拟合,结果如表 4-23 所示。

表 4-23　修正后的座椅舒适性二阶回归模型方差分析

变异来源	平方和	自由度	均方	F 值	P 值	显著性
模型	1.21	7	0.17	47.30	< 0.0001	**
B	0.14	1	0.14	39.22	0.0001	**
AB	0.03	1	0.03	7.03	0.0264	*
AC	0.06	1	0.06	15.60	0.0034	**
BC	0.08	1	0.08	20.92	0.0013	**
A^2	0.32	1	0.32	87.79	< 0.0001	**
B^2	0.31	1	0.31	84.56	< 0.0001	**
C^2	0.18	1	0.18	50.34	< 0.0001	**
残差	0.03	9	0.00			
失拟项	0.02	5	0.00	2.07	0.2502	N
纯误差	0.01	4	0.00			
总和	1.24	16				

注: * 表示影响显著（P-value < 0.05）; ** 表示影响极显著（P-value < 0.01）。

由表 4-23 可知,模型的 P-value 小于 0.0001,说明二阶回归模型的拟合效果较好。模型的修正决定系数 R^2 为 0.9735,大于 0.8,说明拟合函数与试验数据的吻合度较高;此外,修正后模型的 R^2_{Pre} =0.9029,比修正前提高了 11.03%。修正后座椅舒适性综合评分与各因子之间的拟合函数为

$$W = -58.88 + 0.27\Delta Y + 2.25\Delta X \times \Delta Y \times 10^{-5} + 2.42\Delta X \times \alpha \times 10^{-4} - 8.12\Delta Y \times \alpha \times 10^{5} - 2.59\Delta X^2 \times 10^{-5} - 3.24\Delta Y^2 \times 10^{-4} - 5.95\alpha^2 \times 10^{-4} \tag{4-19}$$

式中, W 为座椅舒适性综合评分; ΔX 为H点相对踏点的前后距离 （mm）; ΔY 为H点相对踏点的上下高度 （mm）; α 为座椅的靠背倾角 （°）。

为确保拟合函数的准确性,本研究在方差分析的基础上,绘制出座椅舒适性的预测值与实测值的对比图,以及回归模型的残差分布图,分别如图 4-42 和图 4-43 所示。由图 4-42 可知,座椅舒适性的预测值与实测值几乎分布在同一条直线上,说明预测值与实测值之间的误差较小,回归模型的预测精度较高。由图 4-43 可知,残差也基本分布在同一条直线上,与期望值之间的误差较小,遵从正态分布,故再次说明回归模型的拟合函数可靠性强。因此,式(4-19)可以预测在不同前后距离、上下高度,以及靠背倾角组合下的座椅舒适性。

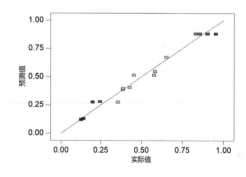

图 4-42　预测值与实测值的对比图

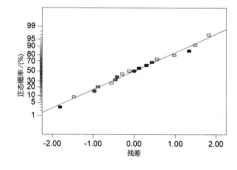

图 4-43　残差分布图

(3)各试验因素对舒适性影响的分析。

根据方差分析结果,同时结合各因子的贡献率来综合比较 A 前后距离、B 上下高度及 C 靠背倾角对座椅舒适性的影响程度。

因子贡献率的计算公式如式(4-20)所示:

$$\delta = \begin{cases} 0 & (F \leq 1) \\ 1 - \dfrac{1}{F} & (F > 1) \end{cases} \qquad (4\text{-}20)$$

式中,F 为各因子在方差分析结果中的 F 值。由此可计算出各因素的贡献率,因素贡献率的计算公式如式(4-21)所示:

$$\Delta_j = \delta_j + \frac{1}{2}\sum_{\substack{i=1\\i\neq j}}^{m}\delta_{ij} + \delta_{jj} \qquad (4\text{-}21)$$

式中,Δ_j 为 j 因素的贡献率,δ_j 为 j 因子的一次贡献率,δ_{ij} 为 ij 因子交互作用的贡献率,δ_{jj} 为 j 因子的二次贡献率。其中,δ_{ij} 被均分为2份,分别参与 Δ_i 和 Δ_j 的累加计算。

根据表 4-22 中各因子的 F 值,可计算 A 前后距离、B 上下高度及 C 靠背倾角的贡献率分别为 Δ_A=1.89,Δ_B=2.87,Δ_C=2.55。由此可得,各因素对座椅舒适性影响程度的大小依次为 B 上下高度 > C 靠背倾角 > A 前后距离。此外,根据表 4-23 可得,AB、AC、BC 之间的交互作用对座椅舒适性的影响均为显著(α=0.05)。因此,本研究将根据交互作用响应曲面图及其等高线图,对座椅的舒适性影响规律进行分析。

①A 前后距离与 B 上下高度对座椅舒适性的交互作用。

A 前后距离与 B 上下高度交互作用的响应曲面图如图 4-44 所示。显然,座椅的舒适性综合评分存在峰值,说明 BBD 设计范围较为准确,响应面 3D 模型良好。

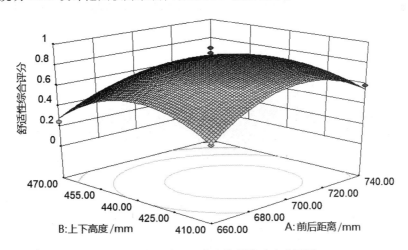

图 4-44　座椅中 AB 交互作用的响应曲面图

AB 交互作用的等高线图如图 4-45 所示,直观地反映了 A 前后距离与 B 上下高度的交互作用对座椅舒适性的影响。当前后距离小于 670mm 或大于 730mm 时,无论上下高度如何调节,座椅的舒适性评分均一般,为 0.4~0.7 分。而当前后距离处于 700mm 附近时,若上下高度位于

415～445 mm 之间,座椅的舒适性评分均较高,为 0.8～1.0 分。主要原因分析如下:在座椅的 BBD
设计范围内,当前后距离远离中心水平,或上下高度较高时,大腿下部与座椅上表面的压力增强,
双脚与驾驶室地面间的负荷增大,故舒适性一般;而当前后距离适中,且上下高度适中或较低时,
驾驶员的大腿肌肉承受挤压较小,小腿施力灵活,背部可以得到座椅靠背的有效支撑,故舒适性
优良。因此,若要提高座椅的舒适性,宜将座椅的前后距离调节至 670～730 mm,上下高度调节至
415～445 mm 的位置。

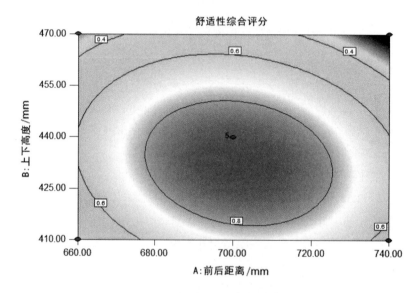

图 4-45　座椅中 AB 交互作用的等高线图

② A 前后距离与 C 靠背倾角对座椅舒适性的交互作用。

A 前后距离与 C 靠背倾角交互作用的响应曲面图如图 4-46 所示。同样地,座椅的舒适性综合
评分存在峰值。

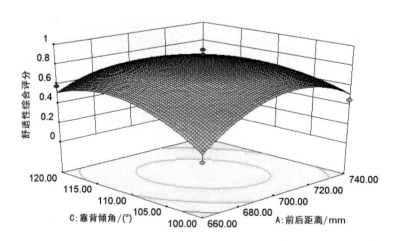

图 4-46　座椅中 AC 交互作用的响应曲面图

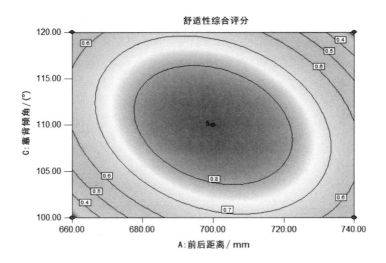

图 4-47　座椅中 AC 交互作用的等高线图

AC 交互作用的等高线图如图 4-47 所示,直观地反映了 A 前后距离与 C 靠背倾角的交互作用对座椅舒适性的影响。当前后距离处于 680～720mm 且靠背倾角处于 105°～115° 时,座椅的舒适性评分均较高,为 0.8～1.0 分。主要原因分析如下:在座椅的 BBD 设计范围内,当前后距离与靠背倾角均处于中心水平时,驾驶员的背部曲线与座椅靠背曲线的吻合度较高,腰椎部位可以得到有效的支撑,促使驾驶员处于放松的状态,故座椅的舒适性评分较高;而当前后距离或靠背倾角远离中心水平时,腿部与背部的载荷较大,血液循环较差,长时间驾驶易导致肢体麻木和疲劳,故舒适性评分不高。因此,若要提高座椅的舒适性,宜将座椅的前后距离调节至 680～720mm,靠背倾角调节至 105°～115° 的位置。

③B 上下高度与 C 靠背倾角对座椅舒适性的交互作用。

B 上下高度与 C 靠背倾角交互作用的响应曲面图如图 4-48 所示。同样地,座椅的舒适性综合评分存在峰值。

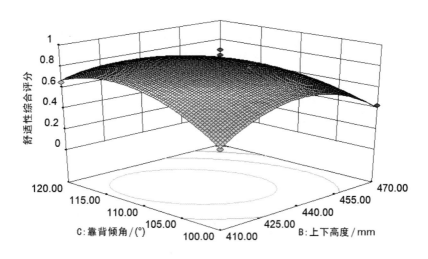

图 4-48　座椅中 BC 交互作用的响应曲面图

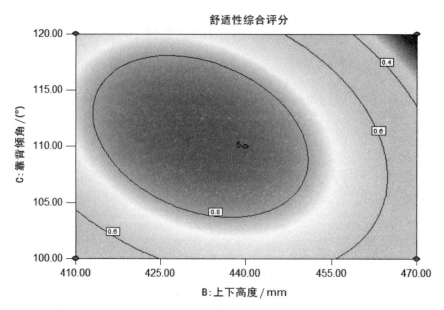

图 4-49　座椅中 BC 交互作用的等高线图

BC 交互作用的等高线图如图 4-49 所示,直观地反映了 B 上下高度与 C 靠背倾角的交互作用对座椅舒适性的影响。当上下高度大于 450 mm 时,无论靠背倾角如何调节,座椅的舒适性评分均一般,为 0.4~0.7 分。而当上下高度处于 415~450 mm 时,若靠背倾角处于 105°~117° 之间,座椅的舒适性评分均较高,为 0.8~1.0 分。主要原因分析如下:在座椅的 BBD 设计范围内,当上下高度较高,或靠背倾角较小时,驾驶员的大腿与臀部,以及背部与座椅之间的受力面积较小,压强较大,导致应力集中点的数量增多,故舒适性评分一般;当上下高度适中或较低,且靠背倾角适中或较大时,驾驶员的背部与腰部均能得到有效的支撑,其疲劳程度大大减轻,故座椅的舒适性评分较高。因此,若要提高座椅的舒适性,宜将上下高度调节至 415~450 mm,靠背倾角调节至 105°~117° 的位置。

4) 位置参数优化与验证试验

根据座椅的二阶回归模型,以最佳舒适性为目标,对座椅的 3 个位置参数进行优化,并对优化结果进行试验验证。在 Design-Expert 8.0 软件中,分别设定 A 前后距离的范围为 680~720 mm,B 上下高度的范围为 415~445 mm,C 靠背倾角的范围为 105°~115°,通过响应面优化分析得到座椅位置参数的最佳组合:A 前后距离为 701.26 mm,B 上下高度为 431.18 mm,C 靠背倾角为 111.67°。在该位置参数组合的条件下,座椅舒适性综合评分的预期为 0.904 分,是一个非常舒适的分数。

为了验证座椅位置参数优化结果的可靠性,本研究基于农机驾驶室试验平台,将座椅的前后距离调节至 701 mm,上下高度调节至 432 mm,靠背倾角调节至 111°,开展重复 3 次的验证试验。座椅舒适性验证试验的评分结果如表 4-24 所示。结果显示,预测值与实测值之间的平均相对误差为 5.19%,吻合度较高,从而在一定程度上验证了座椅位置参数优化结果的可靠性。

表 4-24 座椅验证试验的结果

试验号	舒适性综合评分		相对误差
	预测值	实测值	
1	0.904	0.921	1.85%
2	0.904	0.917	1.42%
3	0.904	0.805	12.3%
平均值	0.904	0.881	5.19%

三、方向盘的舒适性评价及位置参数优化

在农机行驶的过程中,方向盘可以起到转向和传动及支撑手部的作用。方向盘在驾驶室中的空间位置将直接影响驾驶员对其控制的难易程度,进而影响驾驶员的工作效率与舒适性。为了控制农机的行驶方向,驾驶员的双手几乎全程握在方向盘上,故方向盘的舒适性在驾驶室的整体舒适性中占有重要的地位。因此,本研究从方向盘的空间位置及动力学特征入手,通过建立方向盘的舒适性评价指标体系,对方向盘的位置参数进行优化,从而在一定程度上提升方向盘的舒适性。

前文已对座椅的 3 个位置参数进行了优化。本节将基于前文研究结果,将座椅固定在其舒适性最优解位置(前后距离 $\Delta X = 701.26\,\text{mm}$,上下高度 $\Delta Y = 431.18\,\text{mm}$,靠背倾角 $\alpha = 111.67°$),继而开展基于舒适性的方向盘位置参数的优化试验。

1.试验设计

1)试验仪器与设备

方向盘试验设备仍为课题组自行研制的多自由度农机驾驶室试验平台。主要的试验仪器有金诺 JNNT-S 型双键槽扭矩传感器、米莱 GT-C 角位移传感器、思迈科华 USB2611 数据采集卡,分别如图 4-50、图 4-51、图 4-52 所示。另外还有精锐锋 JRF 数显角度尺,纽曼便携式移动电源以及联想笔记本电脑。

图 4-50 扭矩传感器

图 4-51 角位移传感器

图 4-52 数据采集卡

2)试验因素及评价指标

在农机驾驶室中,驾驶员需要根据路况实时调整方向盘的转向。因此,农机方向盘的使用频率较高,对驾驶员的坐姿舒适性与操纵舒适性均有重大的影响。以 H 点为参考点,在方向盘中选取 3 个位置参数:方向盘的盘面倾角 β,W 点相对 H 点的前后距离 l 及上下高度 h,如图 4-53 所示。

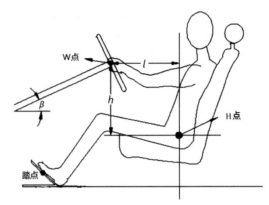

图 4-53　方向盘单因素示意图

方向盘的舒适性评价指标分为坐姿舒适性与操纵舒适性两个方面。

(1)坐姿舒适性评价指标。

方向盘的坐姿舒适性评价指标同上,不再赘述。

(2)操纵舒适性评价指标。

①平均扭矩 $\bar{M}$。

本研究将操作人员左转弯(逆时针)打方向盘半圈再右转弯(顺时针)回打半圈的过程中,所有转矩的算术平均值定义为平均扭矩,即

$$\bar{M} = \frac{M_1 + M_2 + \cdots + M_n}{n} \tag{4-22}$$

②最大扭矩 M_{max}。

若在操作人员操控方向盘的过程中,任意一个扭矩为 $M_i(i=1,2,\cdots,n)$,则最大扭矩 M_{max} 被定义为 M_i 中最大的一个,即

$$M_{max} = \max M_i \quad (i=1,2,\cdots,n) \tag{4-23}$$

③线性度 G_L。

在操纵方向盘的过程中,若扭矩与转角之间存在良好的线性关系,则有利于把控方向盘的实时位置,从而更加精准、舒适地操纵方向盘,轻松达到期望的转向效果。将扭矩与转角之间的非线性误差定义为线性度,即

$$G_L = \frac{\max\left\{\left|M_i - k\alpha_i + b\right|\right\}}{k(\alpha_{max} - \alpha_{min})} \quad (i=1,2,\cdots,n) \tag{4-24}$$

式中, k、b 分别为扭矩与转角之间一次拟合方程的斜率、截距, 即

$$k = \frac{n\sum M_i\alpha_i - \sum M \sum \alpha_i}{n\sum \alpha_i^2 - \left(\sum \alpha_i\right)^2} \tag{4-25}$$

$$b = \frac{\sum \alpha_i^2 \sum M_i - \sum \alpha_i \sum M_i\alpha_i}{n\sum \alpha_i^2 - \left(\sum \alpha_i\right)^2} \tag{4-26}$$

④平均扭矩变化率 $\bar{v}$。

在操纵方向盘的过程中,扭矩随时间的变化率越大,方向盘的操纵舒适性越差。对全过程中扭矩变化率的绝对值求算术平均值,并将其定义为平均扭矩变化率,即

$$\bar{v} = \frac{\sum |v_i|}{n} \quad (i=1,2,\cdots,n) \qquad (4\text{-}27)$$

式中, v_i 表示扭矩随时间的变化率, 即

$$v_i = \frac{M_{i+1} - M_i}{t_{i+1} - t_i} \quad (i=1,2,\cdots,n\text{-}1) \qquad (4\text{-}28)$$

⑤平均扭矩－转角刚度 $\bar{\mu}$。

同步采集扭矩和转角的试验数据后,可以分析扭矩随转角变化的规律。扭矩随转角变化的刚度越大,方向盘的操纵舒适性越差。将全过程中扭矩随转角变化刚度的绝对值求算术平均值,并将其定义为平均扭矩－转角刚度 $\bar{\mu}$,即

$$\bar{\mu} = \frac{\sum |\mu_i|}{n} \quad (i=1,2,\cdots,n) \qquad (4\text{-}29)$$

式中, μ_i 表示扭矩随转角变化的刚度, 即

$$\mu_i = \frac{M_{i+1} - M_i}{\alpha_{i+1} - \alpha_i} \quad (i=1,2,\cdots,n\text{-}1) \qquad (4\text{-}30)$$

⑥冲量矩 H。

在操纵方向盘的过程中,扭矩在时间上的累积越多,驾驶员越容易感到疲劳。在方向盘的操纵舒适性评价指标中引入冲量矩,即

$$H = \int_{t_a}^{t_b} M(t)\mathrm{d}t \qquad (4\text{-}31)$$

式中, t_a 和 t_b 分别为所研究操纵过程的起始时间点和终止时间点; $M(t)$ 为所研究过程中扭矩 M 关于时间 t 的函数。

⑦功 W。

在操纵方向盘的过程中需要克服阻力做功,即扭矩 M 在转角 α 上的累积。同时,功的大小可以体现载荷的轻重,做功越多,方向盘的操纵舒适性越差。在方向盘的操纵舒适性评价指标中引入功,即

$$W = \int_{\alpha_a}^{\alpha_b} M(\alpha)\mathrm{d}\alpha \qquad (4\text{-}32)$$

式中, α_a 和 α_b 分别为所研究操纵过程的起始角位移和终止角位移; $M(\alpha)$ 为所研究过程中扭矩 M 关于转角 α 的函数。

⑧异点数量 Ne。

在操纵方向盘的过程中,扭矩和转角均随时间不断变化。根据格拉布斯准则,对所有扭矩样本进行异点判别分析,分别计算扭矩－时间、扭矩－转角数据中最小允许扭矩 $(M_t)_{\min}$、$(M_\alpha)_{\min}$ 和最大允许扭矩 $(M_t)_{\max}$、$(M_\alpha)_{\max}$,将不满足 $(M_t)_{\min} \leqslant M_t \leqslant (M_t)_{\max}$ 或 $(M_\alpha)_{\min} \leqslant M_\alpha \leqslant (M_\alpha)_{\max}$ 任意一个条件的扭矩定义为异点。异点出现的个数越多,方向盘操纵舒适性就越差,将方向盘异点数量 Ne 的表达式定义为

$$Ne = f(M_t, M_\alpha) \tag{4-33}$$

3）试验过程与方法

本研究邀请了 10 名体型接近 50 百分位且具有一定驾龄的操作人员，在 14:00–17:00 开展方向盘舒适性试验。操作人员的基本信息同表 4-16。首先在方向盘上同时安装扭矩传感器和角位移传感器，依次设置方向盘的各相关因素状态值。待操作人员坐姿稳定后，用数显角度尺分别测量图 4-37 所示的 A、B、C、D、E 共 5 个关节角度，然后同步采集方向盘扭矩和角位移随时间变化的数据。最后，请操作人员双手移开又重握方向盘，在各因素水平上开展 3 次重复试验。其中，传感器采集到的模拟信号，可以通过采集卡以数字信号输出，并被保存至计算机软件端，用于后续试验数据的处理与分析。扭矩和角位移的数据采集界面如图 4-54 所示。

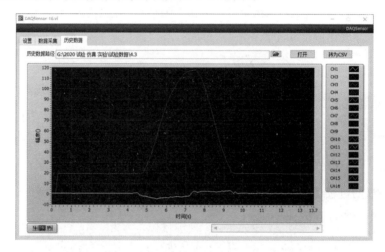

图 4-54　方向盘试验数据的计算机采集界面

4）试验数据的处理

方向盘的舒适性评价指标亦可分为坐姿舒适性与操纵舒适性两部分。关于方向盘舒适性试验的数据处理方式同座椅舒适性试验，不再赘述。

2.单因素试验

方向盘单因素试验的因素水平表如表 4-25 所示。

表 4-25　方向盘舒适性的因素水平表

水平	因素		
	盘面倾角 β l /（°）	W 点相对 H 点的前后距离 l /mm	W 点相对 H 点的上下高度 h /mm
1	10	380	260
2	20	415	290
3	30	450	320
4	40	485	350
5	50	520	380

1）盘面倾角对方向盘舒适性的影响

以 H 点为基准点，先将 W 点相对 H 点的前后距离 l 调节至 415 mm 位置，上下高度 h 调节至 290 mm 位置，然后在盘面倾角 β 分别为 10°、20°、30°、40°、50° 的条件下开展方向盘的单因素试验，分别测定相应的坐姿舒适性与操纵舒适性指标值。对 3 次重复试验的舒适性评分求算术平均值，得到方向盘在不同 β 水平下的舒适性评分（表 4-26），由此绘制出方向盘舒适性综合评分随 β 变化的折线图，如图 4-55 所示。

表 4-26　不同盘面倾角水平下方向盘舒适性评分结果

盘面倾角 β/（°）	坐姿舒适性评分	操纵舒适性评分	舒适性综合评分
10	0.14	0.00	0.08
20	0.28	0.82	0.52
30	0.80	0.83	0.81
40	0.91	0.41	0.69
50	0.16	0.56	0.34

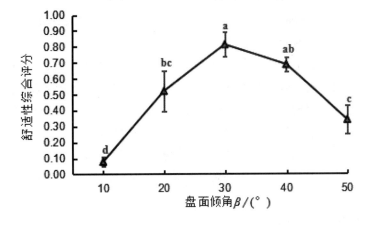

图 4-55　盘面倾角对方向盘舒适性的影响

由图 4-55 可知，随着 β 的增加，方向盘的舒适性综合评分先增大后减小，且在 β 为 30° 处达到最大值。主要原因分析如下：

当 β 较小时，驾驶员的手腕轴线几乎与地面平行，此时腕关节的弯曲程度较大，内部紧绷，且不利于施力，故综合舒适性较差。当 β 逐渐增大时，驾驶员的手腕逐渐放松，上臂与前臂的舒张更加灵活，故综合舒适性提升。而当 β 继续增大时，腕关节再次缩紧，不利于驾驶员对方向盘施加扭矩，导致方向盘在水平方向的旋转难度增大，故综合舒适性下降。综上所述，从方向盘的综合舒适性角度考虑，β 的最优水平为 30°，最优水平范围为 20°～40°。

2）前后距离对方向盘舒适性的影响

以 H 点为基准点，先将盘面倾角 β 调节至 30° 位置，将 W 点相对 H 点的上下高度 h 调节至 290 mm 位置，然后在 W 点相对 H 点的前后距离 l 分别为 380 mm、415 mm、450 mm、485 mm、

520mm 的条件下开展方向盘的单因素试验,分别测定坐姿舒适性与操纵舒适性指标值。对 3 次重复试验的舒适性评分求算术平均值,同理可得方向盘舒适性综合评分随 l 变化的折线图,如图 4-56 所示。

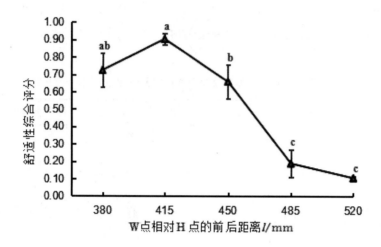

图 4-56　前后距离对方向盘舒适性的影响

由图 4-56 可知,随着 l 的增加,方向盘的舒适性综合评分呈现先增大后减小的趋势,且在 l 为 415mm 处达到最大值。主要原因分析如下:

当 l 较小时,驾驶员上身靠近方向盘,双手抵紧方向盘,产生较大的压力载荷;同时,上臂与前臂之间夹角较小,肘关节向内收紧,不利于驾驶员对方向盘施加扭矩,故综合舒适性较差。当 l 逐渐增大时,上臂与前臂逐渐放松,舒张变得更加灵活,有利于驾驶员轻松操控方向盘,故综合舒适性提升。而当 l 继续增大时,上臂、前臂和手腕在空间位置上几乎共线,易导致手臂疲倦。此外,当手到达方向盘远端位置时,会因距离较远而迫使上身前倾,导致躯干所承受的重力的分力载荷增大,故综合舒适性下降。综上所述,从方向盘的综合舒适性角度考虑,l 的最优水平为 415mm,最优水平范围为 380～450mm。

3)上下高度对方向盘舒适性的影响

以 H 点为基准点,先将盘面倾角 β 调节至30°位置,将 W 点相对 H 点的前后距离 l 调节至 415mm 位置,然后在 W 点相对 H 点的上下高度 h 分别为 260mm、290mm、320mm、350mm、380mm 的条件下开展方向盘的单因素试验,分别测定坐姿舒适性与操纵舒适性指标值。对 3 次重复试验的舒适性评分求算术平均值,同理可得方向盘舒适性综合评分随 h 变化的折线图,如图 4-57 所示。

由图 4-57 可知,随着 h 的增加,方向盘的舒适性综合评分先增大后减小,最后无显著变化,且在 h 为 290mm 处达到最大值。主要原因分析如下:

当 h 较小时,驾驶员双手放置的位置较低,且上臂与前臂的角度较大,导致肘关节需克服手臂的大部分重力;此外,当手到达方向盘最远端位置时,手心与方向盘之间的压力载荷较大,故综合舒适性一般。当 h 逐渐增大时,驾驶员可以依靠方向盘来克服手臂重力;同时,方向盘与驾驶员之间的距离适当减小,促使驾驶员在较近的距离更加灵活地操控方向盘,故综合舒适性提升。而当 h 持续增大时,上臂与前臂的角度减小,且上臂与躯干的夹角增大,整个手臂呈现上举的状态,易导致肩关节的疲劳度增加和肘关节的灵活度减小,故综合舒适性下降。综上所述,从方向盘的综合舒适性角度考虑, h 的最优水平为 290 mm,最优水平范围为 260 ~ 320 mm。

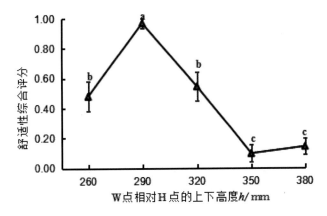

图 4-57　上下高度对方向盘舒适性的影响

3. 响应面试验

1) 试验方法

基于方向盘单因素试验的结果,本研究对 A 盘面倾角、B 前后距离、C 上下高度共 3 个变量进行 BBD 设计,开展 3 因素 3 水平的响应面试验。试验设计方法同上,分别计算各因素水平组合位置的舒适性综合评分,以此作为方向盘响应面试验的响应值。方向盘响应面试验的因素水平编码取值如表 4-27 所示。

表 4-27　方向盘响应面试验的因素水平编码表

水平	因素		
	A: 盘面倾角 / (°)	B: 前后距离 /mm	C: 上下高度 /mm
−1	20	380	260
0	30	415	290
1	40	450	320

利用响应面法计算方向盘 3 个位置参数在不同组合中的最优解,并结合人机工效学理论分析交互作用对方向盘舒适性的影响机制,对方向盘位置参数进行优化。

2) 试验结果与分析

(1)试验结果。

方向盘响应面试验的因素水平组合方案及其响应值如表 4-28 所示。可以直观地看出,不同位置参数组合的舒适性综合评分存在较大差异。为了实现方向盘位置参数的优化,本研究将利用响应面法建立方向盘的舒适性回归模型。

表 4-28　不同位置参数组合的方向盘舒适性评分结果

试验号	A: 盘面倾角	B: 前后距离	C: 上下高度	Y: 舒适性综合评分
1	0	0	0	0.86
2	0	0	0	0.80
3	0	1	−1	0.46
4	1	0	1	0.34
5	0	−1	−1	0.51
6	−1	1	0	0.32
7	−1	0	1	0.41
8	0	−1	1	0.64
9	1	0	−1	0.53
10	−1	−1	0	0.30
11	1	−1	0	0.71
12	0	0	0	0.88
13	1	1	0	0.28
14	0	0	0	0.91
15	0	1	1	0.18
16	−1	0	−1	0.30
17	0	0	0	0.72

(2) 舒适性回归模型的建立。

如表 4-29 所示,分别在线性回归模型、双因子交互回归模型、二阶回归模型中,对试验数据进行拟合。二阶回归模型失拟项的 $P\text{-value}$ 为 0.7205,显著程度最低,故拟合效果最好;二阶回归模型的 $R^2_{\text{Adj}}=0.9267$,$R^2_{\text{Pre}}=0.8297$,均接近 1,且二者差值在 0.2 之内,可对方向盘舒适性进行准确的拟合,故二阶回归模型为理想模型。对方向盘的二阶回归模型进行方差分析,结果如表 4-30 和表 4-31 所示。

表 4-29　不同回归模型下的方向盘舒适性拟合结果

模型类型	线性	双因子交互	二阶
R^2_{Adj}	−0.0293	−0.1383	0.9267
R^2_{Pre}	−0.2698	−0.6566	0.8297
$P\text{-value}$	0.0093	0.0064	0.7205

表 4-30 　 方向盘舒适性二阶回归模型方差分析

变异来源	平方和	自由度	均方	F 值	P 值	显著性
模型	0.89	9	0.099	23.49	0.0002	**
A	0.034	1	0.034	8.14	0.0246	*
B	0.11	1	0.11	26.00	0.0014	**
C	0.0068	1	0.0068	1.62	0.2435	N
AB	0.049	1	0.049	11.72	0.0111	*
AC	0.023	1	0.023	5.41	0.0529	N
BC	0.043	1	0.043	10.14	0.0154	*
A^2	0.24	1	0.24	58.19	0.0001	**
B^2	0.15	1	0.15	36.06	0.0005	**
C^2	0.16	1	0.16	38.76	0.0004	**
残差	0.029	7	0.0042			
失拟项	0.0076	3	0.0025	0.47	0.7205	N
纯误差	0.022	4	0.0054			
总和	0.92	16				

注：* 表示影响显著（P-value < 0.05）；** 表示影响极显著（P-value < 0.01）。

表 4-31 　 修正后的方向盘舒适性二阶回归模型方差分析

变异来源	平方和	自由度	均方	F 值	P 值	显著性
模型	0.86	7	0.12	18.73	0.0001	**
A	0.034	1	0.034	5.22	0.0482	*
B	0.11	1	0.11	16.68	0.0027	**
AB	0.049	1	0.049	7.52	0.0228	*
BC	0.043	1	0.043	6.51	0.0312	*
A^2	0.24	1	0.24	37.32	0.0002	**
B^2	0.15	1	0.15	23.13	0.0010	**
C^2	0.16	1	0.16	24.86	0.0008	**
残差	0.059	9	0.0065			
失拟项	0.037	5	0.0074	1.37	0.3923	N
纯误差	0.022	4	0.0054			
总和	0.92	16				

注：* 表示影响显著（P-value < 0.05）；** 表示影响极显著（P-value < 0.01）。

由表 4-30 可知，因子 C 和 AC 对方向盘舒适性模型的影响均不显著（α=0.05）。因此，剔除不显著因子 C 和 AC，对方向盘的舒适性回归模型进行重新拟合。如表 4-31 所示，在重新拟合后的模型中，P-value 为 0.0001，比修正前更小，故模型的显著性提升，说明二阶回归模型的拟合效果更好。此外，模型的修正决定系数 R^2 为 0.9358，大于 0.8，说明拟合函数与试验数据的吻合度较高。修正后方向盘舒适性综合评分与各因子之间的拟合函数为

$$W_2 = -31.18 + 0.29\beta + 0.14l - 3.17\beta l \times 10^{-4} + 1.54lh \times 10^{-5} - 2.51\beta^2 \times 10^{-3} - 1.63l^2 \times 10^{-4} - 1.30h^2 \times 10^{-5} \tag{4-34}$$

式中，W_2为方向盘舒适性综合评分；β为方向盘的盘面倾角（°）；l为W点相对H点的前后距离（mm）；h为W点相对H点的上下高度（mm）。

方向盘舒适性的预测值与实测值的对比图，以及回归模型的残差分布图，分别如图4-58和图4-59所示。由图4-58可知，方向盘舒适性的预测值与实测值几乎分布在同一条直线上，说明预测值与实测值之间的误差较小，回归模型的预测精度较高。由图4-59可知，残差也基本分布在同一条直线上，与期望值之间的误差较小，遵从正态分布，故再次说明回归模型拟合函数的可靠性较强。因此，式(4-34)可以预测方向盘在不同盘面倾角、前后距离，以及上下高度组合下的舒适性。

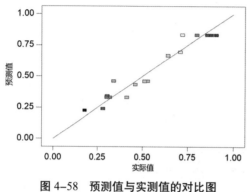

图4-58　预测值与实测值的对比图

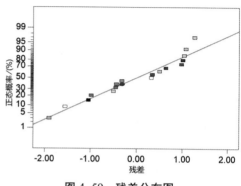

图4-59　残差分布图

(3)各试验因素对舒适性影响的分析。

根据表4-30中各因子的 F 值，结合贡献率的计算式(4-20)和式(4-21)，可得A盘面倾角、B前后距离，以及C上下高度的贡献率分别为 $\Delta_A=2.22$，$\Delta_B=2.75$，$\Delta_C=1.38$。由此可得，各因素对方向盘舒适性影响程度的大小依次为B前后距离 > A盘面倾角 > C上下高度。此外，根据表4-31可得，AB、BC之间的交互作用对方向盘舒适性的影响均显著($\alpha=0.05$)。因此，本研究将从响应曲面图和等高线图两个方面，深入分析交互作用对方向盘舒适性的影响。

①A盘面倾角与B前后距离对方向盘舒适性的交互作用。

A盘面倾角与B前后距离交互作用的响应曲面图如图4-60所示。显然，方向盘的舒适性综合评分存在峰值，说明BBD设计范围较为准确，响应面3D模型良好。

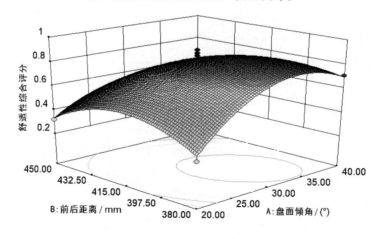

图4-60　方向盘中AB交互作用的响应曲面图

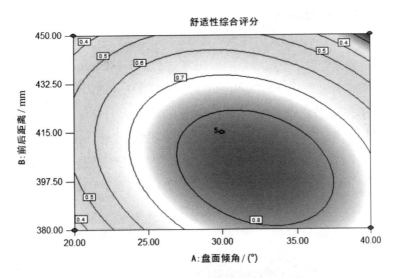

图 4-61　方向盘中 AB 交互作用的等高线图

AB 交互作用的等高线图如图 4-61 所示,直观地反映了 A 盘面倾角与 B 前后距离的交互作用对方向盘舒适性的影响。当方向盘的盘面倾角小于 25° 时,无论前后距离如何调节,方向盘的舒适性评分均一般,为 0.4 ~ 0.7 分。而当盘面倾角处于 25° ~ 40° 时,若前后距离位于 380 ~ 420 mm 之间,方向盘的舒适性评分均较高,为 0.8 ~ 1.0 分。主要原因分析如下:在方向盘的 BBD 设计范围内,当盘面倾角较小或前后距离较大时,驾驶员离方向盘较远,易导致上身被迫前倾,不利于施加扭矩,故舒适性一般;而当盘面倾角适中或较大,且前后距离较小时,驾驶员可以近距离控制方向盘,依靠方向盘来克服双手的重力,从而轻松、高效地操控方向盘,故其舒适性优良。因此,若要提高方向盘的舒适性,宜将方向盘的盘面倾角调节至 25° ~ 40°,前后距离调节至 380 ~ 420 mm 的位置。

② B 前后距离与 C 上下高度对方向盘舒适性的交互作用。

B 前后距离与 C 上下高度交互作用的响应曲面图如图 4-62 所示。方向盘的舒适性综合评分存在峰值,说明 BBD 设计范围较为准确,响应面 3D 模型良好。

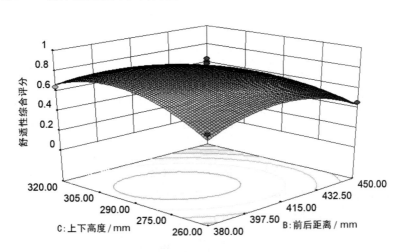

图 4-62　方向盘中 BC 交互作用的响应曲面图

BC 交互作用的等高线图如图 4-63 所示,直观地反映了 B 前后距离与 C 上下高度的交互作用对方向盘舒适性的影响。当前后距离大于 430mm 时,无论上下高度如何调节,方向盘的舒适性评分均一般,为 0.4～0.7 分。而当前后距离处于 385～420mm 时,若将上下高度调节到 275～310mm,方向盘的舒适性评分均较高,为 0.8～1.0 分。主要原因分析如下:在方向盘的 BBD 设计范围内,当前后距离较大或上下高度远离中间值时,驾驶员上臂与前臂的夹角较大,导致施力增加,故舒适性一般;而当前后距离适中或较小,且上下高度适中时,驾驶员距离方向盘较近,前臂与方向盘的盘面几乎平行,有利于对方向盘施加力矩,做功效率高,故舒适性优良。因此,若要提高方向盘的舒适性,宜将前后距离调节至 385～420mm,上下高度调节至 275～310mm。

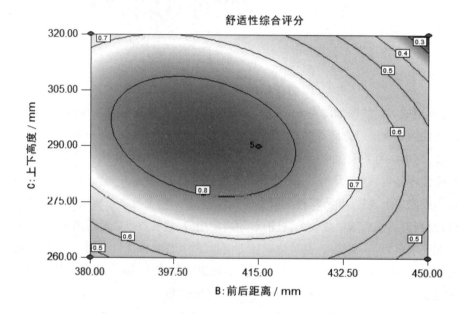

图 4-63　方向盘中 BC 交互作用的等高线图

3) 位置参数优化与验证试验

根据方向盘的二阶回归模型,以最佳舒适性为目标,对方向盘的 3 个位置参数进行优化,并对优化结果进行试验验证。在 Design-Expert 8.0 软件中,分别设定 A 盘面倾角范围为 20°～40°,B 前后距离的范围为 380～450mm,C 上下高度的范围为 260～320mm,通过响应面优化分析得到方向盘位置参数的最佳组合:A 盘面倾角为 32.29°,B 前后距离为 400.85mm,C 上下高度为 293.18mm。在该位置参数组合的条件下,方向盘舒适性综合评分的预期为 0.864 分,是一个非常舒适的分数。

为了验证方向盘位置参数优化结果的可靠性,本研究基于农机驾驶室试验平台,将方向盘的盘面倾角调节至 32°,前后距离调节到 401mm,上下高度调节到 293mm,开展重复 3 次的验证试验。方向盘舒适性验证试验的评分结果如表 4-32 所示。结果显示,预测值与实测值之间的平均相对误差为 4.18%,吻合度较高,从而在一定程度上验证了方向盘位置参数优化结果的可靠性。

ogl　-

表 4-32　方向盘验证试验的结果

试验号	舒适性综合评分		相对误差
	预测值	实测值	
1	0.864	0.932	7.30%
2	0.864	0.851	1.53%
3	0.864	0.833	3.72%
平均值	0.864	0.872	4.18%

四、脚踏板的舒适性评价及位置参数优化

脚踏板空间位置参数的设计,是驾驶室空间布局中的一个重要步骤,对驾驶员的舒适性具有重大的影响。农机脚踏板主要分为离合器踏板和制动踏板,离合器踏板的操纵频率相对较高,操作过程相对复杂,易造成驾驶员生理和心理上的不舒适感。因此,本小节将以农机脚踏板中具有一定代表性的离合器踏板为研究对象,选取可调节的位置参数为试验变量,并建立相应的舒适性评价模型,从而对脚踏板进行舒适性分析与评价。最后,结合响应面可视化图像与方差分析结果,深入分析脚踏板的位置参数对其舒适性影响的机制。

本研究已通过响应面二阶回归模型,对座椅与方向盘的位置参数进行了优化。本小节将基于前文的研究结论,将座椅和方向盘均固定在各自的舒适性最优解位置,进而开展基于舒适性的脚踏板位置参数的优化试验。

1.试验设计

1)试验仪器与设备

脚踏板的试验设备为课题组自行研制的多自由度农机驾驶室试验平台。主要的试验仪器有狄佳 DJTZ-70 踏板力传感器、米朗 MPS-S-1000-V1 拉绳式位移传感器,分别如图 4-64、图 4-65 所示。另外还有思迈科华 USB2611 数据采集卡、精锐锋 JRF 数显角度尺、纽曼便携式移动电源以及联想笔记本电脑。

图 4-64　踏板力传感器

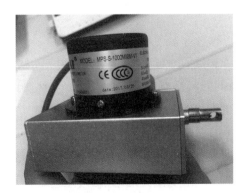

图 4-65　拉绳式位移传感器

2）试验因素及评价指标

本节以 H 点为参考点，在脚踏板中选取 2 个位置参数：踏板平面倾角 γ、踏点相对 H 点的左右距离 ΔV，分别如图 4-66 和图 4-67 所示。

图 4-66　踏板平面倾角

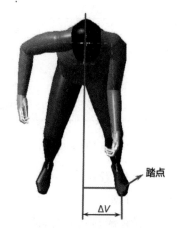

图 4-67　踏点相对 H 点的左右距离

脚踏板的舒适性评价指标分为坐姿舒适性与操纵舒适性两个方面。

（1）坐姿舒适性评价指标。

脚踏板的坐姿舒适性评价指标同上，此处不再赘述。

（2）操纵舒适性评价指标。

①平均踏板力 $\bar{F}$。

在操作人员踩离合器踏板到底再逐渐放回的过程中，所有踏板力的算术平均值被定义为平均踏板力，即

$$\bar{F} = \frac{F_1 + F_2 + \cdots + F_n}{n} \tag{4-35}$$

②最大踏板力 $F_{\max}$。

若任意一个踏板力为 $F_i(i=1,2,\cdots,n)$，则最大踏板力 $F_{\max}$ 被定义为 F_i 中最大的一个，即

$$F_{\max} = \max F_i \quad (i=1,2,\cdots,n) \tag{4-36}$$

③线性度 G_L。

在操纵脚踏板的过程中，若踏板力与踏板位移之间存在良好的线性关系，则有利于把控脚踏板的实时位置，从而更加精准、舒适地操纵脚踏板，达到期望的控制效果。将踏板力 F_i 与踏板位移 S_i 之间的非线性误差定义为线性度，即

$$G_L = \frac{\max\left\{\left|F_i - kS_i + b\right|\right\}}{k(S_{\max} - S_{\min})} \quad (i=1,2,\cdots,n) \tag{4-37}$$

式中，k、b 分别为踏板力与踏板位移之间一次拟合方程的斜率、截距，即

$$k = \frac{n\sum F_i S_i - \sum F_i \sum S_i}{n\sum S_i^2 - \left(\sum S_i\right)^2} \quad (i=1,2,\cdots,n) \tag{4-38}$$

$$b = \frac{\sum S_i^2 \sum F_i - \sum S_i \sum F_i S_i}{n \sum S_i^2 - \left(\sum S_i\right)^2} \quad (i=1, 2, \cdots, n) \tag{4-39}$$

④平均力变化率 $\overline{v}$。

在操纵脚踏板的过程中,踏板力随时间的变化率越大,脚踏板的操纵舒适性越差。对全过程中踏板力变化率的绝对值求算术平均值,并将其定义为平均力变化率,即

$$\overline{v} = \frac{\sum |v_i|}{n} \quad (i=1, 2, \cdots, n) \tag{4-40}$$

式中,v_i 表示踏板力随时间的变化率,即

$$v_i = \frac{F_{i+1} - F_i}{t_{i+1} - t_i} \quad (i=1, 2, \cdots, n-1) \tag{4-41}$$

⑤平均力 – 行程刚度 $\overline{\mu}$。

同步采集踏板力和踏板位移的试验数据后,可以分析踏板力随踏板位移变化的规律。踏板力随踏板位移变化的刚度越大,脚踏板的操纵舒适性越差。将全过程中踏板力随踏板位移变化刚度的绝对值求算术平均值,并将其定义为平均力 – 行程刚度 $\overline{\mu}$,即

$$\overline{\mu} = \frac{\sum |\mu_i|}{n} \quad (i=1, 2, \cdots, n) \tag{4-42}$$

式中,μ_i 表示踏板力随踏板位移变化的刚度,即

$$\mu_i = \frac{F_{i+1} - F_i}{S_{i+1} - S_i} \quad (i=1, 2, \cdots, n-1) \tag{4-43}$$

⑥冲量 I_p。

在操纵脚踏板的过程中,踏板力在时间上的累积越多,驾驶员越容易感到疲劳。在脚踏板的操纵舒适性评价指标中引入冲量,即

$$I_p = \int_{t_a}^{t_b} F(t)\mathrm{d}t \tag{4-44}$$

式中,t_a 和 t_b 分别为所研究操纵过程的起始时间点和终止时间点;$F(t)$ 为所研究过程中踏板力 F 关于时间 t 的函数。

⑦功 W。

在操纵脚踏板的过程中需要克服阻力做功,即踏板力 F 在踏板位移 S 上的累积。同时,功的大小可以体现载荷的轻重,做功越多,脚踏板的操纵舒适性越差。在脚踏板的操纵舒适性评价指标中引入功,即

$$W = \int_{S_a}^{S_b} F(S)\mathrm{d}S \tag{4-45}$$

式中,S_a 和 S_b 分别为所研究操纵过程的起始位移和终止位移;$F(S)$ 为所研究过程中踏板力 F 关于踏板位移 S 的函数。

⑧异点数量 Ne。

在操纵脚踏板的过程中,踏板力和踏板位移均随时间不断变化。根据格拉布斯准则,对所有踏

板力样本进行异点判别分析,分别计算踏板力－时间、踏板力－位移数据中最小允许踏板力$(F_t)_{min}$、$(F_s)_{min}$ 和最大允许踏板力$(F_t)_{max}$、$(F_s)_{max}$,将不满足$(F_t)_{min} \leqslant F_t \leqslant (F_t)_{max}$ 或$(F_s)_{min} \leqslant F_s \leqslant (F_s)_{max}$ 任意一个条件的踏板力定义为异点。异点出现的个数越多,脚踏板的操纵舒适性就越差,在脚踏板舒适性评价指标中引入异点数量Ne,即

$$Ne = f(F_t, F_s) \tag{4-46}$$

3)试验过程与方法

本研究邀请了 10 名体型接近 50 百分比且具有一定驾龄的操作人员,在 14:00-17:00 开展脚踏板舒适性试验。操作人员的基本信息同表 4-16。先在脚踏板上同时安装踏板力传感器和拉绳式位移传感器,依次设置脚踏板的各相关因素状态值。待操作人员坐姿稳定后,用数显角度尺测量图 4-37 中 A、B、C、D、E 共 5 个关节角度,然后同步采集踏板力和踏板位移随时间变化的数据。最后,请操作人员将双脚移开又重回脚踏板,在各因素水平上开展 3 次重复试验,其测试现场如图 4-68 所示。

图 4-68　脚踏板测试现场

4)试验数据的处理

脚踏板的舒适性评价指标分为坐姿舒适性与操纵舒适性两部分。关于脚踏板舒适性试验的数据处理方式同座椅舒适性试验,不再赘述。

2.单因素试验

脚踏板单因素试验的因素水平表如表 4-33 所示。

表 4-33　脚踏板舒适性的因素水平表

水平	因素	
	踏板平面倾角 γ/ (°)	踏点相对 H 点的 左右距离 ΔV /mm
1	15	130
2	25	170
3	35	210
4	45	250
5	55	290

1) 踏板平面倾角对脚踏板舒适性的影响

以 H 点为基准点,先将踏点相对 H 点的左右距离 ΔV 调节至 210 mm 位置,然后分别在踏板平面倾角 γ 为 15°、25°、35°、45°、55° 的条件下开展脚踏板的单因素试验,并测定相应的坐姿舒适性和操纵舒适性指标值。对 3 次重复试验的舒适性评分求算术平均值,得到脚踏板在不同 γ 水平下的舒适性评分,如表 4-34 所示,由此绘制出脚踏板舒适性综合评分随 γ 变化的折线图,如图 4-69 所示。

表 4-34　不同踏板平面倾角水平下的脚踏板舒适性评分结果

踏板平面倾角 γ/ (°)	坐姿舒适性	操纵舒适性	舒适性综合评分
15	0.15	0.12	0.13
25	0.56	0.41	0.48
35	0.73	0.98	0.87
45	0.55	0.63	0.59
55	0.12	0.20	0.16

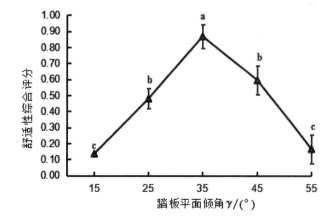

图 4-69　踏板平面倾角对脚踏板舒适性的影响

由图 4-69 可知,随着 γ 的增加,脚踏板的舒适性综合评分先增大后减小,且在 γ 为 35° 处达到最大值。主要原因分析如下:当 γ 较小时,脚底板面与小腿轴线的夹角较大,导致脚踩踏板的过程中,人脚施力方向与踏板位移方向的夹角较大,做功效率较低,即做相同的功要消耗更多的体力,故综合舒适性较差。当 γ 逐渐增大时,脚底板面与小腿轴线的夹角会适当减小,促使人脚施力方向与踏板位移方向的夹角减小,做功效率提高,故综合舒适性提升。但当 γ 持续增大时,脚底板面与小腿轴线的夹角偏小,不仅脚踝关节紧绷,且小腿给人脚传递力量的效率低,易导致小腿、人脚以及脚踝关节产生疲倦感,故综合舒适性下降。综上所述,从脚踏板的综合舒适性角度考虑,γ 的最优水平为 35°,最优水平范围为 25°~45°。

2)左右距离对脚踏板舒适性的影响

以 H 点为基准点,先将踏板平面倾角 γ 调节至 35° 位置,然后在踏点相对 H 点的左右距离 ΔV 分别为 130 mm、170 mm、210 mm、250 mm、280 mm 的条件下开展脚踏板的单因素试验,并测定相应的坐姿舒适性与操纵舒适性指标值。对 3 次重复试验的舒适性评分求算术平均值,同理可得脚踏板舒适性综合评分随 ΔV 变化的折线图,如图 4-70 所示。

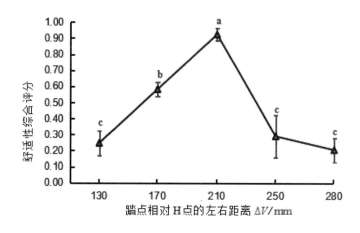

图 4-70　左右距离对脚踏板舒适性的影响

由图 4-70 可知,随着 ΔV 的增加,脚踏板的舒适性综合评分呈现先增大后减小的趋势,且在 ΔV 为 210 mm 处达到最大值。主要原因分析如下:当 ΔV 较小时,大腿与小腿、脚底板面与小腿轴线的夹角均较小,导致腿部的伸展空间较小,不易施力;此外,人脚踩到踏板极限位置时会受到较大反力,易造成腿部疲劳,故舒适性较差。当 ΔV 逐渐增大时,腿部处于较放松的状态,当踏板被踩到底时,腿部肌肉在静态下收缩的时间可维持更久,有利于缓解肌肉疲劳,故综合舒适性提升。但是当 ΔV 持续增大时,人脚距离 H 点偏远,腿部几乎呈拉伸状态,使得踏板力与踏板行程之间的线形差异增大,导致驾驶员对脚踏板的感知度减小,故舒适性下降。综上所述,从脚踏板的综合舒适性角度考虑,ΔV 的最优水平为 210 mm,最优水平范围为 170~250 mm。

3.响应面试验

1)试验方法

由于 2 个因素间无法开展 BBD 设计,本研究对影响脚踏板舒适性的 2 个因素进行 CCD 设计。基于脚踏板的单因素试验结果,本研究将进一步开展 2 因素 3 水平的响应面试验。响应面试验中的变量分别为 A 踏板平面倾角、B 左右距离,每个变量均设置 3 个水平。试验设计方法同上,分别计算各因素水平组合位置的舒适性综合评分,以此作为脚踏板响应面试验的响应值。脚踏板响应面试验的因素水平编码取值如表 4-35 所示。

表 4-35　脚踏板响应面试验的因素水平编码表

水平	因素	
	A: 踏板平面倾角 / (°)	B: 左右距离 /mm
-1	25	170
0	35	210
1	45	250

之后,在农机驾驶室试验平台上开展响应面试验,继而对正交试验的结果进行响应面分析,并绘制出双因素交互作用的图像。最后,利用响应面法计算双因素水平组合的最优解,完成基于舒适性的脚踏板位置参数优化。

2) 试验结果与分析

(1) 试验结果。

脚踏板响应面试验的因素水平组合方案及其响应值如表 4-36 所示。观察发现,不同位置参数组合下的舒适性综合评分存在较大差异。因此,本研究将建立脚踏板的舒适性回归模型,进而对脚踏板的位置参数进行优化。

表 4-36　不同位置参数组合下的脚踏板舒适性评分结果

试验号	A: 踏板平面倾角	C: 左右距离	Y: 舒适性综合评分
1	0	-1.414	0.35
2	-1.414	0	0.56
3	0	0	0.80
4	1	-1	0.39
5	1	1	0.24
6	0	0	0.74
7	0	0	0.96
8	1.414	0	0.28
9	-1	-1	0.26
10	-1	1	0.53
11	0	0	0.83
12	0	0	0.81
13	0	1.414	0.40

(2) 舒适性回归模型的建立。

分别在线性回归模型、双因子交互回归模型,以及二阶回归模型中对表 4-36 中试验数据进行拟合,结果如表 4-37 所示。

由表 4-37 可知,二阶回归模型失拟项的 P-value 为 0.6833,显著程度最低,故拟合效果最好。二阶回归模型的 R^2_{Adj}=0.9148, R^2_{Pre}=0.8435,均接近 1,且二者差值在 0.2 之内,可对脚踏板舒适性进行准确的拟合,故二阶回归模型为理想模型。对脚踏板的二阶回归模型进行方差分析,结果如表4-38和表4-39所示。

表4-37 不同回归模型的脚踏板拟合结果

模型类型	线性	双因子交互	二阶
R^2_{Adj}	−0.1305	−0.1776	0.9148
R^2_{Pre}	−0.5142	−1.0859	0.8435
P-value	0.0081	0.0068	0.6833

表4-38 脚踏板舒适性二阶回归模型方差分析

变异来源	平方和	自由度	均方	F值	P值	显著性
模型	0.7101	5	0.1420	26.7770	0.0002	**
A	0.0388	1	0.0388	7.3165	0.0304	*
B	0.0045	1	0.0045	0.8467	0.3881	N
AB	0.0440	1	0.0440	8.2874	0.0237	*
A^2	0.3166	1	0.3166	59.6905	0.0001	**
B^2	0.3870	1	0.3870	72.9614	< 0.0001	**
残差	0.0371	7	0.0053			
失拟项	0.0106	3	0.0035	0.5339	0.6833	N
纯误差	0.0265	4	0.0066			
总和	0.7472	12				

注:* 表示影响显著(P-value < 0.05);** 表示影响极显著(P-value < 0.01)。

表4-39 修正后的脚踏板舒适性二阶回归模型方差分析

变异来源	平方和	自由度	均方	F值	P值	显著性
模型	0.7056	4	0.1764	33.9093	< 0.0001	**
B	0.0388	1	0.0388	7.4595	0.0258	*
AB	0.0440	1	0.0440	8.4493	0.0197	*
A^2	0.3166	1	0.3166	60.8565	< 0.0001	**
B^2	0.3870	1	0.3870	74.3867	< 0.0001	**
残差	0.0416	8	0.0052			
失拟项	0.0151	4	0.0038	0.5698	0.7004	N
纯误差	0.0265	4	0.0066			
总和	0.7472	12	0.1764			

注:* 表示影响显著(P-value < 0.05);** 表示影响极显著(P-value < 0.01)。

由表4-38可知,因子B对脚踏板舒适性模型的影响不显著(α=0.05)。因此,剔除不显著因子B,对脚踏板舒适性的二阶模型进行重新拟合。如表4-39所示,在重新拟合后的模型中,P-value 小于

0.0001,比修正前更小,故模型的显著性提升,说明二阶回归模型的拟合效果较好。同时,模型的修正决定系数 R^2 为 0.9443,说明拟合函数与试验数据的吻合度较高。修正后脚踏板舒适性综合评分与各因子之间的拟合函数为

$$W_3 = -1.10 + 0.11\gamma + 6.74\gamma\,\Delta V \times 10^{-5} - 1.84\gamma^2 \times 10^{-3} - 5.33\,\Delta V^2 \times 10^{-6} \qquad (4\text{-}47)$$

式中,W_3 为脚踏板舒适性综合评分;γ 为踏板平面倾角(°);ΔV 为踏点相对H点的左右距离(mm)。

　　脚踏板舒适性的预测值与实测值的对比图以及回归模型的残差分布图,分别如图 4-71 和图 4-72 所示。由图 4-71 可知,脚踏板舒适性的预测值与实测值几乎分布在同一条直线上,说明预测值与实测值之间的误差较小,回归模型的预测精度较高。由图 4-72 可知,残差也几乎分布在同一条直线上,与期望值之间的误差较小,遵从正态分布,故再次说明回归模型的拟合函数可靠性较强。因此,式(4-47)可用于预测在不同踏板平面倾角、左右距离组合下的脚踏板舒适性。

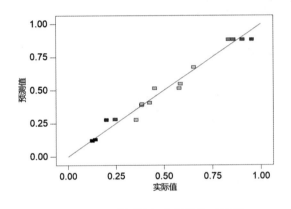

图 4-71　预测值与实测值的对比图　　　　　　图 4-72　残差分布图

(3)各试验因素对舒适性影响的分析。

　　根据表 4-38 中各因子的 F 值,并结合贡献率的计算式(4-20)和式(4-21),可得脚踏板中 A 踏板平面倾角、B 左右距离的贡献率:Δ_A=2.29,Δ_B=1.43。由此可得,各因素对脚踏板舒适性影响程度的大小依次为 A 踏板平面倾角 > B 左右距离。此外,根据表 4-39 可得,AB 之间的交互作用对脚踏板舒适性的影响显著($\alpha = 0.05$)。因此,本研究将从响应曲面图和等高线图两个方面入手,深入分析 AB 之间的交互作用对脚踏板舒适性的影响。

　　A 踏板平面倾角与 B 左右距离交互作用的响应曲面图如图 4-73 所示。显然,脚踏板舒适性综合评分存在峰值,故 CCD 设计范围较为准确,响应面 3D 模型良好。

　　如图 4-74 所示,等高线图直观地反映了 A 踏板平面倾角与 B 左右距离的交互作用对脚踏板舒适性的影响。当踏板平面倾角大于 40° 时,无论左右距离如何调节,脚踏板的舒适性评分均一般,为 0.4～0.7 分。而当踏板平面倾角处于 30°～37°,且左右距离处于 195～225 mm 时,脚踏板的舒适性评分较高,为 0.8～1.0 分。主要原因分析如下:在脚踏板的 CCD 设计范围中,当踏板平面倾角较大或左右距离远离中间值时,腿部呈现收紧或拉伸的状态,导致各关节的肌肉力矩较大,故舒适性评分一般。而当踏板平面倾角较小,且左右距离适中时,髋关节、膝关节、踝关节均处于松弛的状

态。此外,小腿的轴线方向几乎垂直于踏板平面,不仅有利于腿脚施力,且脚踏板对人脚的支撑作用明显,可有效缓解腿脚疲劳,故舒适性优良。因此,若要提高脚踏板的舒适性,宜将踏板平面倾角调节至30°~37°,左右距离调节至195~225 mm的位置。

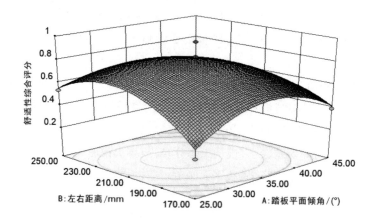

图4-73　脚踏板中AB交互作用的响应曲面图

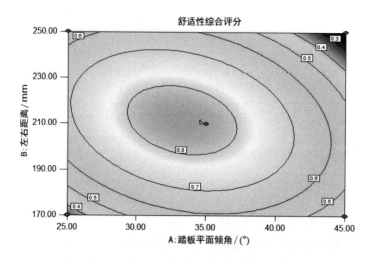

图4-74　脚踏板中AB交互作用的等高线图

3）位置参数优化与验证试验

根据脚踏板的二阶回归模型,以最佳舒适性为目标,对脚踏板的2个位置参数进行优化,并对优化结果进行试验验证。在Design-Expert 8.0软件中,分别设定A踏板平面倾角范围为25°~45°,B左右距离的范围为170~250 mm,通过响应面优化分析得到脚踏板位置参数的最佳组合：A踏板平面倾角为33.27°,B左右距离为211.55 mm。在该位置参数组合的条件下,脚踏板舒适性综合评分的预期为0.831分,是一个非常舒适的分数。

为了验证脚踏板位置参数优化结果的可靠性,本研究基于农机驾驶室试验平台,将脚踏板的踏板平面倾角调节到33 mm,左右距离调节到212 mm,开展重复3次的验证试验。脚踏板舒适性验证试验的评分结果如表4-40所示。结果显示,预测值与实测值之间的平均相对误差为3.64%,从而在一定程度上验证了脚踏板位置参数优化结果的可靠性。

表 4-40　脚踏板验证试验的结果

试验号	舒适性综合评分		相对误差
	预测值	实测值	
1	0.831	0.877	5.25%
2	0.831	0.853	2.58%
3	0.831	0.806	3.10%
平均值	0.831	0.845	3.64%

五、操纵杆的舒适性评价及位置参数优化

在农业机械的人机系统中,操纵杆是使用频率较高的操纵装置之一。在对操纵杆施加推力或拉力的过程中,驾驶员会从身体结构和心理感受上,与操纵杆形成人机相互适应的关系,从而通过自适应调节来保障工作的顺利进行。然而,在实际操纵的过程中,驾驶员可能因为操纵杆位置布局的不合理而感到不舒适。因此,本小节将以农机操纵杆中具有一定代表性的变速杆为研究对象,通过二维换挡力传感器和位移传感器,采集换挡过程中的操纵力和位移数据,分别从坐姿关节角度和工作载荷两个方面建立评价指标体系,从而对操纵杆的舒适性进行定量分析与评价。

前文已对座椅、方向盘及脚踏板的位置参数进行了优化,并通过验证试验在一定程度上验证了优化结果的合理性。本小节将基于前文的结果,将座椅、方向盘及脚踏板 3 个操纵装置均固定在各自的舒适性最优解位置,进而开展基于舒适性的操纵杆位置参数的优化试验。

1.试验设计

1)试验仪器与设备

操纵杆试验设备为课题组自行研制的多自由度农机驾驶室试验平台。主要的试验仪器有托驰FN7110 二维换挡力传感器,如图 4-75 所示。另外还有前文已介绍的米朗 MPS-S-1000-V1 拉绳式位移传感器、思迈科华 USB2611 数据采集卡、精锐锋 JRF 数显角度尺、纽曼便携式移动电源以及联想笔记本电脑。

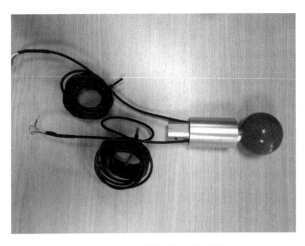

图 4-75　二维换挡力传感器

2)试验因素及评价指标

如图 4-76 所示,本节以 H 点为参考点,在操纵杆中选取 3 个位置参数:手柄球心相对 H 点的前后距离 H_x、左右距离 H_y 及上下高度 H_z。

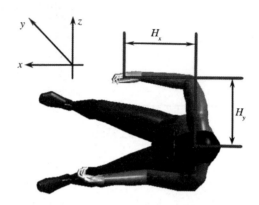

图 4-76　操纵杆与人体模型的位置关系

手操纵杆的舒适性评价指标分为坐姿舒适性和操纵舒适性两个方面。

(1)坐姿舒适性评价指标。

操纵杆的坐姿舒适性评价指标同上,不再赘述。

(2)操纵舒适性评价指标。

①平均操纵力 $\bar{F}$。

在操作人员左脚踩离合器到底,右手持操纵杆从一挡挂到二挡,再由二挡挂回一挡的换挡操纵过程中,所有操纵力的算术平均值被定义为平均操纵力,即

$$\bar{F} = \frac{F_1 + F_2 + \cdots + F_n}{n} \tag{4-48}$$

②最大操纵力 F_{max}。

若任意一个操纵力为 $F_i(i=1,2,\cdots,n)$,则最大操纵力 F_{max} 被定义为 F_i 中最大的一个,即

$$F_{max} = \max F_i \quad (i=1,2,\cdots,n) \tag{4-49}$$

③线性度 G_L。

在换挡操纵过程中,若操纵力与操纵杆位移之间存在良好的线性关系,则有利于驾驶员控制操纵杆的实时位置,从而更加精准、舒适地进行换挡操纵,达到期望的控制效果。将操纵力 F_i 与操纵杆位移 S_i 之间的非线性误差定义为线性度,即

$$G_L = \frac{\max\left\{\left|F_i - kS_i + b\right|\right\}}{k(S_{max} - S_{min})} \quad (i=1,2,\cdots,n) \tag{4-50}$$

式中, k、b 分别为操纵力与操纵杆位移之间一次拟合方程的斜率与截距,即

$$k = \frac{n\sum F_i S_i - \sum F_i \sum S_i}{n\sum S_i^2 - \left(\sum S_i\right)^2} \quad (i=1,2,\cdots,n) \tag{4-51}$$

$$b = \frac{\sum S_i^2 \sum F_i - \sum S_i \sum F_i S_i}{n \sum S_i^2 - \left(\sum S_i \right)^2} \qquad (i=1, 2, \cdots, n) \qquad (4-52)$$

④平均力变化率 $\overline{v}$ 。

在换挡操纵过程中,操纵力随时间的变化率越大,操纵杆的操纵舒适性越差。对全过程中操纵力变化率的绝对值求算术平均值,并将其定义为平均力变化率,即

$$\overline{v} = \frac{\sum |v_i|}{n} \qquad (i=1, 2, \cdots, n) \qquad (4-53)$$

式中, v_i 表示操纵力随时间的变化率,即

$$v_i = \frac{F_{i+1} - F_i}{t_{i+1} - t_i} \qquad (i=1, 2, \cdots, n-1) \qquad (4-54)$$

⑤平均力 – 行程刚度 $\overline{\mu}$ 。

同步采集操纵力与操纵杆位移的试验数据后,可以分析操纵力随操纵位移变化的规律。操纵力随操纵杆位移变化的刚度越大,操纵杆的操纵舒适性越差。将全过程中操纵力随操纵杆位移变化刚度的绝对值求算术平均值,并将其定义为平均力 – 行程刚度 $\overline{\mu}$,即

$$\overline{\mu} = \frac{\sum |\mu_i|}{n} \qquad (i=1, 2, \cdots, n) \qquad (4-55)$$

式中, μ_i 表示操纵力随操纵杆位移变化的刚度,即

$$\mu_i = \frac{F_{i+1} - F_i}{S_{i+1} - S_i} \qquad (i=1, 2, \cdots, n-1) \qquad (4-56)$$

⑥冲量 I_p 。

在换挡操纵过程中,操纵力在时间上的累积越多,驾驶员越容易感到疲劳。在操纵杆的操纵舒适性评价指标中引入冲量,即

$$I_p = \int_{t_a}^{t_b} F(t) \mathrm{d}t \qquad (4-57)$$

式中, t_a 和 t_b 分别为所研究操纵过程的起始时间点和终止时间点; $F(t)$ 为所研究操纵过程中操纵力 F 关于时间 t 的函数。

⑦功 W 。

在换挡操纵过程中需要克服阻力做功,即操纵力 F 在操纵杆位移 S 上的累积。同时,功的大小可以体现载荷的轻重,做功越多,操纵杆的操纵舒适性越差。在操纵杆的操纵舒适性评价指标中引入功,即

$$W = \int_{S_a}^{S_b} F(S) \mathrm{d}S \qquad (4-58)$$

式中, S_a 和 S_b 分别为所研究操纵过程的起始位移和终止位移; $F(S)$ 为所研究过程中操纵力 F 关于操纵位移 S 的函数。

⑧异点数量 Ne 。

在换挡操纵过程中,操纵力与操纵位移均随时间不断变化。根据格拉布斯准则,对所有操纵

力样本进行异点判别分析,分别计算操纵力－时间、操纵力－位移数据中最小允许操纵力$(F_t)_{min}$、$(F_S)_{min}$和最大允许操纵力$(F_t)_{max}$、$(F_S)_{max}$,将不满足$(F_t)_{min} \leq F_t \leq (F_t)_{max}$或$(F_S)_{min} \leq F_S \leq (F_S)_{max}$任意一个条件的操纵力定义为异点。异点出现的个数越多,操纵杆的操纵舒适性就越差。在操纵杆的舒适性评价指标中引入异点数量Ne,即

$$Ne = f(F_t, F_S) \tag{4-59}$$

3)试验过程与方法

本研究邀请了10名体型接近50百分位且具有一定驾龄的操作人员,在14:00-17:00开展操纵杆舒适性试验。操作人员的基本信息同表4-16。先在操纵杆上同时安装二维力变速杆传感器和拉绳式位移传感器,依次设置操纵杆的相关因素状态值。待操作人员坐姿稳定后,用数显角度尺测量图4-37中A、B、C、D、E共5个关节角度,然后同步采集操纵力与操纵杆位移随时间变化的数据。最后,请操作人员调整好状态,在各因素水平上进行3次重复试验,其测试现场如图4-77所示。

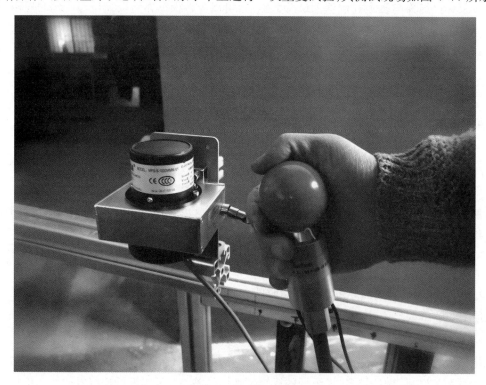

图4-77 操纵杆试验现场

4)试验数据的处理

同前文研究,操纵杆的舒适性评价指标亦可分为坐姿舒适性与操纵舒适性两个部分。关于操纵杆舒适性试验的数据处理方式同座椅舒适性试验,不再赘述。

2.单因素试验

操纵杆单因素试验的因素水平表如表4-41所示。

表 4-41　操纵杆舒适性的因素水平表

水平	因素		
	相对点的前后距离 H_x/mm	相对点的左右距离 H_y/mm	相对点的上下高度 H_z/mm
1	140	330	−30
2	190	360	−10
3	240	390	10
4	290	420	30
5	340	450	50

1) 前后距离对操纵杆舒适性的影响

以 H 点为基准点,将操纵杆手柄球心相对 H 点的左右距离 H_y 调节至 360 mm 位置,相对 H 点的上下高度 H_z 调节至 10 mm 位置,在相对 H 点的前后距离 H_x 分别为 140 mm、190 mm、240 mm、290 mm、340 mm 的条件下开展单因素试验,并测定相应的坐姿、操纵舒适性指标值。对 3 次重复试验的舒适性评分求算术平均值,得到操纵杆在不同 H_x 水平下的舒适性评分,如表 4-42 所示,由此绘制出图 4-78 所示的操纵杆舒适性综合评分随 H_x 变化的折线图。

表 4-42　不同前后距离水平下的操纵杆舒适性评分结果

前后距离 H_x/mm	坐姿舒适性	操纵舒适性	舒适性综合评分
140	0.12	0.00	0.05
190	0.48	0.18	0.31
240	0.87	0.45	0.63
290	0.89	0.85	0.87
340	0.31	0.66	0.51

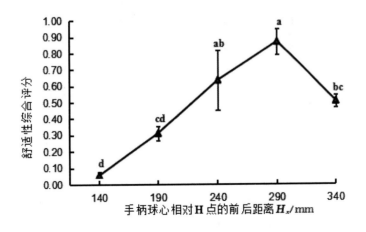

图 4-78　前后距离对操纵杆舒适性的影响

由图 4-78 可知,随着 H_x 的增加,操纵杆的舒适性综合评分先增大后减小,且在 H_x 为 290 mm 处达到最大值。主要原因分析如下:当 H_x 较小时,驾驶员右边上臂与前臂的夹角较小,且上臂位置偏后,接近其极限位置,不利于右手向后拉动操纵杆。此外,当右手向后拉动操纵杆时,右边肘关节会有紧绷感,易导致驾驶疲劳,故综合舒适性较差。当 H_x 逐渐增大时,上臂与前臂的夹角增大,操纵力与操纵位移的线形差异较小,促使驾驶员的右手臂处于较为放松的状态,对操纵杆的感知强度提升,能够轻松地控制操纵杆,故综合舒适性提升。但当 H_x 持续增大时,上臂与前臂的夹角偏大,驾驶员的右手臂几乎处于伸直的状态;在向前推动操纵杆时,驾驶员的躯干会被迫前倾,导致额外做功,换挡难度加大,故综合舒适性下降。综上所述,从操纵杆的综合舒适性角度考虑,H_x 的最优水平为290mm,最优水平范围为 240~340mm。

2) 左右距离对操纵杆舒适性的影响

以 H 点为基准点,先将操纵杆手柄球心相对 H 点的前后距离 H_x 调节至290mm位置,相对H点的上下高度 H_z 调节至10mm位置,然后在相对H点的左右距离 H_y 分别为330mm、360mm、390mm、420mm、450mm的条件下开展操纵杆的单因素试验,并测定相应的坐姿舒适性与操纵舒适性指标值。对3次重复试验的舒适性评分求算术平均值,得到操纵杆舒适性综合评分随 H_y 变化的折线图,如图4-79所示。

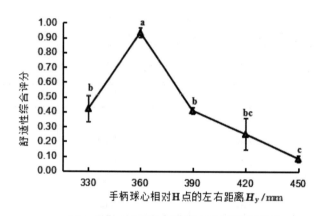

图4-79 左右距离对操纵杆舒适性的影响

由图4-79可知,随着 H_y 的增加,操纵杆的舒适性综合评分呈现出先增大后减小的趋势,且在 H_y 为360mm处达到最大值。主要原因分析如下:当 H_y 较小时,驾驶员右边上臂与前臂的夹角较小,且前臂朝向左前方,不利于前臂施加推力;此外,前臂的施力方向与操纵杆位移方向之间的夹角较大,导致做功效率较低,即完成相同的换挡操作需要消耗更多的体力,故综合舒适性较差。当 H_y 逐渐增大时,上臂与前臂的夹角适当增大,驾驶员的右手臂处于比较放松的状态,便于对操纵杆施加推力和拉力,故综合舒适性提升。但是当 H_y 持续增大时,上臂与前臂的夹角偏大,右手远离肩关节,导致肘关节承受手臂重力的负荷增大;且此时右前臂朝向右前方,其施力方向与操纵杆位移方向之间的夹角较大,导致做功效率较低,故综合舒适性较差。综上所述,从操纵杆的综合舒适性角度考虑,H_y 的最优水平为360mm,最优水平范围为 330~390mm。

3) 上下高度对操纵杆舒适性的影响

以 H 点为基准点,先将操纵杆手柄球心相对 H 点的前后距离 H_x 调节至290mm位置,相对H点的左右距离 H_y 调节至360mm位置,然后在相对H点的上下高度 H_z 分别为 −30mm、−10mm、

10 mm、30 mm、50 mm 的条件下开展操纵杆的单因素试验,并测定相应的坐姿舒适性与操纵舒适性指标值。对 3 次重复试验的舒适性评分求算术平均值,同理可得图 4-80 所示的操纵杆舒适性综合评分随 H_z 变化的折线图。

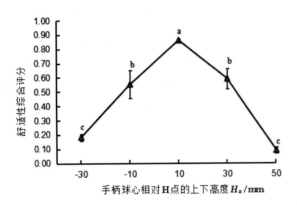

图 4-80　上下高度对操纵杆舒适性的影响

由图 4-80 可知,随着 H_z 的增加,操纵杆的舒适性综合评分先增大后减小,且在 H_z 为 10 mm 处达到最大值。主要原因分析如下:当 H_z 较小时,驾驶员右手位置较低,身体会自然向右倾斜,导致右臂承受的重力负荷较大;此外,驾驶员右前臂自然下垂,不利于手腕关节在水平方向上的推拉操纵,易导致手腕关节部位产生疲劳,故综合舒适性较差。当 H_z 逐渐增大时,躯干愈加直立,右臂的重力负荷减弱;此外,前臂与手腕中线的夹角接近 180°,通过前臂发力可以高效地辅助右手推拉操纵杆,故综合舒适性提升。但当 H_z 持续增大时,驾驶员的右臂处于较高的位置,指深屈肌产生的肌肉活动较大,易导致手臂疲劳,故综合舒适性较差。综上所述,从操纵杆的综合舒适性角度考虑,H_z 的最优水平为 10 mm,最优水平范围为 −10～30 mm。

3.响应面试验

1)试验方法

基于操纵杆单因素试验的结果,本研究对影响操纵杆舒适性的 3 个因素进行 BBD 设计,继而开展 3 因素 3 水平的响应面试验。其中,响应面试验中的变量分别为 A 前后距离、B 左右距离及 C 上下高度,每个变量均设置了 3 个水平。试验设计方法同上,分别计算各因素水平组合位置的舒适性综合评分,以此作为操纵杆响应面试验的响应值。操纵杆响应面试验的因素水平编码取值如表 4-43 所示。最后利用响应面法计算操纵杆 3 个位置参数水平组合的最优解,结合人机工效学理论分析交互作用对操纵杆舒适性的影响规律,对操纵杆的位置参数进行优化。

表 4-43　操纵杆响应面试验的因素水平编码表

水平	因素		
	A: 前后距离 /mm	B: 左右距离 /mm	C: 上下高度 /mm
−1	240	330	−10
0	290	360	10
1	340	390	30

2)试验结果与分析

(1)试验结果。

操纵杆响应面试验的因素水平组合方案及其响应值如表 4-44 所示。观察发现,不同位置参数组合下的舒适性综合评分存在差异。因此,本研究将建立操纵杆的舒适性回归模型,进而对操纵杆的位置参数进行优化。

表 4-44　不同位置参数组合下的操纵杆舒适性评分结果

试验号	A: 前后距离	B: 左右距离	C: 上下高度	Y: 舒适性综合评分
1	0	0	0	0.79
2	0	−1	−1	0.39
3	−1	1	0	0.25
4	−1	0	−1	0.30
5	1	1	0	0.16
6	0	1	1	0.23
7	1	0	−1	0.49
8	−1	0	1	0.48
9	0	−1	1	0.65
10	−1	−1	0	0.38
11	0	0	0	0.88
12	1	−1	0	0.65
13	0	0	0	0.84
14	0	1	−1	0.44
15	1	0	1	0.31
16	0	0	0	0.88
17	0	0	0	0.88

(2)舒适性回归模型的建立。

采用 Design-Expert 8.0 软件,对操纵杆的舒适性评分数据进行回归分析。采用线性回归模型、双因子交互回归模型以及二阶回归模型对试验数据进行拟合,结果如表 4-45 所示。

表 4-45　不同回归模型下的操纵杆舒适性拟合结果

模型类型	线性	双因子交互	二阶
R^2_{Adj}	−0.0791	−0.2150	0.9591
R^2_{Pre}	−0.3304	−0.8026	0.8042
P-value	0.0006	0.0004	0.2006

由表 4-45 可知,二阶回归模型失拟项的 P-value 为 0.2006,拟合效果最好;同时,二阶回归模型的 R^2_{Adj} =0.9591, R^2_{Pre} =0.8042,均接近 1,且二者的差值在 0.2 之内,能较为精确地拟合操纵杆舒适

性。因此,本研究对操纵杆舒适性的二阶回归模型进行方差分析,结果如表 4-46 所示。

表 4-46　操纵杆舒适性二阶回归模型方差分析

变异来源	平方和	自由度	均方	F 值	P 值	显著性
模型	1	9	0.11	42.72	< 0.0001	**
A	0.0051	1	0.0051	1.95	0.2048	N
B	0.12	1	0.12	46.18	0.0003	**
C	0.00029	1	0.00029	0.11	0.7488	N
AB	0.031	1	0.031	11.87	0.0108	*
AC	0.034	1	0.034	12.87	0.0089	**
BC	0.055	1	0.055	21.21	0.0025	**
A^2	0.29	1	0.29	111.05	< 0.0001	**
B^2	0.23	1	0.23	87.22	< 0.0001	**
C^2	0.16	1	0.16	62.02	0.0001	**
残差	0.018	7	0.0026			
失拟项	0.012	3	0.0040	2.48	0.2006	N
纯误差	0.0064	4	0.0016			
总和	1.02	16				

注:* 表示影响显著（P-value < 0.05）;** 表示影响极显著（P-value < 0.01）。

由表 4-46 可知,因子 A 和 C 对操纵杆舒适性模型的影响表现为不显著(α=0.05)。因此,剔除不显著因子 A 和 C,对操纵杆舒适性的二阶回归模型进行重新拟合,结果如表 4-47 所示。

表 4-47　修正后的操纵杆舒适性二阶回归模型方差分析

变异来源	平方和	自由度	均方	F 值	P 值	显著性
模型	1	7	0.14	54.24	< 0.0001	**
B	0.12	1	0.12	45.84	< 0.0001	**
AB	0.031	1	0.031	11.79	0.0075	**
AC	0.034	1	0.034	12.78	0.0060	**
BC	0.055	1	0.055	21.06	0.0013	**
A^2	0.29	1	0.29	111.25	< 0.0001	**
B^2	0.23	1	0.23	86.60	< 0.0001	**
C^2	0.16	1	0.16	61.58	< 0.0001	**
残差	0.024	9	0.0026			
失拟项	0.017	5	0.0035	2.16	0.2375	N
纯误差	0.0064	4	0.0016			
总和	1.02	16				

注:* 表示影响显著（P-value < 0.05）,** 表示影响极显著（P-value < 0.01）。

由表 4-47 可知，模型的 P-value < 0.0001，修正决定系数 R^2 为 0.9768，说明拟合函数与试验数据的吻合度较高。

修正后操纵杆舒适性综合评分与各因子之间的拟合函数为

$$W_4 = -29.27 + 0.17H_y + 6.29H_xH_y \times 10^{-5} - 1.57H_xH_z \times 10^{-5} + 3.96H_yH_z \times 10^{-5} - $$
$$3.82H_x^2 \times 10^{-5} - 2.69H_y^2 \times 10^{-4} - 4.84H_z^2 \times 10^{-4} \tag{4-60}$$

式中，W_4 为操纵杆舒适性综合评分；H_x 为手柄球心相对H点的前后距离（mm）；H_y 为手柄球心相对H点的左右距离（mm）；H_z 为手柄球心相对H点的上下高度（mm）。

操纵杆舒适性的预测值与实测值的对比图，以及回归模型的残差分布图，分别如图 4-81 和图 4-82 所示。由图 4-81 可知，操纵杆舒适性的预测值与实测值几乎分布在同一条直线上，说明回归模型的预测精度较高。由图 4-82 可知，残差也几乎分布在同一条直线上，与期望值之间的误差较小，遵从正态分布，说明回归模型中拟合函数的可靠性较强。因此，式(4-60)可预测操纵杆在不同前后距离、左右距离及上下高度组合下的舒适性。

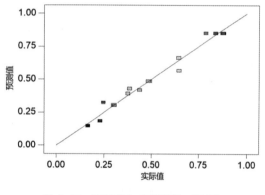

图 4-81　预测值与实测值的对比图　　　　图 4-82　残差分布图

(3)各试验因素对舒适性影响的分析。

根据表 4-46 中各因子的 F 值，结合贡献率的计算式(4-20)和式(4-21)，可得操纵杆试验中 A 前后距离、B 左右距离及 C 上下高度的贡献率分别为 $\Delta_A=2.40$，$\Delta_B=2.90$，$\Delta_C=1.92$。由此可得，各因素对操纵杆舒适性影响程度的大小依次为 B 左右距离 > A 前后距离 > C 上下高度。此外，根据表 4-47 可得，AB、AC、BC 交互作用对操纵杆舒适性的影响均显著($\alpha=0.05$)。因此，本研究将从响应曲面图和等高线图两个方面，深入分析 AB、AC、BC 交互作用对操纵杆舒适性的影响。

①A 前后距离与 B 左右距离对操纵杆舒适性的交互作用。

A 前后距离与 B 左右距离交互作用的响应曲面图如图 4-83 所示。显然操纵杆舒适性综合评分存在峰值，说明 BBD 设计范围较为准确，响应面 3D 模型良好。

AB 交互作用的等高线图如图 4-84 所示，直观地反映了 A 前后距离与 B 左右距离的交互作用对操纵杆舒适性的影响。当左右距离大于 375 mm 时，无论前后距离如何调节，操纵杆的舒适性评分均一般，为 0.4～0.8 分；当左右距离处于 330～375 mm 且前后距离处于 270～315 mm 时，操纵杆的舒适性评分均较高，为 0.7～1.0 分。主要原因分析如下：在操纵杆的 BBD 设计范围中，当左右距离较大时,驾驶员的右前臂容易偏向右前方,易导致人体躯干向右倾斜和肘关节紧绷;此外,右前臂发力方向与操纵杆位移方向的夹角较大,做功效率较低,故舒适性一般。而当操纵杆左右距离偏小时,上臂与前臂的夹角适中,处于 80°～130° 的舒适性范围内,此时右手臂处于较为放松的状态,有利于对操纵杆施加推力和拉力;此外,操纵力与操纵位移的线形差异较小,驾驶员对操纵杆的感知强度较高,便于控制操纵杆,故舒适性优良。因此,若要提高操纵杆的舒适性,宜将操纵杆的前后距离调节至 265～320 mm,左右距离调节至 335～370 mm 的位置。

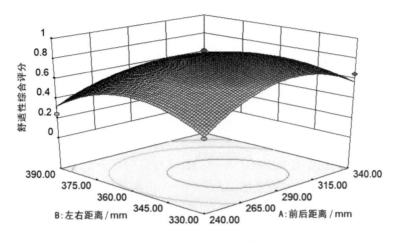

图 4-83　操纵杆中 AB 交互作用的响应曲面图

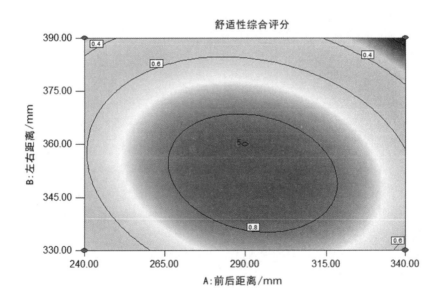

图 4-84　操纵杆中 AB 交互作用的等高线

② A 前后距离与 C 上下高度对操纵杆舒适性的交互作用。

A 前后距离与 C 上下高度交互作用的响应曲面图如图 4-85 所示。可以直观地看出,操纵杆舒适性综合评分存在峰值,说明 BBD 设计范围较为准确。

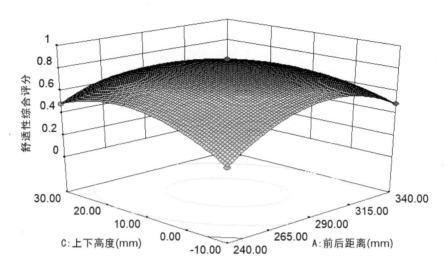

图 4-85　操纵杆中 AC 交互作用的响应面

　　如图 4-86 所示,等高线图直观反映了 A 前后距离与 C 上下高度的交互作用对操纵杆舒适性的影响。当前后距离小于 265 mm 或大于 315 mm 时,无论操纵杆的上下高度如何调节,操纵杆的舒适性评分均一般,为 0.5 ~ 0.8 分。而当前后距离处于 265 ~ 315 mm 且上下高度处于 0 ~ 20 mm 时,操纵杆的舒适性评分均较高,为 0.8 ~ 1.0 分。主要原因分析如下:在操纵杆的 BBD 设计范围中,当前后距离较小或较大时,驾驶员的右手偏高或者偏低,易导致指深屈肌因肌肉活动增长较多而感到疲劳,故舒适性一般。而当前后距离与左右距离均适中时,驾驶员的前臂向正前方且微微下垂,有利于前臂发力,从而轻松带动右手推拉操纵杆,故舒适性优良;因此,若要提高操纵杆的舒适性,宜将前后距离调节至 270 ~ 315 mm,上下高度调节至 0 ~ 20 mm 的位置。

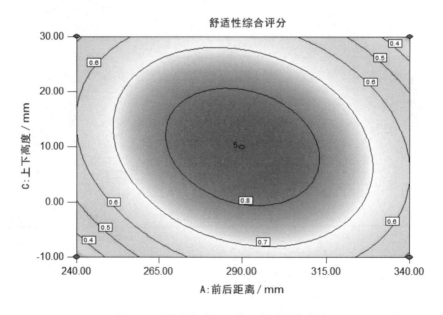

图 4-86　操纵杆中 AC 交互作用的等高线

③B 左右距离与 C 上下高度对操纵杆舒适性的交互作用。

B 左右距离与 C 上下高度交互作用的响应曲面图如图 4-87 所示。显然,操纵杆舒适性综合评分存在峰值,说明 BBD 设计范围较为准确,响应面 3D 模型良好。

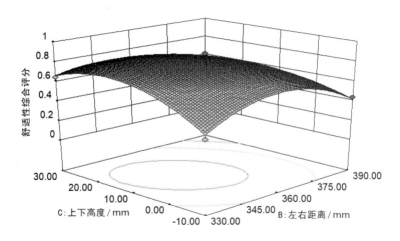

图 4-87　操纵杆中 BC 交互作用的响应面

如图 4-88 所示,等高线图直观地反映了 B 左右距离与 C 上下高度的交互作用对操纵杆舒适性的影响。当左右距离大于 375 mm 时,无论上下高度如何调节,操纵杆的舒适性评分均一般,为 0.4 ~ 0.7 分。当左右距离处于 335 ~ 370 mm 且上下高度处于 0 ~ 25 mm 时,操纵杆的舒适性评分均较高,为 0.8 ~ 1.0 分。主要原因分析如下:在操纵杆的 BBD 设计范围中,当左右距离较大时,右臂处于拉伸状态,导致驾驶员肘关节较为紧绷,难以控制操纵杆,故舒适性一般。而当操纵杆的左右距离较小且上下高度较高时,驾驶员距离操纵杆较近,可以在心理上较为准确地感知操纵杆的大致位置,从而轻松地控制推拉操纵杆的力度,故在生理和心理上的舒适性均较高。因此,若要提高操纵杆的舒适性,宜将左右距离调节至 335 ~ 370 mm,上下高度位调节至 0 ~ 25 mm 的位置。

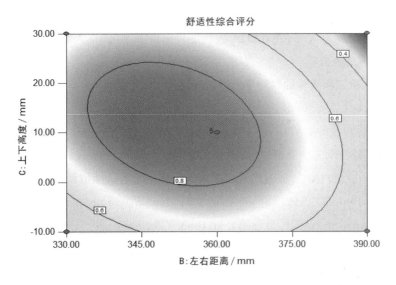

图 4-88　操纵杆中 BC 交互作用的等高线

3）位置参数优化与验证试验

在 Design-Expert 8.0 软件中分别设定 A 前后距离的范围为 240～340 mm，B 左右距离的范围为 330～390 mm，C 上下高度的范围为 −10～30 mm，通过响应面优化得到操纵杆舒适性最优时的位置参数组合：A 前后距离为 297.65 mm，B 左右距离为 350.78 mm，C 上下高度为 11.13 mm。在该位置参数组合的条件下，操纵杆的舒适性综合评分预期为 0.867 分，是一个非常舒适的分数。

为了验证操纵杆位置参数优化结果的可靠性，本研究基于农机驾驶室试验平台，分别将操纵杆手柄球心相对 H 点的前后距离调节至 298 mm，左右距离调节至 351 mm，上下高度调节至 11 mm，开展重复 3 次的验证试验。操纵杆舒适性验证试验的评分结果如表 4-48 所示。结果显示，预测值与实测值之间的平均相对误差为 3.71%，从而在一定程度上验证了操纵杆位置参数优化结果的可靠性。

表 4-48　操纵杆验证试验的结果

试验号	舒适性综合评分		相对误差
	预测值	实测值	
1	0.867	0.906	4.30%
2	0.867	0.895	3.13%
3	0.867	0.836	3.71%
平均值	0.867	0.879	3.71%

六、基于CATIA的舒适性仿真分析与评价

前文已对农机的座椅、方向盘、脚踏板及操纵杆装置进行了舒适性分析与评价，并采用 BBD 或 CCD 设计了各个装置位置参数的组合方案，通过响应面分析对位置参数进行了优化，最后通过验证试验在一定程度上验证了优化结果的可靠性。为了进一步验证试验优化结果的可靠性，本研究将根据修正的中国成年人人体尺寸，在 CATIA 人机工程模块中建立 3D 人体模型，并对驾驶员的坐姿与行为进行舒适性仿真分析。

1.基于CATIA人机工程模块的试验平台舒适性评价

1）CATIA 人机工程模块简介

由法国达索公司开发的 CATIA 是一款集 CAD/CAE/CAM 应用于一体的软件，可用于三维模型创建、产品概念设计及动态仿真模拟等，遍及了航空航天发展、机械设计制造、电子器件开发等领域。在人机交互方面，CATIA V5 开发的人机工程模块可用于舒适性仿真分析，共分 4 个模块：人体模型的建立（Human Builder）、人体测量学数据的编辑（Human Measurements Editors）、人体行为的分析（Human Activity Analysis）及人体姿态的分析（Human Posture Analysis）。

2）坐姿舒适性仿真分析与评价的原理及方法

参照已改进的 50 百分位中国成年人人体尺寸，在 CATIA 中建立 3D 人体模型。对图 4-89 中的 9 个关节角度进行 3 次重复测量，将各个角度的平均值代入 CATIA 人机工程模块，对人体姿

态进行舒适性仿真分析,并对舒适性评分结果进行归一化处理。其中,各个角度的符号与含义如表 4-49 所示。

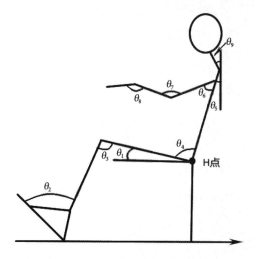

图 4-89　仿真中待测的人体关节角度

表 4-49　待测人体关节角度的符号与含义

符号	角度含义
θ_1	大腿轴线与水平面夹角
θ_2	脚踩踏板时脚底板与小腿轴线夹角
θ_3	大腿与小腿轴线夹角
θ_4	大腿与躯干轴线夹角
θ_5	躯干轴线与垂直线夹角
θ_6	上臂与躯干轴线夹角
θ_7	上臂与前臂轴线夹角
θ_8	前臂与手腕中线夹角
θ_9	颈部轴线与垂直线夹角

以表 4-13 中人体关节角度范围对应的舒适性评分值为评价指标,其设置界面如图 4-90 所示。通过 CATIA 的加权插值运算,可得各部位在不同水平组合下的坐姿舒适性评分,结果显示界面如图 4-91 所示。

3) 操纵舒适性仿真分析与评价的原理及方法

同坐姿舒适性仿真的采样方法,将表 4-49 中人体关节角度重复测量 3 次求得算术平均值后,代入 CATIA 人机工程模块中的人体行为分析模块,对 3D 人体模型的操纵舒适性进行仿真分析,分析界面如图 4-92 所示。由于农机驾驶室工作几乎是间歇式操纵,且手臂可以得到方向盘或操纵杆的支撑,故在 "Posture 板块"选择 "Intermittent" 和 "Arm supported/Person leaning","Load"默认值为 0 kg。参数设置完毕后,即可得到该驾驶姿态下人体左右部分的 RULA(rapid upper limb assessment)值,结果显示界面如图 4-93 所示。

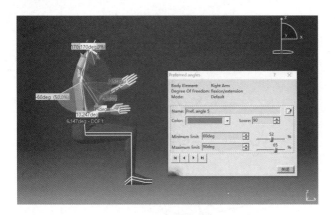

图 4-90　坐姿指标设置

图 4-91　姿态分析结果

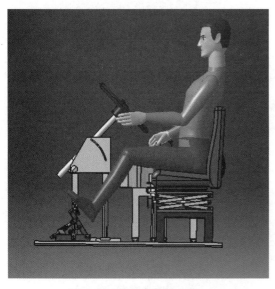

图 4-92　操纵舒适性分析

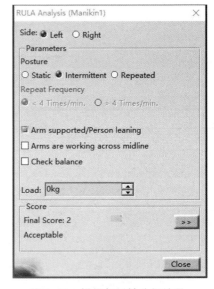

图 4-93　操纵舒适性分析结果

其中,操纵舒适性仿真评分RULA值均为1~7整数分值,该分数越小则表示相应姿态下的操纵行为越舒适。若RULA分值为1或2,则表明相应姿态下操纵舒适性可以被接受;若RULA分值为3或4,则表明相应姿态下的操纵舒适性需要再次考查;若RULA分值为5或6,则表明相应的姿态需要再次考查并尽快修正;若RULA分值为7,则表明相应的姿态需要再次考查并且即刻修正。

4) 基于CATIA的人机系统舒适性仿真综合评分

CATIA人机工程模块中的坐姿舒适性仿真评分采用百分制,操纵舒适性仿真评分RULA值均为1~7整数分值。为了对人机系统舒适性仿真进行综合评价,本研究将CATIA人机工程模块中的坐姿舒适性分值,以及操纵舒适性分值进行归一化。然后,通过变异系数法对仿真中的坐姿舒适性与操纵舒适性评分赋予权重,由此计算人体模型仿真的舒适性综合评分。最后,将舒适性评价的仿真结果与试验结果进行对比,分析座椅、方向盘、脚踏板及操纵杆的舒适性影响机制,并验证其位置参数优化结果的合理性。

2. CATIA仿真与响应面试验结果的对比分析

1) 座椅舒适性综合评分的对比分析

如表 4-50 所示,试验与仿真的舒适性综合评分具有较好的一致性,说明座椅位置参数的优化结果具有较强的可靠性。其中,舒适性综合评分体现了座椅在各个水平下的相对舒适性。在最优组合条件下,试验与仿真的舒适性综合评分分别为 0.80 分和 0.95 分,在 18 个水平中的舒适性排序均靠前。此外,从整体上观察会发现:坐姿仿真评分位于 84.20 ~ 90.30 分,RULA 值(操纵评分)为 2 或 3 分,故座椅中 18 个水平的仿真结果均较为舒适;说明本研究在座椅水平范围的选取上较为准确,以优中选优的方式得到了座椅位置参数的最优组合。

表 4-50   座椅的舒适性试验与仿真结果对比

试验号	试验			仿真		
	坐姿评分	操纵评分	综合评分	坐姿评分	操纵评分	综合评分
1	0.36	0.80	0.60	84.20	2/2	0.57
2	0.38	0.69	0.55	87.60	3/3	0.24
3	0.42	0.45	0.44	86.80	3/3	0.18
4	0.32	0.76	0.56	86.10	2/2	0.70
5	0.42	0.09	0.24	87.10	3/3	0.20
6	0.48	0.98	0.75	90.30	3/3	0.43
7	1.00	0.91	0.95	85.80	2/2	0.68
8	0.67	1.00	0.85	84.70	2/2	0.61
9	0.45	0.97	0.73	84.60	2/2	0.60
10	0.44	0.98	0.73	87.50	2/2	0.80
11	0.54	0.97	0.77	86.70	2/2	0.75
12	0.31	0.41	0.37	85.50	3/3	0.09
13	0.41	0.41	0.41	85.00	3/3	0.06
14	0.25	0.14	0.19	84.80	3/3	0.04
15	0.00	0.00	0.00	84.20	3/3	0.00
16	0.43	0.43	0.43	84.90	3/3	0.05
17	0.41	0.68	0.55	86.70	3/3	0.18
18(最优组合)	0.61	0.97	0.80	89.60	2/2	0.95

注:仿真中操纵舒适性评分结果分别指人体左 / 右部分的 RULA 值。

在对座椅舒适性进行仿真分析中,当人体关节角度 θ_5 较小,即靠背倾角较小时,人体模型的背部相对直立,有利于操纵距离较近的方向盘等装置,故驾驶员的操纵舒适性评分较高;但此时背部并不能得到高效的支撑,导致脊椎的坐姿舒适性评分相对较低。而当靠背倾角较大时,坐姿舒适性评分可达 90 分以上,但操纵舒适性评分较低,说明有时坐姿舒适性会与操纵舒适性相互限制,若要提高座椅的整体舒适性,则需要适当地牺牲身体局部的舒适性。

2）方向盘舒适性综合评分的对比分析

如表 4-51 所示，试验与仿真的舒适性综合评分具有较好的一致性，说明方向盘舒适性仿真的效果良好。在最优组合条件下，试验与仿真的舒适性综合评分均在 0.9 分以上，说明方向盘位置参数优化结果的可靠性较强。另外，方向盘中左右部分的 RULA 值基本同为 2 或 3，这主要是因为方向盘的操作需要双手配合完成，导致人体左右部分的肢体行为与疲劳程度几乎是对称的。

表 4-51　方向盘的舒适性试验与仿真结果对比

试验号	试验			仿真		
	坐姿评分	操纵评分	综合评分	坐姿评分	操纵评分	综合评分
1	0.37	0.12	0.18	86.60	3/3	0.19
2	0.79	0.47	0.55	87.60	3/3	0.23
3	0.51	0.16	0.24	84.90	3/3	0.11
4	0.65	0.17	0.29	86.80	2/3	0.10
5	0.56	0.01	0.14	86.30	3/3	0.17
6	0.00	0.08	0.06	86.90	3/3	0.01
7	0.73	0.13	0.28	83.80	3/3	0.06
8	0.98	0.28	0.46	84.60	3/3	0.58
9	0.90	0.25	0.41	84.90	3/3	0.11
10	0.84	0.34	0.46	86.70	3/2	0.58
11	0.95	1.00	0.99	86.90	2/2	0.97
12	0.94	0.24	0.42	82.40	3/3	1.00
13	0.78	0.14	0.30	82.70	3/3	0.20
14	0.43	0.00	0.11	86.60	3/3	0.19
15	0.70	0.02	0.19	87.50	2/2	0.00
16	0.58	0.21	0.30	85.00	3/3	0.58
17	0.68	0.13	0.26	86.90	2/3	0.12
18（最优组合）	0.88	0.95	0.93	87.30	2/2	0.96

注：仿真中操纵舒适性评分结果分别指人体左 / 右部分的 RULA 值。

在方向盘的舒适性仿真部分，本研究先将座椅固定在其最优解位置，进而探究方向盘的舒适性影响规律。方向盘位置参数的变化主要影响人体手臂、腰椎的姿态和行为。因此，为了改善方向盘的舒适性，可以充分借助方向盘支撑手臂的优势，从而减轻因克服自身手臂重力及腰椎晃动而引起的疲劳。

3）脚踏板舒适性综合评分的对比分析

如表 4-52 所示，试验与仿真的舒适性综合评分具有较好的一致性，说明脚踏板位置参数的优化结果具有较强的可靠性。从整体上对比试验中坐姿舒适性与操纵舒适性的评分,可以发现坐姿舒适性评分高的试验号对应的操纵舒适性评分往往也高,呈现出较明显的正相关关系。而对比仿真中坐姿舒适性与操纵舒适性的评分发现,坐姿舒适性评分高的试验号对应的操纵舒适性评分不一定高,没有明显的相关性。主要原因为:离合器踏板的操纵过程较为复杂,涉及自由、分离、进挡、接合共4个行程,这些微观的过程在试验的操纵舒适性评价指标中体现明显,但在脚踏板的人机工程仿真中,人体行为分析更注重人脚宏观上的活动便捷性。

表4-52 脚踏板的舒适性试验与仿真结果对比

试验号	试验			仿真		
	坐姿评分	操纵评分	综合评分	坐姿评分	操纵评分	综合评分
1	0.47	0.55	0.52	83.70	3/3	0.11
2	0.19	0.00	0.08	81.50	3/3	0.00
3	0.40	0.18	0.27	84.00	3/3	0.12
4	0.34	0.12	0.22	83.50	3/3	0.10
5	0.52	0.54	0.53	88.00	3/2	0.63
6	0.66	0.64	0.65	85.90	2/3	0.53
7	0.60	0.54	0.56	85.80	3/3	0.21
8	0.75	1.00	0.89	89.20	2/2	1.00
9	0.70	0.86	0.79	86.30	2/2	0.86
10	0.59	0.68	0.64	86.20	3/2	0.54
11	0.68	0.55	0.60	83.30	2/3	0.40
12	0.63	0.23	0.40	87.60	3/3	0.61
13	0.14	0.38	0.28	83.80	3/3	0.42
14(最优组合)	1.00	0.67	0.81	87.50	2/2	0.92

注:仿真中操纵舒适性评分结果分别指人体左/右部分的RULA值。

总之,试验部分对脚踏板实际踩踏过程中的舒适性评价更加细致,而仿真部分的3D人体行为评估在人机交互的整体舒适性评价方面更显优势。但从舒适性综合评分上看,试验与仿真的舒适性综合评分结果具有较好的一致性,在一定程度上体现出CATIA人机工程仿真具备准确、高效、经济的优点,可以为农机驾驶室操纵装置的人机工程设计提供有效的手段。

4)操纵杆舒适性综合评分的对比分析

如表4-53所示,试验与仿真的舒适性综合评分具有较好的一致性,且最优组合条件下的舒适性综合评分均为最高分,说明操纵杆位置参数的优化结果具有较强的可靠性。此外,操纵杆的坐姿仿真评估结果位于81.80~84.00分之间,变化范围不大,说明坐姿评分在操纵杆舒适性仿真中区分度不高,而换挡行为的舒适性将直接影响操纵杆的舒适性综合评分。不仅如此,操纵杆的工作主要由右手完成,故操纵杆仿真中的舒适性综合评分结果主要取决于人体右部的行为特征。

表 4-53　操纵杆的舒适性试验与仿真结果对比

试验号	试验			仿真		
	坐姿评分	操纵评分	综合评分	坐姿评分	操纵评分	综合评分
1	0.42	0.35	0.79	82.10	3/2	0.59
2	0.42	0.13	0.39	81.80	3/3	0.00
3	0.33	0.28	0.25	82.00	3/3	0.04
4	0.55	0.43	0.30	82.00	3/2	0.57
5	0.46	0.34	0.16	82.50	3/3	0.15
6	0.64	0.65	0.23	83.40	3/3	0.34
7	0.44	0.44	0.49	82.10	3/3	0.06
8	0.21	0.24	0.48	82.80	3/3	0.22
9	0.63	0.89	0.65	82.90	3/2	0.76
10	0.96	0.83	0.38	82.40	3/2	0.66
11	0.60	1.00	0.88	82.20	3/2	0.61
12	0.73	0.97	0.65	83.30	3/2	0.85
13	0.91	0.86	0.84	82.50	3/2	0.68
14	0.58	0.69	0.44	82.30	3/2	0.63
15	0.52	0.47	0.31	81.90	3/3	0.02
16	0.23	0.36	0.88	82.00	3/2	0.57
17	0.41	0.00	0.88	82.60	3/2	0.70
18（最优组合）	0.89	0.87	0.88	84.00	3/2	1.00

注：仿真中操纵舒适性评分结果分别指人体左／右部分的 RULA 值。

　　与座椅的舒适性仿真结果对比，操纵杆的坐姿评分与操纵评分均相对较低。这主要是因为操纵杆的仿真评估同时受到自身和座椅及方向盘等装置的综合影响，即同时遭受多个操纵装置不舒适性因素的累加效应。因此，若要提高操纵杆的舒适性，则需要确保座椅的舒适性。

七、基于主客观对比实验的舒适性分析与评价

　　在操纵农机的过程中，驾驶员的主观心理感受是最直接的舒适性表现形式。因此，主观评价是舒适性评价体系中不可或缺的一部分。此外，主观评价通常以问卷调查的形式搜集数据，具有经济高效、充分发挥评审员主观能动性的优点，但主观评价结果易随评审员意愿的改变而发生一定程度的波动。相比而言，客观评价的发展更加成熟，可通过评价指标客观反映出操作人员生理上的舒适性，是评价方法发展中的主流，但在试验仪器采购、指标数据采集等方面具有一定的局限性。总之，主观与客观评价方法各有千秋，均可在一定程度上反映出驾驶员的舒适性。

　　前文中试验优化部分均通过计算客观指标，结合舒适性评价模型对农机操纵装置的舒适性进行客观分析与评价，从而对位置参数进行优化。因此，为了进一步完善本研究的评价体系与研究结论，本节将引入驾驶员的主观心理因素，充分利用主观与客观评价方法的优势，通过主客观对比实

验对 5 台农机进行舒适性分析与评价,并提出相应的改进建议。

1.基于多级模糊综合评判的舒适性主观评价

多级模糊综合评判是一种利用模糊数学,对含有多因素的对象做出总体评价的综合评价方法。该法可以对多个因素进行分级,通过合成算法将基于主观信息的定性评价结果量化,得到富含大量有效信息的综合评分,具有简便、高效、经济的优点。因此,主观评价实验将运用多级模糊综合评判方法,对 5 台农机驾驶室操纵装置的舒适性进行逐级分析与综合评判。

1) 主观评价的过程与方法

(1)建立因素集 U。

本研究致力于农机驾驶室操纵装置位置参数的优化和人机工程分析,在主观评价中依然选取座椅、方向盘、脚踏板及操纵杆四大因素及其子因素的集合作为因素集。如表 4-54 所示,四大因素集合 $\{U_1, U_2, U_3, U_4\}$ 为第一级因素集,子因素集合 $\{u_{11}, u_{12}, u_{13}\}$、$\{u_{21}, u_{22}, u_{23}\}$、$\{u_{31}, u_{32}\}$、$\{u_{41}, u_{42}, u_{43}\}$ 为第二级因素集。

表 4-54　农机驾驶室操纵装置因素集

级别	因素集			
一级	座椅 U_1	方向盘 U_2	脚踏板 U_3	操纵杆 U_4
二级	前后距离 u_{11}	盘面倾角 u_{21}	踏板平面倾角 u_{31}	前后距离 u_{41}
	上下高度 u_{12}	前后距离 u_{22}	左右距离 u_{32}	左右距离 u_{42}
	靠背倾角 u_{13}	上下高度 u_{23}	—	上下高度 u_{43}

(2)建立评语集 V。

本实验邀请了 10 名体型接近 50 百分位尺寸且具有一定驾龄的操作人员,依次在 5 台农机上驾驶 3 分钟。根据 Likert 五分制舒适性量表,对驾驶室的因素集进行舒适性主观评价。如表 4-55 所示,评语集 $\{v_1, v_2, v_3, v_4, v_5\}$ 分别代表很舒适(5 分)、较舒适(4 分)、一般(3 分)、较不舒适(2 分)、很不舒适(1 分)。

表 4-55　舒适性主观感受与评分的对应关系

主观感受	很舒适	较舒适	一般	较不舒适	很不舒适
评分	5	4	3	2	1

参评人员的基本信息如表 4-56 所示,在打分前告知操作人员:主观舒适感为第一准则。待评分完毕后,即可建立各因素集的评价矩阵。

表 4-56　主观评价中参评人员的基本信息

年龄 / 周岁	性别	体重 /kg	身高 /cm
23 ~ 36	男	60 ~ 75	167 ~ 174

(3)确立单因素评判矩阵 $\boldsymbol{R}$。

对第二级因素集 $U_i=\{u_{i1}, u_{i2}, \cdots, u_{in}\}$ 的某个因素进行单因素评判,即可得到单因素评判矩阵。给模糊评判实验邀请的 10 名参评人员人手发放一份问卷,共计 10 份。在回收的 10 份问卷中剔除数据偏差较大的问卷,并将其余有效问卷的数据用于模糊评判实验。其中,某台待评测的实例农机如图 4-94 所示。

图 4-94　主观实验中的某台实例农机

统计量表的数值为各因素集对应舒适性等级的总票数。用初始评判矩阵除以有效问卷份数,即可完成从集合 $X=\{x_1, x_2, x_3, x_4, x_5\}$ 到闭区间 $[0,1]$ 的模糊映射,由此计算出第二级因素集在各舒适性等级中的隶属度,进而确立单因素评判矩阵 $\boldsymbol{R}$,即

$$\boldsymbol{R}=(r_{ij})_{n\times 5}=\begin{bmatrix} r_{11} & r_{12} & \cdots & r_{15} \\ r_{21} & r_{22} & \cdots & r_{25} \\ \vdots & \vdots & & \vdots \\ r_{n1} & r_{n2} & \cdots & r_{n5} \end{bmatrix} \tag{4-61}$$

(4)计算权重。

在 20 世纪 70 年代,美国教授 T.L.Saaty 提出了一种能将定性与定量相结合的科学决策方法——层次分析法(AHP)。该方法可以综合多位专家的主观评判结果,对若干因素进行合理地赋权。因此,本研究采用层次分析法建立表 4-54 中各因素集的判断矩阵 $\boldsymbol{J}$,即

$$\boldsymbol{J}=\begin{bmatrix} j_{11} & j_{12} & \cdots & j_{15} \\ j_{21} & j_{22} & \cdots & j_{25} \\ \vdots & \vdots & & \vdots \\ j_{n1} & j_{n2} & \cdots & j_{n5} \end{bmatrix} \tag{4-62}$$

式中,矩阵中元素 j_{ij} 表示第 i 个二级因素相对第 j 个舒适性等级的重要性标度值,其评分标度表如表4-57所示。

表 4-57　主观评价的权重评分标度表

标度	含义
1	表示两个因素相比，具有同样重要性
3	表示两个因素相比，一个因素比另一个因素稍微重要
5	表示两个因素相比，一个因素比另一个因素明显重要
7	表示两个因素相比，一个因素比另一个因素强烈重要
9	表示两个因素相比，一个因素比另一个因素极端重要
2，4，6，8	上述两相邻判断的中值
倒数	若因素 i 相对因素 j 的重要性为 a_{ij}，则因素 j 相对因素 i 的重要性为 $a_{ji}=1/a_{ij}$

本研究采用 MATLAB 编写层次分析法的代码，分别计算第一级因素集与第二级因素集的权值，并根据一致性检验判断所赋权值的合理性，从而结合多级模糊综合评判方法计算 5 台农机的主观舒适性综合评分。本实验邀请了 5 名具有一定驾龄的评审人员对表 4-54 中的因素集进行重要性评估，将有效问卷表的数据整理为判断矩阵，由此可准确计算各因素集的主观权重。为了综合多位评审人员的主观评判结果，本研究对相同因素集的权重结果求算术平均值，由此构成各级因素集的权重集，即

$$A=\{a_1,a_2,\cdots,a_n\}=\left\{\frac{1}{5}\sum_{i=1}^{5}a_1^i,\frac{1}{5}\sum_{i=1}^{5}a_2^i,\cdots,\frac{1}{5}\sum_{i=1}^{5}a_n^i\right\} \qquad (4-63)$$

式中，a_n^i 表示第 i 号参评人员对第 n 个因素进行重要性评判的权值结果。

本实验中影响农机驾驶室舒适性的因素较多，且评审人员对舒适性的评价具有较强的主观性与模糊性。为了确保层次分析法赋权的可靠性，需对各因素集的判断矩阵进行一致性检验。若一致性比率 $CR<0.1$，则认定一致性检验通过；若一致性比率 $CR\geqslant0.1$，则此判断矩阵对应的问卷被视为无效问卷，不参与最终权重的算术平均值计算。其中，一致性比率 CR 的计算公式如下：

$$CR=\frac{CI}{RI} \qquad (4-64)$$

$$CI=\frac{\lambda_{\max}-n}{n-1} \qquad (4-65)$$

式中，$\lambda_{\max}$ 为判断矩阵的最大特征值；n 为判断矩阵的阶数；CI 为层次分析法中的一致性指标。特别地，当 $CI=0$ 时，可认为判断矩阵的逻辑性完全一致。另一个一致性指标 RI 的取值如表 4-58 所示。

表 4-58　一致性指标 RI 的取值

n	1	2	3	4	5	6	8
RI	0	0	0.52	0.89	1.12	1.26	1.36

注：当 $n=1$ 或 2 时，判断矩阵的逻辑性完全一致。

(5)确立模糊综合评判矩阵 **B**。

将单因素评判矩阵 **R** 与权重集 **A** 做合成运算，即可得到模糊综合评判矩阵 **B**，即

$$B = A \circ R = (a_1, a_2, \cdots, a_n) \circ \begin{bmatrix} r_{11} & r_{12} & \cdots & r_{1m} \\ r_{21} & r_{22} & \cdots & r_{2m} \\ \vdots & \vdots & & \vdots \\ r_{n1} & r_{n2} & \cdots & r_{nm} \end{bmatrix} = [b_1, b_2, \cdots, b_m] \qquad (4\text{-}66)$$

式中，合成运算"。"按照定义可分为以下3种模型：

①$M(\wedge, \vee)$——主因素决定型。

此模型的运算结果单纯取决于最主要的那个因素，而不受其余因素的影响。因此，主因素决定型适于某个因素最优即可代表综合评判最优的场合。

②$M(\bullet, \vee)$——主因素突出型。

此模型与主因素决定型相近，但评判过程更为细致，不仅强调了主因素的影响，还统筹了其余因素。因此，主因素突出型适于主因素决定型失效，且需要综合其余因素的场合。

③$M(\bullet, +)$——加权平均型。

此模型根据各因素权重的大小来综合所有因素的影响效果，适于加权求和最优代表综合评判最优的场合。

本研究中主观舒适性评价不仅结合权重来兼顾所有的因素，而且希望评分总和最大，故合成运算模型选择加权平均型，即

$$b_j = \sum_{i=1}^{n} (a_i \cdot r_{ij}) \quad (j = 1, 2, \cdots, m) \qquad (4\text{-}67)$$

(6)多级模糊综合评判的求解。

对一个评价体系进行综合评判需要考查若干典型因素，而且这些典型因素往往包含若干子因素，子因素甚至可以再细分，故需要从多个层次逐步完成模糊综合评判。因此，若要解决涉及多级因素集的模糊综合评判问题，可以将模糊评判的基本模型衍生为多级模糊综合评判模型。同理，多级模糊综合评判模型可以进行如下拓展：

$$B = A \circ R = A \circ \begin{bmatrix} A_1 \circ R_1 \\ A_2 \circ R_2 \\ \vdots \\ A_n \circ R_n \end{bmatrix} \qquad (4\text{-}68)$$

$$R_1 = \begin{bmatrix} A_{11} \circ R_{11} \\ \vdots \\ A_{1l} \circ R_{1l} \end{bmatrix}, R_2 = \begin{bmatrix} A_{21} \circ R_{21} \\ \vdots \\ A_{2m} \circ R_{2m} \end{bmatrix}, \cdots, R_n = \begin{bmatrix} A_{n1} \circ R_{n1} \\ \vdots \\ A_{nk} \circ R_{nk} \end{bmatrix} \qquad (4\text{-}69)$$

式中，$A_1, A_2, \cdots, A_n$；$A_{11}, A_{12}, \cdots, A_{1l}$；$A_{n1}, A_{n2}, \cdots, A_{nk}$代表各个子因素集的权重集。$R_1, R_2, \cdots, R_n$；$R_{11}, R_{12}, \cdots, R_{1l}$；$R_{n1}, R_{n2}, \cdots, R_{nk}$代表各个子因素集的模糊评判矩阵。

本研究的主观评价实验包含两级因素集，故采用二级模糊综合评判方法逐级向上评价。通过一级模糊评判可得农机的座椅子因素、方向盘子因素、脚踏板子因素，以及操纵杆子因素的模糊评价结果 $\{R_1, R_2, R_3, R_4\}$，结合二级模糊评判可得农机驾驶室操纵装置的模糊评价结果 B。

对模糊评价的结果进行分析，可得到农机驾驶室操纵装置的舒适性等级对应评语集 V 的隶属度。为了统一5台农机驾驶室操纵装置的主观舒适性综合评分 C，本研究将模糊评价结果与评语

集分数的列向量做矩阵乘法运算,并归一化到 [0,1] 的舒适性评分区间,即

$$C = \boldsymbol{B} \times \begin{pmatrix} 1.0 \\ 0.8 \\ 0.6 \\ 0.4 \\ 0.2 \end{pmatrix} \tag{4-70}$$

2)主观评价的结果与分析

(1)单因素评判矩阵 $\boldsymbol{R}$。

在模糊评判实验中回收了 10 份问卷,其中 2 份偏差较大的问卷被剔除,其余 8 份有效问卷参与实验数据处理。以农机 1 为例,座椅子因素集 $\{u_{11}, u_{12}, u_{13}\}$ 的模糊评判结果如表 4-59 所示。

表 4-59　农机 1 座椅子因素集的模糊评判结果

座椅 U_1	舒适性等级及分值				
	很舒适（5）	较舒适（4）	一般（3）	较不舒适（2）	很不舒适（1）
前后距离 u_{11}	3	5	0	0	0
上下高度 u_{12}	4	4	0	0	0
靠背倾角 u_{13}	2	4	2	0	0

将表 4-59 中的票数除以有效问卷总份数 8,得到座椅子因素集的舒适性模糊矩阵,即

$$\boldsymbol{R}_1 = \begin{bmatrix} 3/8 & 5/8 & 0/8 & 0/8 & 0/8 \\ 4/8 & 4/8 & 0/8 & 0/8 & 0/8 \\ 2/8 & 4/8 & 2/8 & 0/8 & 0/8 \end{bmatrix} = \begin{bmatrix} 0.375 & 0.625 & 0.000 & 0.000 & 0.000 \\ 0.500 & 0.500 & 0.000 & 0.000 & 0.000 \\ 0.250 & 0.500 & 0.250 & 0.000 & 0.000 \end{bmatrix}$$

同理可得,方向盘子因素集的舒适性模糊矩阵为

$$\boldsymbol{R}_2 = \begin{bmatrix} 0.000 & 0.875 & 0.125 & 0.000 & 0.000 \\ 0.125 & 0.625 & 0.250 & 0.000 & 0.000 \\ 0.000 & 0.625 & 0.375 & 0.000 & 0.000 \end{bmatrix}$$

脚踏板子因素集的舒适性模糊矩阵为

$$\boldsymbol{R}_3 = \begin{bmatrix} 0.250 & 0.625 & 0.125 & 0.000 & 0.000 \\ 0.250 & 0.625 & 0.125 & 0.000 & 0.000 \end{bmatrix}$$

操纵杆子因素集的舒适性模糊矩阵为

$$\boldsymbol{R}_4 = \begin{bmatrix} 0.250 & 0.875 & 0.125 & 0.000 & 0.000 \\ 0.500 & 0.625 & 0.250 & 0.000 & 0.000 \\ 0.000 & 0.625 & 0.375 & 0.000 & 0.000 \end{bmatrix}$$

(2)权重。

在层次分析法研究中回收的 5 份问卷全部有效,均参与权值的数据处理。以农机 1 为例,1 号评审人员对座椅子因素集 $\{u_{11}, u_{12}, u_{13}\}$ 进行重要性比较的结果如表 4-60 所示。

表 4-60　座椅子因素集的重要性比较结果（农机 1）

座椅 U_1	前后距离 u_{11}	上下高度 u_{12}	靠背倾角 u_{13}
前后距离 u_{11}	1	3	4
上下高度 u_{12}	0.33	1	3
靠背倾角 u_{13}	0.25	0.33	1

$\lambda_{max}=3.068$，$CI=0.034$，$CR=0.0660.1$，一致性检验通过

由层次分析法得,1 号评审人员对座椅子因素集 $\{u_{11}, u_{12}, u_{13}\}$ 赋予的权重集为 $\{0.615, 0.268, 0.117\}$。同理可得,5 名评审人员对一、二级因素集赋予的权重集结果分别如表 4-61、表 4-62 所示。

表 4-61　一级因素集的权重集

参评人员	一级因素集	
	座椅、方向盘、脚踏板、操纵杆之间（A）	一致性指标 CR
1 号	$\{0.534, 0.271, 0.095, 0.100\}$	0.0650.1
2 号	$\{0.518, 0.244, 0.122, 0.116\}$	0.0020.1
3 号	$\{0.534, 0.218, 0.145, 0.102\}$	0.0300.1
4 号	$\{0.397, 0.400, 0.108, 0.095\}$	0.0090.1
5 号	$\{0.261, 0.451, 0.119, 0.169\}$	0.0270.1
平均值	$\{0.449, 0.317, 0.118, 0.116\}$	0.0090.1

注：若 $CR < 0.1$ 或 $CI = 0$，则满足一致性检验。

表 4-62　二级因素集的权重集

参评人员	座椅（A_1）	方向盘（A_2）	脚踏板（A_3）	操纵杆（A_4）
1 号	$\{0.615, 0.268, 0.117\}$ $CR=0.066<0.1$	$\{0.149, 0.691, 0.160\}$ $CR=0.005<0.1$	$\{0.833, 0.167\}$ $CI=0$	$\{0.455, 0.455, 0.090\}$ $CR=0<0.1$
2 号	$\{0.558, 0.320, 0.112\}$ $CR=0.018<0.1$	$\{0.268, 0.614, 0.117\}$ $CR=0.071<0.1$	$\{0.800, 0.200\}$ $CI=0$	$\{0.627, 0.280, 0.093\}$ $CR=0.083<0.1$
3 号	$\{0.582, 0.309, 0.109\}$ $CR=0.004<0.1$	$\{0.225, 0.674, 0.101\}$ $CR=0.083<0.1$	$\{0.500, 0.500\}$ $CI=0$	$\{0.674, 0.225, 0.101\}$ $CR=0.083<0.1$
4 号	$\{0.717, 0.195, 0.088\}$ $CR=0.090<0.1$	$\{0.196, 0.493, 0.311\}$ $CR=0.052<0.1$	$\{0.750, 0.250\}$ $CI=0$	$\{0.540, 0.297, 0.163\}$ $CR=0.009<0.1$
5 号	$\{0.428, 0.428, 0.142\}$ $CR=0<0.1$	$\{0.249, 0.594, 0.157\}$ $CR=0.052<0.1$	$\{0.750, 0.250\}$ $CI=0$	$\{0.600, 0.300, 0.100\}$ $CR=0<0.1$
平均值	$\{0.605, 0.281, 0.114\}$ $CR=0.035<0.1$	$\{0.235, 0.619, 0.146\}$ $CR=0.026<0.1$	$\{0.762, 0.238\}$ $CI=0$	$\{0.598, 0.298, 0.104\}$ $CR=0.030<0.1$

注：若 $CR < 0.1$ 或 $CI = 0$，则满足一致性检验。

（3）主观舒适性综合评分。

以农机 1 为例,由低级向高级对驾驶室操纵装置的主观舒适性进行评价,得到二级模糊综合评判中座椅舒适性的评价结果,即

$$\boldsymbol{B}_1 = \boldsymbol{A}_1 \circ \boldsymbol{R}_1 = (0.605, 0.281, 0.114) \circ \begin{bmatrix} 0.375 & 0.625 & 0.000 & 0.000 & 0.000 \\ 0.500 & 0.500 & 0.000 & 0.000 & 0.000 \\ 0.250 & 0.500 & 0.250 & 0.000 & 0.000 \end{bmatrix}$$

$$= [0.396, 0.576, 0.028, 0.000, 0.000]$$

同理可得,方向盘的舒适性模糊综合评判结果 $\boldsymbol{B}_2 = \boldsymbol{A}_2 \circ \boldsymbol{R}_2 = [0.077, 0.679, 0.244, 0.000, 0.000]$;脚踏板的舒适性模糊综合评判结果 $\boldsymbol{B}_3 = \boldsymbol{A}_3 \circ \boldsymbol{R}_3 = [0.250, 0.625, 0.125, 0.000, 0.000]$;操纵杆的舒适性模糊综合评判结果 $\boldsymbol{B}_4 = \boldsymbol{A}_4 \circ \boldsymbol{R}_4 = [0.328, 0.411, 0.261, 0.000, 0.000]$。将二级模糊综合评判的结果进行汇总,即

$$\boldsymbol{R} = \begin{bmatrix} \boldsymbol{A}_1 \circ \boldsymbol{R}_1 \\ \boldsymbol{A}_2 \circ \boldsymbol{R}_2 \\ \boldsymbol{A}_3 \circ \boldsymbol{R}_3 \\ \boldsymbol{A}_4 \circ \boldsymbol{R}_4 \end{bmatrix} = \begin{bmatrix} 0.396 & 0.576 & 0.028 & 0.000 & 0.000 \\ 0.077 & 0.679 & 0.244 & 0.000 & 0.000 \\ 0.250 & 0.625 & 0.125 & 0.000 & 0.000 \\ 0.328 & 0.411 & 0.261 & 0.000 & 0.000 \end{bmatrix}$$

在此基础上,即可得到一级模糊综合评判中驾驶室操纵装置的评价结果,即

$$\boldsymbol{B} = \boldsymbol{A} \circ \boldsymbol{R} = (0.270, 0.595, 0.135, 0.000, 0.000)$$

综上,可得农机 1 驾驶室操纵装置的主观舒适性综合评分,即

$$C = \boldsymbol{B} \times \begin{pmatrix} 1.0 \\ 0.8 \\ 0.6 \\ 0.4 \\ 0.2 \end{pmatrix} = 0.827$$

同理,5 台农机驾驶室操纵装置的主观舒适性综合评分及排名如表 4-63 所示。

表 4-63　操纵装置的主观舒适性综合评价结果

农机	农机 1	农机 2	农机 3	农机 4	农机 5
主观评分	0.827	0.679	0.595	0.551	0.768
舒适性排名	1	3	4	5	2

对主观实验的结果进行分析,可以发现:座椅和方向盘的权值明显大于脚踏板和操纵杆的权值,说明农机驾驶室操纵装置的舒适性主要取决于座椅和方向盘两大因素。这主要是因为在层次分析法的主观决策中,评审人员容易联想到操纵装置的使用频率与其重要性之间的正相关关系。而驾驶员在操纵农机的过程中,几乎全程坐在座椅上并手握方向盘,故赋权结果与实际情形相符合。此外,5 台农机的主观舒适性评分位于 0.55 ~ 0.85 范围内,其中舒适性最佳的农机 1 的评分高达 0.827 分。从样本估计总体的角度分析,对于目前大部分投入生产的农机,其驾驶室舒适性仍然有一定的提升空间。从人机工效学角度分析,若要达到农机 1 的"很舒适"等级,则需要将座椅、方向盘、脚踏板及操纵杆等操纵装置的位置参数,按照 50 百分位人体尺寸设计,以满足大部分驾驶员

的操纵空间需求;另外,操纵装置的位置参数设计既要注重各种功能的配合,又要兼顾人体形态与零部件形状的完美贴合,从而提高驾驶员的舒适度与人－机－环境的协调度。

2.基于改进理想解法的舒适性客观评价

改进理想解法是一种针对系统工程有限方案开展多目标决策分析的综合评价方法,被广泛应用于满意度调查、医疗质量评估,以及企业效益评价等多个领域。其基本思想是将评价指标矩阵进行一致化和归一化处理,得到最优值向量和最劣值向量,结合各指标权重计算各指标值与最优方案及最劣方案的距离,进而计算各评价指标与最优方案的贴近程度,从而得到综合评分。改进理想解法对样本数据无特殊要求,可以消除各指标量纲之间的影响,具有简便、经济、可靠的优点。因此,本研究采用改进理想解法,在 5 台农机的驾驶室操纵装置上开展客观舒适性评价实验。

1)客观评价的过程与方法

(1)隶属度的计算。

通过前文的单因素试验,各因素的最佳舒适性水平范围已被确定,并且将作为本节客观实验的舒适性评价指标。首先,本实验对 5 台实例农机的座椅、方向盘、脚踏板及操纵杆的位置参数进行测量。以脚踏板的踏板平面倾角因素为例,设踏板平面与竖直线的夹角为 γ'。如图 4-95 所示,由于 γ' 数值较大,易于测量且误差小,故本实验对 γ' 进行实际测量,并将其化为踏板平面倾角 γ,即

$$\gamma = 90° - \gamma' \tag{4-71}$$

图 4-95　客观实验测量示例

将第 i 个水平中第 j 个评价指标值重复测量 3 次,并将其算术平均值记为 x_{ij},据此可以计算各因素下第 i 个水平中第 j 个评价指标的隶属度 y_{ij},即

$$y_{ij} = \begin{cases} 0, & x_{ij} \leqslant x_j^L \text{ 或 } x_{ij} \geqslant x_j^U \\ 1 - \dfrac{x_j^O - x_{ij}}{x_j^O - x_j^L}, & x_j^L < x_{ij} < x_j^O \\ 1, & x_{ij} = x_j^O \\ 1 - \dfrac{x_{ij} - x_j^O}{x_j^U - x_j^O}, & x_j^O < x_{ij} < x_j^U \end{cases} \tag{4-72}$$

式（4-72）中，x^L_j为第j个评价指标的左极限值，x^U_j为第j个评价指标的右极限值，x^O_j为前文单因素试验中舒适性最优的水平值。为了提高客观评价结果的合理性与准确性，x^L_j与x^U_j的合理选择显得尤为重要，特别要避免因$[x^L_j，x^U_j]$的区间长度过小而导致多数客观评分为0的情况。因此，本节参照正态分布的3σ原则，将单因素试验中的最佳舒适性区间$[x^a_j，x^b_j]$的右极限值x^b_j与x^O_j作差，结果记为σ，由此可得

$$[x^L_j，x^U_j] =[x^O_j \pm 3（x^b_j - x^O_j）] \tag{4-73}$$

例如，操纵杆相对 H 点前后距离的最优位置是 290 mm，最优舒适性范围是 240～340 mm，故x^O_j= 290，$[x^L_j，x^U_j]$ = [140,440]。同理可得，客观舒适性评价实验的所有评价指标如表 4-64 所示。

表 4-64　客观舒适性评价指标

评价对象	指标集	$[x^a_j，x^b_j]$	x^O_j	$[x^L_j，x^U_j]$
座椅	前后距离 ΔX/mm	[660，740]	700	[580，820]
	上下高度 ΔY/mm	[410，470]	440	[350，530]
	靠背倾角 α /（°）	[100，120]	110	[80，140]
方向盘	盘面倾角 β /（°）	[20，40]	30	[0，60]
	前后距离 l/mm	[380，450]	415	[310，520]
	上下高度 h/mm	[260，320]	290	[200，380]
脚踏板	踏板平面倾角 γ /（°）	[25，45]	35	[5，65]
	左右距离 ΔV/mm	[170，250]	210	[90，330]
操纵杆	前后距离 H_x/mm	[240，340]	290	[140，440]
	左右距离 H_y/mm	[330，390]	360	[270，450]
	上下高度 H_z/mm	[-10，30]	10	[-50，70]

（2）权重的计算。

在信息论中，系统的变异程度可以用熵值来度量。熵值越大，则表明系统所包含的信息量越少，致使某些属性的区分度越低；反之，熵值越小，则表明系统属性的区分度越高，即对系统的整体性质发挥了更大的影响作用。熵权法是一种基于数据熵值大小，对评价指标进行客观赋权的方法。本实验采用熵权法对指标集进行赋权。

（3）评价方法。

在系统工程的决策分析中，改进理想解法是一种常用的客观评价方法，具有简洁灵活、经济高效的优势，适于性能评价、系统决策及事业管理等众多场合。本实验将采用改进理想解法，对 5 台实例农机进行客观舒适性评价。

2）客观评价的结果与分析

以农机 1 为例，客观舒适性评价指标集的隶属度计算结果如表 4-65 所示。

表 4-65　客观评价指标的隶属度及权重（农机 1）

评价对象	指标集	x_{ij}	y_{ij}	权重集
座椅	前后距离 ΔX/mm	672.00	0.77	0.22
	上下高度 ΔY/mm	422.33	0.80	0.46
	靠背倾角 α /（°）	108.20	0.94	0.32
方向盘	盘面倾角 β /（°）	21.26	0.71	0.28
	前后距离 l /mm	484.00	0.34	0.32
	上下高度 h /mm	244.67	0.49	0.40
脚踏板	踏板平面倾角 γ/（°）	37.19	0.93	0.58
	左右距离 ΔV/mm	267.67	0.52	0.42
操纵杆	前后距离 H_x /mm	267.00	0.85	0.31
	左右距离 H_y /mm	387.67	0.69	0.26
	上下高度 H_z /mm	12.33	0.96	0.43

　　根据改进理想解法,农机 1 中座椅的客观舒适性评分为 0.75;方向盘的客观舒适性评分为 0.65;脚踏板的客观舒适性评分为 0.60;操纵杆的客观舒适性评分为 0.64。

　　同理,可得 5 台农机座椅、方向盘、脚踏板及操纵杆的客观舒适性评价结果,如表 4-66 所示。

表 4-66　操纵装置的客观舒适性评分结果

农机	农机 1	农机 2	农机 3	农机 4	农机 5
座椅	0.75	0.92	0.30	0.64	0.59
方向盘	0.65	0.56	0.35	0.43	0.52
脚踏板	0.60	0.53	0.48	0.47	0.55
操纵杆	0.64	0.22	0.54	0.58	0.66

　　基于改进理想解法与熵权法的算法,将表 4-66 的客观舒适性评分矩阵代入 MATLAB 软件进行数据处理,得到 5 台农机驾驶室操纵装置的客观舒适性综合评分及其排名,如表 4-67 所示。

表 4-67　操纵装置的客观舒适性综合评价结果

农机	农机 1	农机 2	农机 3	农机 4	农机 5
客观评分	0.825	0.570	0.314	0.531	0.625
舒适性排名	1	3	5	4	2

　　分析表 4-66、表 4-67 可以发现:农机 1 的座椅、方向盘、脚踏板及操纵杆的舒适性评分均在 0.60 以上,处于"较舒适"等级,且客观舒适性综合排名第一;就农机 2 而言,虽然座椅舒适性评分高达 0.92,处于"很舒适"等级,但操纵杆评分仅为 0.22,处于"较不舒适"等级,导致其客观舒适性综合排名第三。由此可以说明:若要提高驾驶室操纵装置的客观舒适性综合评分,则需要兼顾大部分操纵装置的舒适性,任一操纵装置的舒适性较差,都可能导致整体舒适性不高;此外,农机驾驶室的操

纵过程涉及多个零部件的运转,只有当各操纵装置的位置参数均在舒适性范围内时,才能有效减轻驾驶员的工作负荷,从而在坐姿、操纵舒适性较高的基本条件下提高工作效率。

3.主客观对比评价

1) 主客观对比评价的过程与方法

与客观实验相比,主观实验能更大程度地反映心理舒适性。然而,客观实验的结果具有更强的稳定性,不会因为评审人员的主观臆断而改变。因此,主观实验与客观实验各有优势,且二者的舒适性评价结果具有一定的差异性。若主观评价结论与客观评价结论的一致性较好,则认为实验结论具有较高的可信度;反之,则需要追溯实验评价模型、数据采集及处理方法,分析实验误差原因,直到主客观实验的结论具有较高一致性时,才可对实验结果进行分析,并提出舒适性改进建议。本研究中主客观对比评价的流程图如图 4-96 所示。

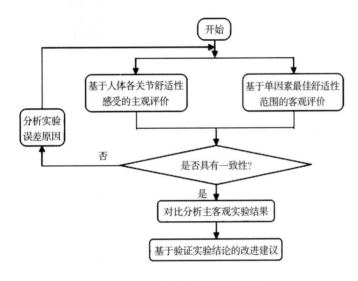

图 4-96　主客观对比评价流程图

2) 主客观舒适性评价结果的对比分析

如表 4-68 所示,主客观实验评价的最终结果汇总如下。

表 4-68　主客观实验的结果汇总

农机	主观实验		客观实验	
	舒适性评分	舒适性排名	舒适性评分	舒适性排名
农机 1	0.827	1	0.825	1
农机 2	0.679	3	0.570	3
农机 3	0.595	4	0.314	5
农机 4	0.551	5	0.531	4
农机 5	0.768	2	0.625	2

将主客观实验的结果进行对比分析,可以发现:5 台农机的舒适性综合评分及排名具有较好的一致性,说明本研究中主客观实验评价模型的可靠性较强,可为农机驾驶室操纵装置的舒适性分析与评价提供一定的理论依据和数据支持。其次,客观舒适性是基础,主观舒适性是最终目的,若要

提高农机驾驶室的舒适性,可以模仿汽车,在座椅和方向盘等操纵装置上增添多自由度可调节功能,以满足更多体型人群的驾驶舒适性。此外,若要快速锁定操纵装置的最佳舒适性位置,驾驶员可以充分借助实时的主观舒适性,辅助自身调节座椅等操纵装置的位置参数,以满足驾驶农机时的坐姿与操纵舒适性要求。因此,主客观实验也为农机驾驶室的设计提供了一种新的思路,即先基于人体测量学的理论开展客观舒适性试验,初步确定操纵装置的参数范围,然后通过主观实验验证参数的合理性,进而确保设计出的产品既符合客观理论,又满足大部分使用者的主观舒适性要求,从而在一定程度上提高农机产品设计制造的普适性与效益性。

4.4　本章小结

　　本章首先根据人机工效学原理与作业空间设计原则,对试验平台的作业空间以及内部主要装置的布局进行研究与设计。然后依据国际标准、人体测量学知识对中国成年人人体尺寸数据进行修正,并以修正后的人体尺寸数据为基础,对试验平台内的驾驶座椅、方向盘、操纵杆和脚踏板等进行结构设计。再综合农机驾驶室的结构设计、人机工程、CAD技术等方面的理论与方法,搭建一种由座椅、方向盘、操纵装置等组成的,具有多工位可调节的农机装备驾驶室操纵舒适性试验平台。最后以课题组研制的操纵舒适性试验平台为基础,以座椅、方向盘、脚踏板以及操纵杆四个操纵装置为试验对象,以操纵装置舒适性综合评分为评价指标,开展单因素与响应面试验,分析揭示操纵装置关键位置参数及其交互作用对操纵舒适性的影响机制,并据此对各操纵装置的关键位置参数进行优化。本章主要研究工作及结论如下:

　　(1)针对国家标准GB/T 10000—1988与当前中国成年人人体尺寸存在一定差异的问题,本研究参照国际标准ISO 3411的第二版以及第四版中人体各部位的尺寸,计算2个版本中相同部位尺寸间的增长率,将其近似作为1988年至2019年人体各部位尺寸的增长率,对GB/T 10000—1988中数据进行了适当的修正,得到了更加贴近当前中国成年人人体的尺寸数据,为操作人员体型特征的选择及3D人体模型的建立提供了基础尺寸数据。

　　(2)座椅、方向盘、脚踏板及操纵杆四个操纵装置均包含各自的位置参数,本研究从坐姿舒适性与操纵舒适性两个角度提取评价指标,并运用变异系数法对各因素和指标赋予权重。同时,考虑到评价方法的多样性,本研究在分析多种评价方法的优缺点及适应场合后,选取了主成分分析法对多维度的评价指标进行降维。通过构建农机驾驶室的舒适性评价模型,在多自由度农机驾驶室试验平台上进行舒适性分析与评价,并在[0,1]区间上对舒适性综合评分进行数字化描述。

　　(3)通过评价模型对可调节试验平台开展单因素试验探究后,基于响应面二阶回归模型,分别对座椅、方向盘、脚踏板及操纵杆的位置参数进行BBD(Box-Behnken design)或CCD(central composite design)设计,继而开展响应面分析与试验优化,完成了农机驾驶室操纵装置舒适性影响规律的可视化研究。其中,座椅舒适性的最佳位置参数组合如下:H 点(胯点)相对踏点的前后距离为 701.26 mm、上下高度为 431.18 mm,靠背倾角为 111.67°。方向盘舒适性的最佳位置参数组合如下:盘面倾角为 32.29°,W 点(盘心点)相对 H 点的前后距离为 400.85 mm、上下高度为 293.18 mm。脚踏板舒适性的最佳位置参数组合如下:踏板平面倾角为 33.27°,踏点相对 H 点的左右距离为 211.55 mm。操纵杆舒适性的最佳位置参数组合如下:手柄球心相对 H 点的前后距离为 297.65 mm、左右距离为 350.78 mm、上下高度为 11.13 mm。验证试验中座椅、方向盘、脚踏板及操纵杆舒适性的平均相对误差分别为 5.19%、4.18%、3.64% 及 3.71%,说明位置参数优化结果的可靠性较强。

(4) 在座椅、方向盘、脚踏板及操纵杆各自位置参数水平的正交组合中,基于改进的 50 百分位人体尺寸建立 3D 人体模型,并将其导入 CATIA 软件的人机工程模块进行人体坐姿仿真分析和快速上肢分析(RULA)。结果表明:试验与仿真的舒适性评分结果具有较好的一致性,说明农机操纵装置位置参数的优化结果具有较强的可靠性,可为农机驾驶室人机系统的舒适性理论研究提供一定的参考。

(5) 为验证主观舒适性评价与试验优化结果的一致性,本研究以 5 台具有一定代表性的农用拖拉机为研究对象,采用多级模糊综合评判与层次分析法相结合的方法完成了主观评价;同时,将前文试验结果应用于客观评价实验中,结合改进理想解法与熵权法,对 5 台农机的驾驶室进行了客观舒适性评价。结果表明:主观与客观的舒适性排序结果分别为 1-3-4-5-2 与 1-3-5-4-2,说明主客观对比实验结果的一致性较高,所建立的评价模型是可靠的,因而在一定程度上增强了验证实验结果的可靠性。不仅如此,主客观实验结果还为农机驾驶室的优化设计提供了一种新思路,即首先基于客观舒适性试验确定操纵装置的参数范围,之后,通过主客观对比实验验证参数的合理性,以确保设计的产品既符合客观舒适性理论,又能满足使用者的主观舒适性需求,从而提高农机产品设计制造的经济性和效益性。

第5章
农机装备工效学设计与静态舒适性评价

第5章 彩图

5.1 引 言

　　拖拉机驾驶室作为驾驶员操纵拖拉机的作业场所,其设计的合理性对驾驶员作业过程中的安全性、舒适性、疲劳程度以及作业效率具有重要影响。国外在拖拉机人机工程领域研究起步较早,且研究水平高、研究领域广。国外拖拉机驾驶室设计不仅重视驾驶室布局、驾驶室操纵装置设计的科学性,还非常注重驾驶室内微气候环境的调节,相关研究人员逐步深入研究拖拉机驾驶室内的噪音、温度、湿度、气流循环等环境因素以进一步改善驾驶员舒适性;国内的专家、学者对拖拉机驾驶室人机工效学领域研究虽然起步较晚,但也具有一定的应用基础,并且近年来国内研究者对于拖拉机驾驶室的人机工效学研究也逐渐深入。随着我国农业机械化水平的逐步提高,需进一步深入对拖拉机驾驶室人机工效学领域展开研究,增强拖拉机驾驶室的舒适性,切实保障拖拉机驾驶人员权益。基于此,本章主要以人机工效学与驾驶室设计相关理论为基础,根据农业机械设计原则,对拖拉机驾驶室的内部空间布局、主要操纵装置以及外部结构进行安全性与静态舒适性设计,建立驾驶室三维模型,并以此为基础,对驾驶室静载强度与静态舒适性进行仿真分析与评价,同时,搭建驾驶室试验平台进行静态舒适性验证试验,以进一步校核驾驶室设计的合理性。相关研究成果可为农机装备驾驶室的人机工程与安全性设计提供方法指导与数据支持。图5-1所示为本章总体研究思路。

　　本章主要研究工作如下:

　　1)农机装备驾驶室人机工效学与安全性设计

　　主要以拖拉机驾驶室为研究对象,以人机工效学、汽车驾驶室以及农业机械设计相关标准为理论依据,对拖拉机驾驶室内部布局、主要操纵装置以及外部结构进行设计,以满足驾驶员安全性与舒适性的需求。

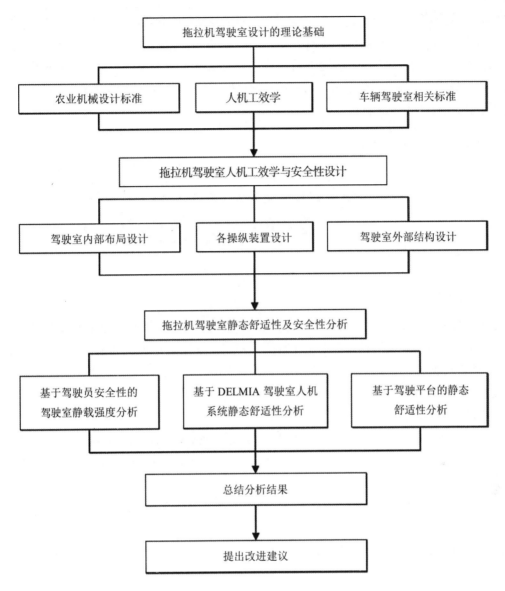

图 5–1 本章总体研究思路

2)基于驾驶员安全性的驾驶室静载强度分析

以设计的拖拉机驾驶室为研究对象,根据 OECD(经济合作与发展组织)与我国关于驾驶室防护强度的相关标准,从校核驾驶员的安全性出发,采用 ANSYS 软件对驾驶室防护装置进行后推、后压、侧推、前压、前推五种工况条件下的静载强度仿真分析,以检验拖拉机驾驶室在各种工况下的变形量和稳定性,并根据仿真结果对驾驶室进行结构优化。

3)基于 DELMIA 的驾驶室人机系统静态舒适性分析

基于修正的 5、50、95 百分位人体尺寸,在 DELMIA 人体工学仿真分析模块中建立各百分位的人体模型,与驾驶室组合分别构建人机系统,并以此为基础对驾驶员的视野、上肢伸展域、驾驶坐姿舒适度以及换挡舒适性等静态舒适性进行仿真分析。根据仿真结果分析小身材、中等身材及大体型驾驶员操纵驾驶室时的静态舒适性,检验校核本设计驾驶室的合理性。

4)驾驶室静态舒适性验证试验研究

根据本设计驾驶室内部布局搭建驾驶室人机系统试验平台,选取不同体型的驾驶员进行基于驾驶坐姿的静态舒适性试验研究,以验证拖拉机驾驶室各装置和整体布局设计的合理性与驾驶员驾驶坐姿静态舒适性仿真的准确性。

5.2 农机装备驾驶室人机工效学与安全性设计

作为驾驶员的作业场所,农机装备驾驶室的设计对驾驶员安全、舒适地操纵农机装备具有重要影响。本节主要以拖拉机驾驶室为研究对象,以人机工效学理论为指导,借鉴汽车驾驶室设计的相关经验,结合农业机械设计的相关标准,从保证作业人员静态舒适性与安全性两方面着手,对拖拉机驾驶室内部布局、操纵装置以及外部结构等进行详细的设计。

主要设计思路如下:

(1)修正我国 18~60 岁人体尺寸数据,并以此作为驾驶室舒适性与安全性设计与分析的基础;

(2)分析运用人机工效学驾驶室布置工具,完成驾驶室内踏板点、H 点、方向盘中心点等关键点的布局设计;

(3)以修正后的人体尺寸数据为基础,对方向盘、驾驶座椅、踏板等操纵装置进行人机工效学设计;

(4)参照相关标准,以结构力学为指导,对驾驶室外部结构,尤其是驾驶室防护装置进行设计,保证驾驶室安全性;

(5)综合上述驾驶室设计思路,完成拖拉机驾驶室的三维建模,为后续驾驶室的安全性与舒适性分析奠定基础。

一、拖拉机驾驶室设计的流程

本研究拖拉机驾驶室人机工效学与安全性设计的主要流程如图 5-2 所示。

二、拖拉机驾驶员人体尺寸的修正

人体各部位的尺寸数据是人机工效学建立人体模型与产品设计的基础。根据人体尺寸数据对拖拉机驾驶室进行针对性设计,可更好地保证作业人员的操纵舒适性与安全性,提高拖拉机作业效率。

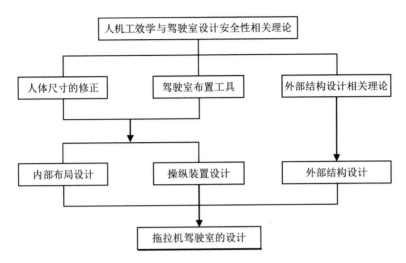

图 5-2　驾驶室设计流程图

　　GB/T 10000—1988《中国成年人人体尺寸》统计了我国成年人人体尺寸的基础数据,可为人体建模与驾驶室设计提供数据支持。但是由于该标准颁布于 1988 年,相关测量统计工作开展较早,标准中数据已与现在我国成年人人体尺寸存在一定的偏差。为了更好地保证设计的合理性,需适当地修正该标准的数据。

　　考虑到拖拉机驾驶员群体中女性比例较低,本研究参照 1982 年与 2007 年颁布的两版国际标准 ISO 3411《土方机械.操作者的人体尺寸和操作者最小活动空间》中男性驾驶员人体各部位尺寸的变化率,对 GB/T 10000—1988 中的 18～60 岁的男性人体尺寸做出修正,并将修正后的人体尺寸数据作为本研究驾驶室舒适性、安全性设计与分析的基础。其中,5 百分位(小身材)人体各部位尺寸的变化率较小予以忽略,故本研究人体尺寸数据的修正针对的是 50 百分位(中等身材)和 95百分位(大体型)人体,修正后的人体尺寸数据如表 5-1 所示。

表 5-1　人体尺寸增长率与修正后的人体尺寸

尺寸名称	50 百分位增长率	95 百分位增长率	5 百分位人体尺寸 /mm	50 百分位修正后人体尺寸 /mm	95 百分位修正后人体尺寸 /mm
上臂长	0.639%	0.888%	289	315	341
双肩宽	1.867%	1.489%	344	382	409
最大肩宽	2.320%	2.772%	398	441	482
臀膝间距	1.805%	3.025%	515	564	613
坐深	0.875%	1.012%	421	461	499
立姿胯高	1.266%	6.425%	728	800	911
坐姿眼高	2.005%	0.021%	749	814	865
手宽	1.220%	1.124%	76	83	90

续表

尺寸名称	50百分位增长率	95百分位增长率	5百分位人体尺寸/mm	50百分位修正后人体尺寸/mm	95百分位修正后人体尺寸/mm
手长	1.093%	1.020%	170	185	198
坐姿臀宽	3.427%	11.268%	295	332	395
坐姿肩高	−1.003%	0.156%	557	592	642
胫骨点高	−0.676%	1.040%	409	441	486
坐姿膝高	−0.406%	1.128%	456	491	538
坐高	0.989%	1.116%	383	417	453
前臂长	0.844%	1.163%	216	239	261
坐立高度	1.542%	1.670%	858	922	974
身高	0.894%	1.352%	1583	1693	1799

三、拖拉机驾驶室人机工效学布置工具

拖拉机驾驶室的设计,尤其是驾驶室内部装置的设计与布局应以人为核心,满足驾驶室内作业人员的生理以及心理需求。国内外驾驶室设计的相关标准根据人体测量学统计了不同身体尺寸的驾驶员的一系列位置特征点,由该类特征点绘制而成的图形是进行驾驶室布局设计,保证驾乘人员舒适性的重要依据。本文用到的主要布置依据为 H 点与膝部包络线。

1.H点

H 点指驾驶员躯干和大腿处的铰接点,是人机工效学中车辆驾驶室尺寸设计与室内各装置布局的基准点。根据不同百分位的驾驶员 H 点的位置可确定座椅参考点、膝部包络线等,进而完成驾驶室的布局设计。根据驾驶室设计过程中 H 点的不同用途,可将其分为以下几类:

设计 H 点,是指在驾驶室空间布局时,通过测量统计不同身材驾驶员数据得出的设计基准点。其中,最前设计 H 点为 5 百分位驾驶员处于坐姿时的 H 点,最后设计 H 点为 95 百分位驾驶员处于坐姿时的 H 点。最前设计 H 点与最后设计 H 点可用于确定座椅的水平行程与垂直行程。

实际 H 点,是指将驾驶员人体模型按照合理坐姿放置在座椅上,模型左右胯点连线的中点,用来模拟真实驾驶员坐姿时 H 点的位置。

座椅参考点(seat index point),又称 SIP 点、SgRP 点、R 点,是座椅设计的基准点,与最后设计 H 点重合。

2.驾驶员膝部包络线

膝部包络线的概念由美国汽车工程师学会 SAE 提出,描述的是不同身材的驾驶员以自然坐姿落座驾驶室内,其膝部表面分布的极限边界,具体是指驾驶员腿部在进行踏板踩踏过程中,通过描绘膝部特征点的运动位置得到的曲线。膝部包络线的形状为椭圆弧形,进行驾驶室设计时,通常将其拟合为圆弧形。本文以驾驶员膝部包络线进行膝部空间的设计与校核。

要确定膝部包络线,需先明确膝部特征点的位置。人机工效学中,对于膝部特征点定义如下:连线人体踝关节与膝关节,以膝关节为垂点做该连线的垂线,定义该垂线上距膝关节 50.8 mm 的点为膝部关节点,又称膝部特征点,图 5-3 为膝部特征点位置示意图。

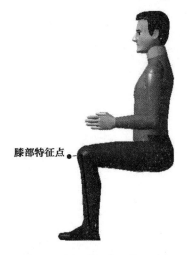

图 5-3　膝部特征点位置示意图

四、驾驶室内部布局设计

1.驾驶室基本作业空间的设计

拖拉机驾驶室作业空间的设计不仅需要考虑作业人员与拖拉机的关系,还需要考虑拖拉机总成部件间的配合关系。本研究依据东方红 LX854 型号拖拉机整机基本参数(表 5-2),同时结合 GB/T 6238—2004《农业拖拉机驾驶室门道、紧急出口与驾驶员的工作位置尺寸》中对驾驶室内部工作位置空间尺寸的规定,对待设计驾驶室基本作业空间进行确定,如图 5-4 所示。当拖拉机静置于水平地面时,驾驶室基本作业空间为三视图中包容的区域,该基本作业空间可作为作业人员的最小工作空间,且已满足整机外形、轮距等基本空间尺寸要求。

表 5-2　拖拉机基本参数

参数		符号	规格
外形尺寸 /mm		$l_0 \times b_0 \times h_0$	4350 × 2170 × 2740
前轮轮距 /mm		hw'	1630 ~ 1960
后轮轮距 /mm		hw	1500 ~ 2100
最小离地间隙 /mm		d_g	430
发动机	标定功率 /kW	P	62.5
	额定转速 /(r/min)	ω	2300
轮胎规格	前轮 /in	$B'-D'$	12.4-28(水田轮)
	后轮 /in	$B-D$	13.6-38(水田轮)
前轮滚动半径 /mm		R_r'	545
后轮滚动半径 /mm		R_r	690

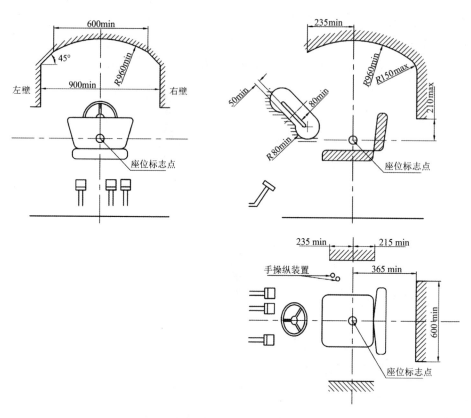

图 5-4　驾驶室基本作业空间（单位：mm）

H 点是与驾驶室内各操纵装置操纵便捷性、驾驶员舒适性相关的尺寸基准点，其布局设计对拖拉机驾驶室的安全性与舒适性设计、各操纵装置设计与定位具有重要意义。车辆驾驶室内部布局通常以 H 点作为定位基准点，因此，拖拉机驾驶室内部的布局设计首先要确定 H 点位置。

1）踵点位置的确定

H 点布局的设计以踵点位置为基准点，因此，在 H 点的布局设计之前应确定踵点的位置。

图 5-5 所示为踵点定位示意图，其中，AP 表示踏板面与水平面的交点；AHP 表示驾驶员踵点；BOF 表示驾驶员踏点；α 为踏板平面与水平面之间的夹角，本文预设该夹角为 40°；θ_2 为驾驶员鞋底面与水平面之间的夹角。

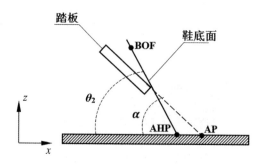

图 5-5　踵点定位示意图

根据 SAE 经验公式,拖拉机所属的 B 类车 θ_2 的计算式如下:

$$\theta_2 = 78.96 - 0.015z - 0.0173z^2 \tag{5-1}$$

式中,z 表示H点到踵点的垂直距离,可结合前文修正后的50百分位人体坐姿尺寸进行选取,本文取47 cm。

由式(5-1),算得 $\theta_2 \leqslant \alpha$,即踏板平面与水平面之间的夹角较大时,AHP 点在 AP 点的右侧,则踏平面角 $\theta = \theta_2$,踏点 BOF 与踵点 AHP 坐标为:

$$\begin{cases} x_{BOF} = x_{AP} - 203\sin\theta \\ z_{BOF} = z_{AP} + 203\sin\theta \end{cases} \tag{5-2}$$

$$\begin{cases} x_{AHP} = x_{AP} - 203\sin\theta\cos\alpha + 203\cos\theta \\ z_{AHP} = z_{AP} \end{cases} \tag{5-3}$$

由式(5-2)、式(5-3)可确定踏点 BOF 与踵点 AHP 之间的水平距离为 186 mm,垂直距离为 130 mm。

2)H 点范围的确定

在踏点、踵点相对位置确定后,可进行 H 点范围的求解。本文求解 H 点的范围主要是确定 H 点与踵点之间的水平距离,进而确定座椅标定点(SIP 点)与座椅水平位置的调节量。

SAE 对商用车和拖拉机等 B 类车各百分位驾驶员 H 点的位置范围进行了统计分析,当驾驶员群体男女比例等于或超过 90:10 时,H 点与踵点之间的水平距离与 H 点的预设高度近似呈线性关系,如下式:

$$\begin{cases} x_5 = 762.17 - 0.485z_5 \\ x_{50} = 855.31 - 0.509z_{50} \\ x_{95} = 922.49 - 0.494z_{95} \end{cases} \tag{5-4}$$

式中,x_5、x_{50}、x_{95} 分别为5、50、95百分位驾驶员群体H点到踵点的水平距离;z 为各体型驾驶员H点到踵点的垂直高度,该数据根据各百分位的人体坐姿高度选取,z_5、z_{50}、z_{95} 分别取445 mm、470 mm、495 mm。

由式(5-4)可确定 5、50、95 百分位驾驶员群体 H 点到踵点的水平距离分别为 546 mm、616 mm、678 mm,根据 95 百分位驾驶员 H 点的位置确定座椅的 SIP 点距踵点的水平距离为 678 mm,垂直距离为 495 mm,且位于驾驶室纵向中心面上。同时,确定座椅的水平调节量为 132 mm。

2.方向盘中心点位置的确定

1)方向盘中心点位置范围的确定

方向盘中心点位置、BOF 点的位置以及 SIP 点的位置是拖拉机驾驶室设计的基本位置点,合理选择三点的空间位置是驾驶室布局设计的关键。

考虑到方向盘与座椅间的位置关系对驾驶员舒适性影响较大,本研究以 SIP 点为参考点确定方向盘的空间位置。方向盘的高度应保证驾驶员坐姿时的操纵便捷性与舒适性,且不能对人体上肢与下肢的作业空间形成干涉;此外,方向盘与座椅之间的水平距离会影响作业人员的操纵力矩的施加。方向盘中心点与 SIP 点的推荐距离范围如图 5-6 所示,方向盘至 SIP 点的水平距离范围为 425 ~ 525 mm,垂直距离范围为 265 ~ 385 mm,本研究取两个范围的中间值,即确定水平距离、垂直距离分别为 475 mm、325 mm。

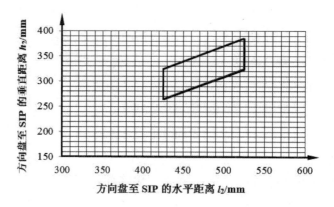

图 5-6　方向盘中心点与 SIP 点的推荐距离范围

2)方向盘盘面倾角的设计

方向盘盘面倾角是指方向盘盘面与水平面的夹角,需根据作业人员操纵方向盘时施加的力进行选择,通常盘面倾角越小,方向盘转动的有效扭矩越大,驾驶员所需施加的力就越小。当盘面倾角为 0° 时,方向盘最易转动,作业人员最省力,但此时操纵方向盘易导致胳膊疲劳且手腕姿势僵硬,对手臂伤害较大;而当盘面倾角为 90° 时,需要作业人员施加的操纵力较大,易导致人体手臂疲劳。方向盘操纵力的通常取值为 50 ~ 210 N,本研究设计可调盘面倾角为 20° ~ 50°,以满足不同百分位作业人员的舒适性需求。

3.膝部包络线位置的确定

以 SIP 点为基准点,膝部特征点的主要位置可通过下式求得:

$$\begin{cases} x = (-1093.64 + 0.9932z_{H}) - 2[(-1093.64 + 0.9932z_{H}) - (-774.85 + 0.509z_{H})] \\ z = 324.916 - 0.5832z_{H} \end{cases} \quad (5-5)$$

式(5-5)中,z_{H} 表示H点到踵点的垂直距离(mm),取 z_{H}=470 mm;x、z 为H点相对于SIP点水平方向与垂直方向的距离(mm)。经计算,$x = 444$ mm,$z = 51$ mm。

在计算膝部特征点具体位置后,可确定膝部包络线位置。本研究根据 SAE 对于膝部包络数据的统计与规律归纳,假设膝部包络曲线为圆弧形,选取左腿包络线半径为 103.24 mm,右腿包络线半径为 113.24 mm,且右腿包络线高度略高,分别用以确定左腿与右腿的操作空间尺寸。图 5-7 浅色曲线和深色曲线分别为左腿与右腿膝部包络线的位置示意图。

4.操纵杆与踏板的布局设计

操纵杆与踏板的布局设计要考虑作业人体上肢、下肢尺寸与其作业范围,要满足驾驶员操纵时的舒适性与方便性,本研究根据前文修正的人体尺寸来构建人体模型,进而模拟作业人员的操纵姿势,对操纵杆与踏板的位置进行布局设计。

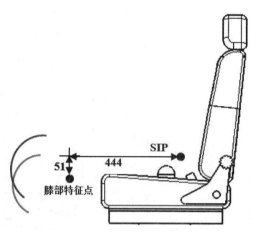

图 5-7　膝部包络线位置示意图（单位：mm）

如图 5-8 所示，以 SIP 点为基准点，50 百分位（中等身材）人体模型在手臂自然下垂抓握且腿部自然张开时手部的侧向距离在 300 mm 左右，脚部的侧向距离约 200 mm，而手臂弯曲伸长手部与 SIP 点的纵向距离约 400 mm。基于此，确立踏板与操纵杆的布局如图 5-9 所示。

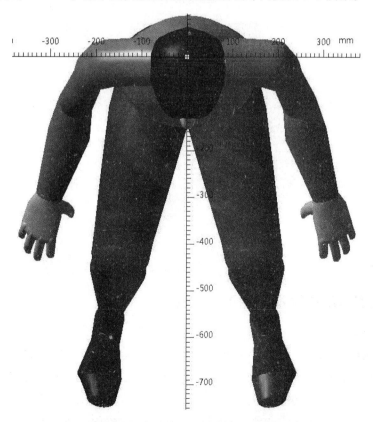

图 5-8　50 百分位人体模型手臂与腿部张开距离

5.驾驶室整体布局的确定

前文对于驾驶室内部的踏点、H 点、方向盘的中心点以及踏板等主要装置的位置进行了布局设

计,主要布局结果如图 5-9 所示。采用 CATIA 软件中驾驶员姿势预测模块对该布局进行驾驶姿势
预测,结果如图 5-10 所示。结合预测结果与膝盖部分包络线进行分析,可知内部布局未对膝部造
成干涉,整体布局合理。

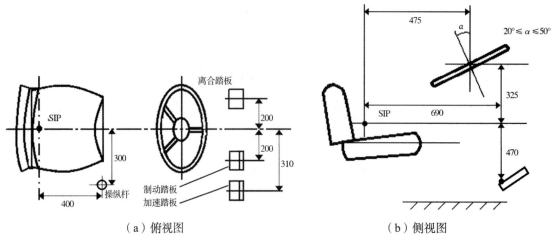

(a)俯视图　　　　　　　　　　　　　　(b)侧视图

图 5-9　驾驶室内部布局(单位:mm)

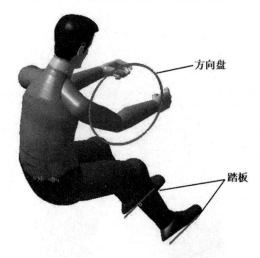

图 5-10　驾驶姿势预测

五、驾驶室内部主要操纵装置的设计

1.方向盘的设计

方向盘是拖拉机驾驶室中使用频率最高的操纵装置,其设计的合理性对作业人员的静态舒适
性与作业效率有直接且重要的影响。方向盘的设计应符合作业人员的操作习惯,考虑作业人员的
生理特点以及方向盘自身的功能性特点。

方向盘的形式主要可分为三辐式与两辐式,本研究根据拖拉机方向盘扭矩较大,所需的稳定性
较强等技术特点选择三辐式方向盘。在实际的作业过程中,拖拉机作业人员通常需同时操纵方向
盘和其他功能装置,因此,增强方向盘的抓握手感,增大方向盘与手部的摩擦力和稳定性是必要的,

为此本研究在方向盘轮缘背面设计了易抓握的圆弧形凹槽。

方向盘的尺寸设计主要包括方向盘的盘面直径(手轮直径)和轮缘直径。方向盘盘面直径的大小对作业人员的操纵舒适性影响较大,盘面直径过小不仅会影响操纵台仪表板的观察,而且会导致操纵不稳;盘面直径过大往往导致作业人员肩部和肘部疲劳,影响其舒适性,并且会占据驾驶室大量空间,影响驾驶室的整体布局。我国的相关标准 GB/T 14775—1993《操纵器一般人类工效学要求》对方向盘等操纵器的尺寸做出了规定,如图 5-11 和表 5-3 所示。

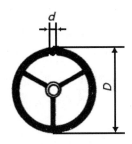

图 5-11　三辐式方向盘示意图

表 5-3　手控操纵器尺寸规定

操纵方式	手轮直径 D		轮缘直径 d	
	尺寸范围 /mm	最佳范围 /mm	尺寸范围 /mm	最佳范围 /mm
双手扶轮缘	145 ~ 630	320 ~ 400	15 ~ 40	25 ~ 30
单手扶轮缘	55 ~ 125	70 ~ 80	10 ~ 25	15 ~ 20
手握手柄	125 ~ 395	200 ~ 320	/	/
手指捏握手柄	55 ~ 125	75 ~ 100	/	/

参照上述标准对双手扶轮缘的尺寸范围的规定,结合修正后的 50 百分位的中国成年男子人体尺寸,确定方向盘的尺寸参数如下:方向盘盘面直径 D=390 mm;轮缘直径 d=34 mm。根据所设计的参数,建立方向盘的三维模型如图 5-12 所示。

（a）正面　　　　　　　　　　　（b）背面

图 5-12　方向盘三维造型

2.驾驶座椅的设计

拖拉机作业强度大且作业环境比较恶劣,而驾驶座椅是拖拉机对作业人员的直接支撑装置,对驾驶员的驾驶舒适性有直接的影响。因此,驾驶座椅的结构设计要与驾驶员的人体尺寸和驾驶操纵要求相适应。本研究主要根据修正后的人体尺寸数据设计拖拉机驾驶座椅。

1)座椅座面高度

座椅的座面高度要与驾驶员群体的高度相适宜,应该保证作业人员能以正常的坐姿入座。座面过高容易导致作业人员腿部麻木,不仅影响驾驶员舒适性,还增大了腿部操纵失误引发安全事故的风险;座面过低则会损伤作业人员的膝关节和脊柱,从而导致腿部与腰部不适。座面高度设计应参考成年(18~60岁)男性坐姿时的下肢尺寸(表5-4),根据人机工效学理论,合适的座椅高度应低于"足高 + 小腿高 +1/2 大腿厚度"45~95 mm。本研究根据50百分位人体尺寸数据将座面高度设置为410 mm,同时,根据5百分位与95百分位人体尺寸数据将座面高度的调节范围设计为371~456 mm。

表5-4　不同体型人体下肢坐姿部分尺寸

（单位：mm）

人体部位	5百分位	50百分位	95百分位
小腿 + 足高	383	413	448
大腿厚度	113	130	150
臀膝距	515	554	595
坐姿臀宽	295	321	355
坐姿肩高	557	598	641
坐姿肩宽	344	375	403

2)座椅座面倾角

座面倾角是座面与水平面之间的夹角。合适的座面倾角不仅可以防止驾驶员在作业过程中身体往前滑落,还可以使驾驶员自然倚靠在座椅靠背上,减少背部的压力,同时使坐姿更加稳定。座面倾角的设计范围通常取 2°~13°,推荐范围为 3°~4°。

3)座椅座面的深度与宽度

座面的深度是指靠背下沿与座面前沿的水平距离。座面深度的设计应满足有效承担大腿与臀部的力的需求,其尺寸要参考驾驶员群体的臀膝距。座面深度的尺寸设计通常根据5百分位人体的臀膝距尺寸的3/4来选取,基于前文修正后的人体尺寸数据,本研究取座面深度为420 mm。座面宽度为包容性尺寸,要能满足不同身材驾驶员的臀宽需求,本研究根据95百分位人体的坐姿臀宽数据进行设计,设定座面宽度为410 mm。

4)座椅靠背

驾驶室座椅靠背可分担驾驶员肩部、背部、腰部的压力,为满足驾驶员的舒适性需求,靠背的设计指标包括靠背高度、宽度和靠背倾角等。

靠背高度要根据作业人员的坐姿肩高进行设计,值得注意的是,由于在作业过程中需有良好的侧后方视野,拖拉机的靠背高度相较于其他车辆偏低;靠背宽度与座面宽度类似,皆为包容性设计,因此,需以95百分位人体尺寸进行设计。坐姿下人体肩高、肩宽数据如表5-4所示。根据人体的肩宽数据,以95百分位人体坐姿肩宽为参考,设计靠背宽度为410 mm;靠背高度宜为坐姿肩高的4/5,取480 mm。同时,为提高人体颈部的舒适性,在靠背的上方增加头枕以方便颈部倚靠。

靠背倾角是座面与靠背之间的夹角,对坐姿下驾驶员的背部与腰部舒适性影响较大。由于作业环境要求,拖拉机的靠背倾角相较于其他车辆偏小,以保证驾驶员坐姿直立,方便观察侧方视野。汽车的靠背倾角通常为95°~120°,本设计将拖拉机靠背倾角调节范围设计为95°~105°。

综合上述设计参数(表5-5),建立如图5-13所示驾驶座椅三维模型。

表5-5 座椅设计项目与范围

设计项目	设计值	调节范围
座面高度 / mm	410	371 ~ 456
座面倾角 / (°)	/	3 ~ 4
座面深度 / mm	420	/
座面宽度 / mm	410	/
靠背宽度 / mm	410	/
靠背高度 / mm	480	/
靠背倾角 / (°)	/	95 ~ 105

图5-13 驾驶座椅三维造型

3.驾驶室操纵杆件的设计

驾驶室操纵杆件是拖拉机最常用的装置之一,属于驾驶室内的手控移动式操纵装置,通常由操纵手柄与支撑杆件组成,主要可实现拖拉机换挡变速、动力输出机构控制等功能。操纵杆件的设计主要从杆件的尺寸、手柄的形状等方面来考虑。

1) 支撑杆件的尺寸设计

支撑杆件的高度设计需考虑操纵杆件的操纵频率,杆件的操纵频率越高,其高度设计应越低。同时,为保证操纵手柄过程中手臂的舒适性,支撑杆件的高度应与正常坐姿下驾驶员手臂自然下垂状态时腕关节的高度相适应。

拖拉机驾驶室内操纵杆件主要有换挡杆、动力输出杆、手刹杆等,根据支撑杆件的尺寸不同,可分为长杆与短杆。本设计主要对常用的换挡杆与动力输出杆进行设计。结合两类杆件的自身功能属性与驾驶室内部结构,将两类杆件都设计为长杆,其中,换挡杆为直立杆,而动力输出杆为斜立杆。结合人体坐姿的腕部自然下垂的高度(440~640 mm),将两类杆的高度设计为 540 mm。此外,在保证强度的前提下,杆件应尽可能占较小的空间,本设计选取杆径为 13 mm。

2) 手柄的形状设计

在拖拉机作业过程中,驾驶员手部是最繁忙的器官之一,形状不合理的手柄会加强作业人员手部的疲劳感,因此,驾驶室操纵手柄的形状与尺寸应与人体手部的生理特征相适应。图 5-14 所示为人体手部的肌肉分布图,由此可看出,人体手掌处的肌肉大多分布在掌心周围,如指骨间肌、大鱼际肌、小鱼际肌等,掌心处的肌肉分布较少。此外,根据人体手掌的解剖特征,指骨间肌、大鱼际肌、小鱼际肌等肌肉量较丰厚,抗振性较强;而掌心处的精球肌的肌肉量最少,合理的手柄形状应保证持握的部位与手掌掌心留有一定间隙,以减轻作业时手部的疲劳感。常用的操纵手柄形状如图 5-15 所示,其中,Ⅰ、Ⅱ、Ⅲ形状的手柄适用于长时间操纵、施力较大的杆件;Ⅳ、Ⅴ、Ⅵ形状的手柄则主要用于短时间控制、需快速操纵的杆件。

从换挡杆与动力输出杆自身功能分析,换挡杆完成换挡动作要求操纵迅速,而动力输出杆操纵时间相对较长,因此,换挡杆与动力输出杆分别选用Ⅳ型与Ⅰ型手柄进行设计。图 5-16 所示为换挡杆与动力输出杆三维模型示意图。

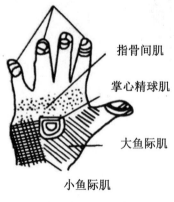

图 5-14　人体手部肌肉分布

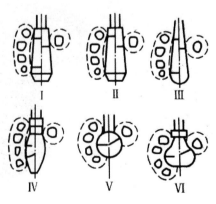

图 5-15　常用的操纵手柄形状

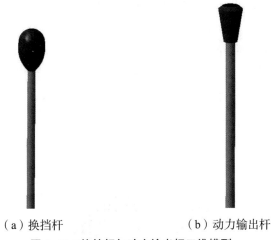

（a）换挡杆　　　　　　　　　（b）动力输出杆

图 5-16　换挡杆与动力输出杆三维模型

4.拖拉机踏板的设计

踏板是拖拉机最主要的脚控操纵装置,具有操纵力大、可持续控制等特点。踏板设计应与踏板的操纵方式相适应。通常,所需操纵力较大且操纵速度快的操作要用右脚进行,而操纵频率不高的操作可通过左右脚互相交替实现。与大部分车辆驾驶室类似,拖拉机驾驶室内的踏板主要为离合器踏板、制动踏板及加速踏板。在作业过程中,踏板踩踏频率高、操纵时间长,其尺寸设计与布置位置对于作业人员的舒适性有直接影响。本研究对踏板的设计集中于踏板的结构类型与尺寸两方面。

1)踏板结构类型的选择

踏板的结构类型要与踏板的操纵特点相符合。如图 5-17 所示,(a)、(b)两种踏板类型适用于操纵力较大、操纵频率不高的情况;(c)、(d)两种踏板类型则通常用于操纵频繁、施力不大的情况。根据拖拉机作业踏板操纵力较大且操纵频率不高的特点,本研究选择如图 5-17(b)所示的踏板类型。

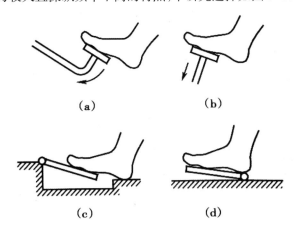

（a）　　　　　　　　　（b）

（c）　　　　　　　　　（d）

图 5-17　常用的踏板类型

2)踏板角度与尺寸设计

踏板角度的设计应与作业人员踝关节的活动范围相适应,合理的踏板角度既能提高操纵效率,又便于施力,改善作业人员脚步操纵舒适性。踏板角度的设计要综合考虑坐姿下人体踝关节、小腿

与脚部的舒适度。在人体正常坐姿下,踏板角度可由下式计算:

$$\theta = 78.96 - 0.015z - 0.0173z^2 \qquad (5-6)$$

式中,z为驾驶室H点与坐姿时驾驶员踵点的垂直距离。根据上文z的预设值470 mm,可得踏板角度θ为40.04°,故设计踏板角度调节范围为30°~50°。

踏板的尺寸设计参照人体脚部尺寸,将踏板长度设计为130 mm,踏板宽度设计为100 mm。此外,考虑增加踏板与鞋底之间的摩擦,踏板表面设计有横向凸起的条状花纹,其三维模型如图5-18所示。

图5-18 踏板三维模型

六、驾驶室外部结构的设计

1.驾驶室防护装置的设计

拖拉机驾驶室的安全性主要由驾驶室防护装置来保障,根据拖拉机驾驶室设计机型体积与质量要求,选择将ROPS(防护装置)和驾驶室做成一体的安全保护结构,该防护装置主要由驾驶室外骨架构成,因此,外骨架的设计是驾驶室安全性设计需重点考虑的部分。

外骨架的设计原则主要有:骨架的形状应与驾驶室造型相符合且能满足相应的功能需求;骨架的形状应便于驾驶室壁板的焊装;骨架的刚度应适当,要求骨架不仅能吸收形变能,还能防止形变过大;在满足功能性需求的条件下,应尽量减少各立柱的宽度,从而保证作业人员的工作视野足够宽阔。

1)驾驶室外骨架的截面形状选择

根据结构力学相关理论,构成骨架的基本单元是薄壁杆件,薄壁杆件的许多截面物理特性,如抗扭惯性矩J_n、抗弯惯性矩I以及刚度等,主要由杆件的截面形状决定。杆件截面可分为开口型与闭合型,在截面面积和骨架材料等物理特性一致的情况下,开口型截面与闭合型截面的抗扭惯性矩分别按式(5-7)和式(5-8)计算。

$$J_{n开} = \frac{\beta}{3}\sum b\delta^3 \qquad (5-7)$$

式中,β为相邻截面连接处的刚度系数;b为截面的长度;δ为截面的宽度。

$$J_{n闭} = \frac{4A_s^2 t}{s} \qquad (5-8)$$

式中,s为截面厚度中线所围形状的周长;A_s为截面厚度中线所围形状的面积;t为截面的厚度。

开口型截面与闭合型截面的抗弯惯性矩皆可由式(5-9)计算:

$$I_z = \frac{BH^3 - bh^3}{12} \qquad (5-9)$$

式中各物理量含义如表 5-6 所示。

结合上述分析,为更好地选择驾驶室外骨架截面形状,本研究对常用薄壁杆件的截面形状的物理特性进行比较,如表 5-6 所示。

表 5-6　薄壁杆件截面特性比较

截面形状	截面尺寸 /mm	A/mm^2	抗扭惯性矩 J_n/mm^4	抗弯惯性矩 I_z/mm^4	抗弯截面系数 W_z/mm^3	抗扭截面系数 W_n/mm^3
	$h=128$ $b=48$ $t=4$	100	0.0044	1	1	0.0043
	$h=64$ $b=48$ $t=4$	100	0.59	0.69	0.733	0.768
	$h=56$ $b=56$ $t=4$	100	0.62	0.56	0.68	0.807
	$H=71.3$ $t=4$	100	1	0.691	0.656	1

根据表 5-6 可知,当薄壁杆件截面面积和厚度均相同时,闭合型截面的抗扭惯性矩明显大于开口型截面,故闭合型截面薄壁杆件的抗扭能力更强。在闭合型截面中,圆形截面的抗扭惯性矩大于矩形截面,说明圆形截面的抗扭能力强于矩形截面。对于矩形截面,正方形截面的抗扭能力略强于长方形截面。

此外,结合表 5-6 中数据与结构力学相关理论可知,当截面中 $h/b > 2$ 时,抗扭惯性矩明显减小,抗弯惯性矩明显增大,而在为实际工况选取截面时,当截面的形状与截面的厚度等条件一致时,闭合型截面的抗弯性能优于开口型截面。

基于上述分析,结合骨架的结构与功能特点、骨架杆件之间焊接连接关系等因素,为保证整个驾驶室的强度与薄壁杆件的抗扭及抗弯刚度,本设计为拖拉机驾驶室外部骨架杆件选用力学性能优良的低合金钢 Q345,薄壁杆件截面形状选择空心闭口型正方形截面。

2) 门道尺寸的设计

驾驶室门道尺寸设计关系着驾驶室的安全性、侧面可视域等各方面的性能,且对驾驶室骨架外形构造有着直接影响。根据 GB/T 6238—2004 标准中对驾驶室门道、紧急出口的规定,本研究结合驾驶室门道的最小设计尺寸和整车外形尺寸,设计了全玻璃式车门,以保证良好的视野及开阔的安全门道。如图 5-19 所示,车门玻璃总高度为 1775 mm,厚度为 10 mm,门上直径 40 mm 的孔位用于安装车门锁及车门铰链部件,车门边缘安装橡胶衬垫以保证良好的密封性。

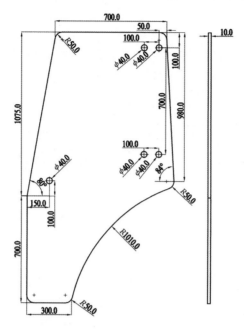

图 5-19　门道设计尺寸（单位：mm）

3) 防护装置整体结构设计

在确定外骨架截面形状与门道关系后,结合表 5-2 中拖拉机整机参数对整个驾驶室防护装置结构进行设计,防护装置主要由 6 根纵向立柱及横梁组成,连接方式为焊接,结构简图如图 5-20 所示。

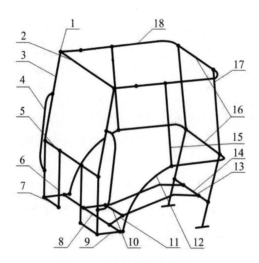

图 5-20　防护装置结构简图

1.焊点；2.前围上横梁；3.前围立柱；4.扶手；5.前围下横梁；6.底窗立柱；7.地板前横梁；8.地板中横梁；9.车门底梁；10.地板短横梁；11.地板斜梁；12.侧围弯梁；13.地板纵梁；14.地板后横梁；15.侧围立柱；16.后围横梁；17.后围立柱；18.顶棚弯梁

根据杆件各位置与截面特性的不同,选取外骨架杆件材料,各材料规格如表 5-7 所示,最终设计的防护装置三维模型如图 5-21 所示。

表 5-7 外骨架杆件材料规格

杆件	截面尺寸标记 / cm	长度 L/cm	截面面积 A/cm^2	惯性矩 /cm^4	
				I_x	I_y
前围立柱	Y6×0.4	198	7.04	27.73	
扶手	Y2.68×0.15	100	1.19	0.96	
地板前横梁	F4×4×0.4	45	5.347	11.06	
地板短横梁	F4×4×0.4	50.5	5.347	11.06	
地板纵梁	F4×4×0.4	115	5.347	11.06	
前围上/下横梁	F4×4×0.4	170	5.347	11.06	
车门底梁	F4×4×0.4	45	5.347	11.06	
地板中横梁	F4×4×0.4	165	5.347	11.06	
地板斜梁	F4×4×0.4	34	5.347	11.06	
地板后横梁	F4×4×0.4	87	5.347	11.06	
底窗立柱	F4×4×0.4	75	5.347	11.06	
顶棚前横梁	J5×4×0.4	170	6.148	19.49	13.68
侧围弯梁	J6×4×0.4	150	6.947	30.97	16.27
侧围立柱	J9×5×0.5	107.5	12.36	120.6	47.35
顶棚弯梁	J7×5×0.4	156	8.547	54.66	32.21
后围立柱	J8×6×0.4	217.5	10.15	87.95	56.11
后围横梁	J8×6×0.4	87	10.15	87.95	56.11

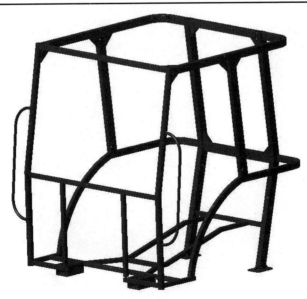

图 5-21 防护装置三维模型

2. 驾驶室壁板的选择

根据设计防护装置的结构尺寸,结合 GB/T 5914.2—2000《机车司机室前窗、侧窗和其他窗的配置》中对驾驶室窗配置的要求,对驾驶室的金属壁板及玻璃壁板进行形状尺寸设计,包括前挡风玻璃、侧窗、后挡风玻璃、顶棚、侧围挡板、后围挡板及地板等。玻璃门窗边缘与骨架之间应留有至少 20 mm 缝隙,以安装橡胶衬垫。驾驶室壁板类型及固定方式如表 5-8 所示。

表 5-8　驾驶室壁板类型及固定方式

壁板类型	材料	厚度 /cm	固定方式	橡胶衬垫长度 /cm
前挡风玻璃	钢化玻璃	0.8	橡胶衬垫粘合	525
车门	钢化玻璃	0.8	车门铰链连接	481
侧窗	钢化玻璃	0.8	橡胶衬垫粘合	397
后挡风玻璃	钢化玻璃	0.8	橡胶衬垫粘合	366
底窗	钢化玻璃	0.8	橡胶衬垫粘合	205
顶棚	Q345 钢材	0.3	螺栓连接	/
侧围挡板	Q345 钢材	1.2	焊接连接	/
后围挡板	Q345 钢材	1.1	焊接连接	/
地板	Q345 钢材	0.8	焊接连接	/

七、驾驶室三维模型的建立

以上述驾驶室内部布局、内部各装置以及外部主要结构的设计为基础,本研究按实际需要为驾驶室合理添加了反光镜、探明灯、橡胶衬垫、内饰等部件,并为各零部件创立约束关系,最终建立驾驶室的三维模型如图 5-22 所示。

图 5-22　驾驶室三维模型

5.3　基于驾驶员安全性的驾驶室静载强度分析

在拖拉机作业过程中,驾驶员的安全性主要由驾驶室防护装置来保障。防护装置的保护作用具体体现为:在拖拉机发生侧翻等意外事故时,防护装置可直接扎进地面或依靠撞击产生的塑性变形吸收大部分能量以抵抗冲击。

从防护装置的作用原理不难看出,拖拉机驾驶室防护装置结构应具备一定的强度,这样才能在拖拉机出现翻车等事故时减少驾驶员受到的伤害。因此,本节以前文设计的驾驶室为基础,以世界经济合作与发展组织和我国驾驶室防护装置强度相关标准为验收指标,利用 ANSYS 软件对驾驶室进行强度仿真分析,并根据分析结果对驾驶室进行优化,增强驾驶室的安全防护性能。

一、驾驶室安全强度验收标准

驾驶室安全强度准则是指当拖拉机发生翻车或碰撞等意外事故时,其驾驶室结构能够抵抗不同方向压力载荷,并通过自身结构的形变吸收碰撞时的能量,以保证室内作业人员的容身空间不受侵犯,进而保护作业人员的人身安全。

为了更好地衡量拖拉机驾驶室的安全性,国内外制定了一系列与此相关的试验标准,其中,被广泛采用的是世界经济合作与发展组织制定的《标准拖拉机防护装置强度试验方法》,该方法比较详细地规定了拖拉机驾驶室静载试验所用的试验条件与试验方法。与之类似,我国 GB/T 19498—2017《农林拖拉机防护装置　静态试验方法和验收技术条件》也对拖拉机驾驶室防护装置试验方法和验收条件等做出了一系列规定。上述标准都要求对驾驶室防护装置进行压垮性与纵向载荷载入试验,在载入试验过程中,若驾驶室的塑性变形过大,侵入驾驶室内作业人员的操纵空间,会对作业人员的人身安全构成直接威胁,则说明驾驶室防护装置强度不合格,需重新对驾驶室防护装置进行设计优化直至达到安全性要求。

根据上述标准的规定,本研究对所设计的驾驶室防护装置进行后推、后压、侧推、前压、前推五种工况下的静载仿真分析。不同工况下所施加的载荷如表 5-9 所示,表中,M 为拖拉机的参考质量,本文中研究的拖拉机整机质量为 5180 kg。

安全容身区(DLV)是驾驶室内驾驶员的极限生存空间,当进行防护强度试验时,不允许驾驶室构件的变形侵入此区域,根据 GB/T 19498—2017 的规定,安全容身区的尺寸如图 5-23 所示。为更直观地观察外骨架形变是否侵入驾驶员的安全容身区,本研究在驾驶室内添加了安全容身区模型。

表 5-9　不同工况下所施加的载荷

序号	工况	载荷	载荷作用位置
1	后推	1.4M（J）	后上横梁右端 1/6 处，水平向前施压做功
2	后压	20M（N）	后上横梁中点处，铅垂向下施加压力
3	侧推	1.75M（J）	左侧门框纵梁距 SIP 点前 300 mm 处，水平向左施压做功
4	前压	20M（N）	前上横梁中点处，铅垂向下施加压力
5	前推	0.35M（J）	前上横梁左端 1/6 处，水平向后施压做功

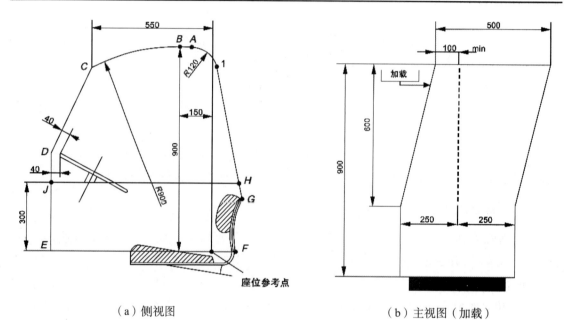

（a）侧视图　　　　　　　　　（b）主视图（加载）

图 5-23　安全容身区尺寸（单位：mm）

二、驾驶室有限元模型的建立

1.驾驶室模型的几何清理

驾驶室模型的几何清理是指对模型进行合理的简化。有限元分析结果的准确性在很大程度上与模型的计算精度直接相关,驾驶室模型计算精度越高,模型就越逼近真实模型,相应的分析结果准确性就会越高。而模型计算精度与模型的规模并非呈正相关关系,增大模型的复杂程度不一定能够有效提高计算精度,反而会增加有限元分析计算量。因此,为了在保证计算精度的前提下有效提高分析效率,需在建立有限元模型之前对驾驶室模型进行有效的几何清理。

在前文拖拉机驾驶室模型的基础上,本节对驾驶室模型进行如下几何清理:

(1)忽略各功能件和驾驶室的非承载结构,由于驾驶室强度安全性分析主要针对外部骨架,因此将操纵杆件、方向盘、后视镜、踏板、照明灯等功能性部件予以忽略,同时,忽略橡胶衬垫、车门铰链等连接性零部件。

(2)对驾驶室门窗等部位的孔隙与缝隙处进行平直化处理。

(3)将模型中对结构影响不大、距离较近的线与面做适当压缩。

(4)对部分截面特性结构予以简化,例如,部分零部件的孔、翻边、凹槽、台阶等。

(5)忽略部分对截面特性影响不大的结构特征,例如,拔模斜度、多数零部件的倒角与圆角等。

经几何清理后的驾驶室模型如图 5-24 所示。

图 5-24　经几何清理后的驾驶室模型图

2.单元类型的选择

有限元模型根据单元类型的不同主要可分为三类,分别为杆系模型、板壳模型及混合模型。其中,杆系模型由杆单元和梁单元构成,板壳模型由板壳单元构成,而混合模型主要由梁单元与板壳单元混合构成。建立驾驶室有限元模型需要选择合适的单元类型,不同的单元类型有不同的力学特性,对拖拉机驾驶室进行有限元建模,选取的单元应尽量模拟驾驶室壳体与骨架的结构。

根据驾驶室外部结构特点分析,构成驾驶室外部结构的基本单元薄壁杆件不仅可以抵抗与自身平面平行的挤压力,还具有一定的抗弯、抗扭刚度,因此,应选择符合该特点的单元类型。

基于此,本研究驾驶室有限元模型选择的主要单元类型为板壳单元 SHELL63,部分梁结构(后上横梁、侧上纵梁等)选择的单元类型为梁单元 BEAM188。板壳单元 SHELL63 不仅可抵抗拉压、弯曲变形,还可较好地完成对各构件的分割,进而充分地描述各构件的几何特征;梁单元 BEAM188 属于三维线性单元,适用于分析如后上横梁等梁结构。

3.材料属性的定义与网格划分

1)材料属性的定义

在进行有限元分析前,应对有限元模型单元材料的属性进行定义。单元材料的属性应与驾驶室外部结构的材料保持一致,这样才能保证后处理结果的准确性。如前所述,驾驶室外部骨架与壁板选用 Q345 材料,因此,有限元模型单元材料属性应与该材料相同,主要材料属性为:密度 $\rho = 7.85 \times 10^3 \ \mathrm{kg/m^3}$;杨氏模量(Young's modulus)$E_x = 2.06 \times 10^{11} \ \mathrm{Pa}$;泊松比 $\mu = 0.3$。

2)网格划分

网格划分是建立有限模型的基础。划分网格的数量影响有限元后处理的精度与规模。综合考虑有限元分析的精度与计算效率,本研究设置网格的单元尺寸为 25 mm,网格的类型选择四边形网格与三角形网格,并且采用自动与手动结合划分网格的方式,最终划分的网格单元数为 140428 个,网格节点数为 268011 个,网格的平均质量为 0.460 kg。驾驶室有限元模型的网格划分结果如图 5-25 所示。

图 5-25　拖拉机驾驶室网格划分

三、驾驶室强度安全性分析过程与结果

1.后推工况分析

1)仿真过程

根据上文的分析,进行后推工况仿真时,在驾驶室后上横梁右端$\frac{1}{6}$处逐渐施加垂直于横梁面的水平载荷,直到载荷做的功(驾驶室吸收的能量)等于或大于 7252 J 时,停止施加载荷。在施加载荷的过程中,若驾驶室外骨架出现断裂或者变形过大以致侵入作业人员的安全容身区,则说明外骨架强度未达到标准的要求,驾驶室安全性不合格。该工况仿真模拟刚性梁对驾驶室后上横梁的右端持续施加水平载荷直至驾驶室吸收能量等于或大于 $1.4M$ 的过程。后推工况的仿真流程如图 5-26 所示。

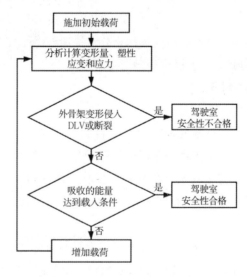

图 5-26　后推工况仿真流程

2）仿真结果及分析

在后推工况仿真过程中,施加载荷对驾驶室做的功可由式(5-10)等效计算。当载荷值逐渐增大到 8.5×10^4 N 时,驾驶室吸收总能量达到 7308.4 J,高于仿真所需的 7252 J,达到相关标准中驾驶室吸收能量大于 1.4M 的规定,载荷施加停止。

$$E = \sum_{i=1}^{m} \frac{F_i + F_{i-1}}{2}(d_i - d_{i-1})m \tag{5-10}$$

式（5-10）中,m 为载荷施加总次数;F_i 为第 i 次载荷施加值,单位为N;d_i 为第 i 次载荷施加时驾驶室的位移值,单位为mm。

载荷停止施加后驾驶室的位移、应变、应力分布分别如图 5-27、图 5-28、图 5-29 所示。分析发现:后推工况时,驾驶室后上横梁的变形量最大,最大的变形位移为 16.264 mm,整个驾驶室外部骨架的变形并未侵入作业人员的安全容身区;同时,驾驶室外部骨架在后推的过程中最大应变为 0.004,远远低于骨架材料的塑性应变 0.18;此外,在后推的过程中骨架所受的最大应力为 327.69 MPa,与骨架材料的应力极限(480~620 MPa)有较大差距。故在该工况下,骨架不会发生断裂。

综上分析,在后推工况时,设计的驾驶室外部骨架能满足强度要求,且变形量不会威胁到驾驶员的安全容身区。因此,后推工况下,该驾驶室设计满足驾驶员的安全性需求。

图 5-27　后推工况驾驶室位移分布　　　　图 5-28　后推工况驾驶室应变分布

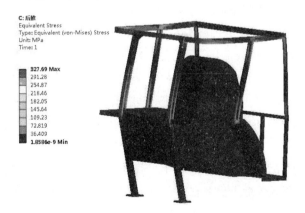

图 5-29　后推工况驾驶室应力分布

2.后压工况分析

1)仿真过程

卸载完后推载荷后,再进行后压工况仿真分析。该工况仿真需在驾驶室后上横梁中部施加垂直于横梁面向下的均匀压力,压力的大小为 1.036×10^5 N,持续施加该压力直至驾驶室后上横梁停止变形为止。在施加压力的过程中,若驾驶室外骨架出现断裂或者变形过大以致侵入作业人员的安全容身区,则说明外骨架强度未达到相关标准的要求,驾驶室安全性不合格。该工况仿真模拟刚性梁对驾驶室后上横梁的中部持续施加 $20M$ 载荷力直至驾驶室停止变形的过程。后压工况的仿真流程如图 5-30 所示。

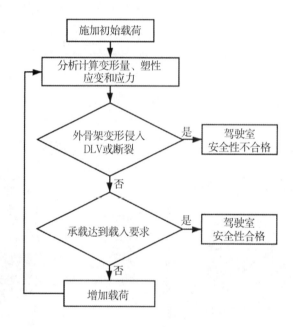

图 5-30 后压工况仿真流程

2)仿真结果及分析

在后压工况仿真过程中,持续施加均匀压力直至驾驶室外部骨架停止变形。载荷施加停止后,驾驶室的位移、应变、应力分布结果分别如图 5-31、图 5-32、图 5-33 所示。

分析发现:后压工况时,驾驶室后上横梁的变形量最大,最大的变形位移为 9.707 mm,整个驾驶室外部骨架的变形量较小,并未侵入作业人员的安全容身区;同时,驾驶室外部骨架在后压的过程中最大应变为 0.007,远远低于骨架材料的塑性应变 0.18;此外,在后压的过程中骨架所受的最大应力为 308.84 MPa,与骨架材料的应力极限(480~620 MPa)有较大差距。故在该工况下,骨架不会发生断裂。

根据上述分析,在进行后压工况仿真过程中,驾驶室的整体变形量较小,作为防护装置的外部骨架,驾驶室各构件均未侵入作业人员的安全容身区,进而表明驾驶室外部骨架的强度符合后压工况的安全性能要求。

图 5-31　后压工况驾驶室位移分布　　　　图 5-32　后压工况驾驶室应变分布

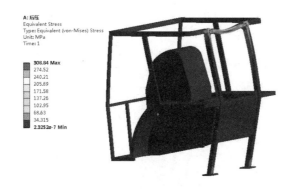

图 5-33　后压工况驾驶室应力分布

3.侧推工况分析

1)仿真过程

与后推工况仿真类似,进行侧推工况仿真时,在驾驶室左上纵梁距 SIP 点前 300 mm 处逐渐施加垂直于纵梁侧面的载荷,直到载荷做的功等于或大于 9065 J 时,停止施加载荷。在施加载荷的过程中,若驾驶室外骨架出现断裂或者变形过大以致侵入作业人员的安全容身区,说明驾驶室安全性不合格。该工况仿真模拟刚性梁对驾驶室左上纵梁逐渐施加垂直于纵梁侧面的载荷直至驾驶室吸收能量等于或大于 $1.75M$ 的过程。侧推工况的仿真流程同后推工况一致,如图 5-26 所示。

2)仿真结果及分析

当载荷值逐渐增大达到 9.5×10^4 N 时,驾驶室吸收总能量达到 9156.7 J,高于仿真所需的 9065 J,满足驾驶室吸收能量大于 $1.75M$ 的规定,载荷施加停止。

在侧推载荷停止施加后驾驶室的位移、应变、应力分布结果如图 5-34、图 5-35、图 5-36 所示。由仿真结果可知,在侧推工况下,左上纵梁的变形量最大,最大的变形位移为 44.316 mm,整个驾驶室外部骨架的变形并未侵入作业人员的安全容身区;同时,驾驶室外部骨架在侧推过程中的最大应变为 0.010,远远低于骨架材料的塑性应变 0.18;此外,在侧推的过程中骨架所受的最大应力为 418.91 MPa,与骨架材料的应力极限(480 ~ 620 MPa)尚有一定差距。故在该工况下,骨架不会发生断裂。

上述分析表明,侧推工况下,相比后推、后压工况,驾驶室整体的变形量较大,但是外部骨架的变形仍未侵入作业人员的安全容身区,进而说明驾驶室外部骨架强度符合侧推工况要求。

图 5-34　侧推工况驾驶室位移分布　　　　图 5-35　侧推工况驾驶室应变分布

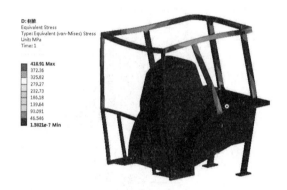

图 5-36　侧推工况驾驶室应力分布

4.前压工况分析

1)仿真过程

与后压工况仿真类似,卸载完侧推载荷后,进行前压工况仿真分析。该工况在驾驶室前上横梁中部施加垂直于横梁面向下的均匀压力,压力的大小为 1.036×10^5 N,持续施加该压力直至驾驶室前上横梁停止变形为止。该工况模拟刚性梁对驾驶室前上横梁的中部持续施加 20M 载荷力直至驾驶室停止变形的过程。前压工况的仿真流程同后压工况一致。

在施加压力过程中,若驾驶室外骨架出现断裂或者变形过大以致侵入作业人员的安全容身区,说明外骨架强度未达到相关标准的要求,驾驶室安全性不合格。

2)仿真结果及分析

在前压工况仿真过程中,外部骨架并未出现断裂,在载荷施加停止后,驾驶室的位移、应变、应力分布结果如图 5-37、图 5-38、图 5-39 所示。

由前压工况仿真结果可看出:前压工况时,驾驶室前上横梁的变形量最大,最大的变形位移为29.035 mm,整个驾驶室外部骨架的变形量较小,并未侵入作业人员的安全容身区;同时,驾驶室外部骨架在前压的过程中最大应变为 0.005,远远低于骨架材料的塑性应变 0.18;此外,在前压的过程中骨架所受的最大应力为 315 MPa,与骨架材料的应力极限(480~620 MPa)有明显差距。故在该工况下,骨架不会出现断裂。

根据上述仿真分析,前压工况下,驾驶室外部骨架未出现断裂且变形仍未侵入作业人员的安全容身区,进而说明驾驶室外部骨架强度符合前压工况的安全性能要求,满足相关标准的试验要求。

图 5-37　前压工况驾驶室位移分布　　　　图 5-38　前压工况驾驶室应变分布

图 5-39　前压工况驾驶室应力分布

5.前推工况分析

1)仿真过程

与后推、侧推仿真类似,卸载完前压载荷后,进行前推工况仿真。此工况仿真在驾驶室前上横梁的左端 1/6 处逐渐施加垂直于横梁面的水平载荷,直到载荷做的功(驾驶室吸收的能量)等于或大于 1813 J 时,停止施加载荷。

在施加载荷的过程中,若驾驶室外骨架出现断裂或者变形过大以致侵入作业人员的安全容身区,则说明外骨架强度未达到相关标准的要求。该工况仿真模拟刚性梁对驾驶室前上横梁逐渐施加垂直于横梁面的水平载荷直至驾驶室吸收能量等于或大于 $0.35M$ 的过程。前推工况的仿真流程同后推工况一致。

在前推工况仿真过程中,施加载荷对驾驶室做的功同样可由式(5-10)等效计算。当载荷值逐渐增大达到 4.1×10^4 N 时,驾驶室吸收总能量达到 1830.2 J,高于仿真所需的 1813 J,达到相关标准中驾驶室吸收能量大于 $0.35M$ 的规定,载荷施加停止。

2)仿真结果及分析

在前推载荷停止施加后,驾驶室的位移、应变、应力分布结果如图 5-40、图 5-41、图 5-42 所示。由仿真结果可知,在前推工况下,前上横梁的变形量最大,最大的变形位移为 10.94 mm,未侵入作业人员的安全容身区;驾驶室外部骨架在前推工况中最大应变为 0.0026,远远低于骨架材料的塑性应变0.18；此外，在前推的过程中骨架所受的最大应力为266.24 MPa，远小于骨架材料的应力极限（480～620 MPa）。故在该工况下，骨架不会发生断裂。

上述分析结果表明，在进行前推工况仿真过程中以及载荷停止施加后，驾驶室外部骨架均未出现断裂，也未侵入作业人员的安全容身区，进而说明所设计的驾驶室外部骨架强度符合安全性要求。

图5-40　前推工况驾驶室位移分布　　　　图5-41　前推工况驾驶室应变分布

图5-42　前推工况驾驶室应力分布

四、驾驶室轻量化优化设计

从前文的分析中可看出，本文所设计的驾驶室可满足相关标准的安全性强度要求。为进一步优化驾驶室的结构，完成驾驶室轻量化的优化设计，本研究采用ANSYS Workbench形状优化模块对驾驶室防护装置等做拓扑优化处理。

在完成拓扑优化前处理操作的基础上，设定拓扑优化项目为35%，表明此次优化材料去除率为35%。最终求解结果如图5-43所示。其中驾驶室红色、棕色与灰色部分分别表示可以去除的材料、处于边缘过渡的材料以及应该保留的材料。由拓扑优化结果可得，可去除的材料部分主要集中于驾驶室后围挡板、驾驶室底板，驾驶室侧围挡板也有部分材料可去除。

根据驾驶室的拓扑优化结果，对驾驶室外部结构进行适当调整。从拖拉机驾驶室的外观设计、作业环境以及驾驶员操纵安全性角度出发，本研究结合驾驶室常用的壁厚对原驾驶室的侧围挡板以及后围挡板的厚度进行调整，将后围挡板的厚度由之前的11 mm改进为3 mm，侧围挡板的厚度由12 mm改进为8 mm，改进前后的侧围挡板和后围挡板模型如图5-44和图5-45所示。

对驾驶室侧围挡板和后围挡板进行壁厚调整后，整个驾驶室的质量由653.7 kg减轻至571.23

kg，减轻了 82.47 kg，优化比例为 12.6%。而轻量化优化后的拖拉机整机质量由 5180 kg 调整为 5098 kg。此质量作为后续进行拖拉机强度安全性分析的新质量参数。

图 5-43　驾驶室拓扑优化结果

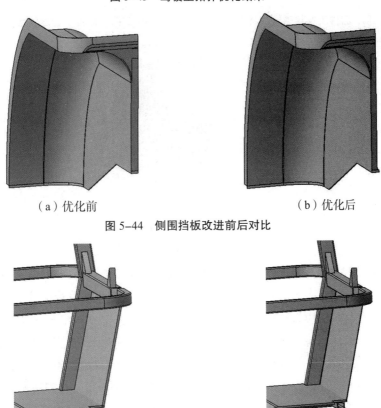

（a）优化前　　　　　　　　　　　　　　　　（b）优化后

图 5-44　侧围挡板改进前后对比

（a）优化前　　　　　　　　　　　　　　　　（b）优化后

图 5-45　后围挡板改进前后对比

五、优化后驾驶室的强度安全性分析

为探究优化后的驾驶室能否符合前文所述的安全性强度标准，本研究对轻量化优化后的驾驶室再次进行五种工况下的强度分析，并和优化前的驾驶室仿真结果做对比分析。

1.后推工况分析

与前文后推工况过程类似,当后推载荷值逐渐增大到 8.1×10^4 N 时,驾驶室吸收总能量达到 7204.7 J,高于仿真所需的 7137.2 J,达到相关标准中驾驶室吸收能量大于 $1.4M$ 的规定,载荷施加停止。优化后的驾驶室的位移、应变、应力分布分别如图 5-46、图 5-47、图 5-48 所示。

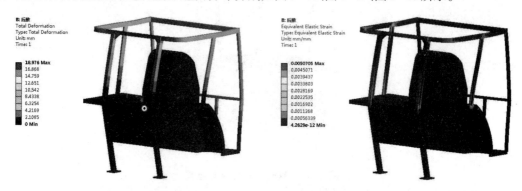

图 5-46　后推工况驾驶室位移分布　　　　图 5-47　后推工况驾驶室应变分布

图 5-48　后推工况驾驶室应力分布

分析仿真后处理的结果可知:后推工况时,驾驶室后上横梁的变形量最大,最大的变形位移为 18.976 mm,整个驾驶室外部骨架的变形并未侵入作业人员的安全容身区;驾驶室外部骨架在后推工况中最大应变为 0.005,远远低于骨架材料的塑性应变 0.18;在后推的过程中骨架所受的最大应力为 365.63 MPa,与骨架材料的应力极限(480 ~ 620 MPa)差距较大。故在该工况下,骨架不会发生断裂。

驾驶室优化前后的后推仿真结果对比如表 5-10 所示,优化后的驾驶室在后推工况仿真的过程中,最大变形量、最大应变与最大应力都有小幅增长,但是增长的幅度仍在允许范围内,进而表明优化后的驾驶室外部骨架仍能满足后推工况的强度要求,且变形量不会威胁到驾驶员的安全容身区。因此,在后推工况下,驾驶室的优化设计是合理的,能够满足驾驶员安全性的需求。

表 5-10　后推工况仿真结果对比

	最大变形量 /mm	最大应变	最大应力 /MPa
规定值	—	0.180	480 ~ 620
优化前	16.264	0.004	327.690
优化后	18.976	0.005	365.630

2.后压工况分析

后压工况仿真过程同上,不同之处在于施加的均匀压力大小为 1.0196×10^5 N,持续施加该压力直至驾驶室后上横梁停止变形为止,压力载荷停止施加后,优化后的驾驶室的位移、应变、应力分布结果如图 5-49、图 5-50、图 5-51 所示。

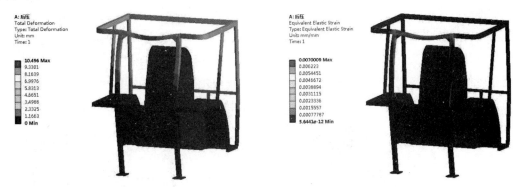

图 5-49 后压工况驾驶室位移分布   图 5-50 后压工况驾驶室应变分布

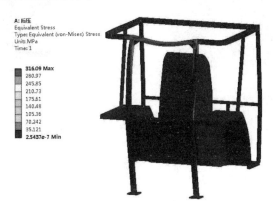

图 5-51 后压工况驾驶室应力分布

由仿真结果可知:后压工况时,驾驶室后上横梁的变形量最大,最大的变形位移为 10.496 mm,整个驾驶室外部骨架的变形量较小,并未侵入作业人员的安全容身区;驾驶室外部骨架在后压工况中最大应变为 0.007,远远低于骨架材料的塑性应变 0.18;在后压的过程中骨架所受的最大应力为 316.09 MPa,与骨架材料的应力极限(480~620 MPa)有较大差距。故在该工况下骨架不会发生断裂。

对于驾驶室优化前后的后压仿真结果进行对比,如表 5-11 所示,优化后的驾驶室在后压工况仿真的过程中,最大变形量与最大应力都略有增长,最大应变基本不变,总体看来,依然符合驾驶室保护装置的安全性要求。

表 5-11 后压工况仿真结果对比

	最大变形量 /mm	最大应变	最大应力 /MPa
规定值	—	0.180	480~620
优化前	9.707	0.007	308.840
优化后	10.496	0.007	316.090

3.侧推工况分析

同样地,对优化后的驾驶室进行侧推工况仿真分析,具体方法与流程同上,当侧推载荷逐渐增大达到 9.26×10^4 N 时,驾驶室吸收总能量达到 8992 J,高于仿真所需的 8921.5 J,达到相关标准中驾驶室吸收能量大于 $1.75M$ 的规定,载荷施加停止。

在侧推载荷停止施加后,驾驶室的位移、应变、应力分布结果如图 5-52、图 5-53、图 5-54 所示。由结果可知,在侧推工况下,左上纵梁的变形量最大,最大的变形位移为 49.119 mm,整个驾驶室外部骨架的变形并未侵入作业人员的安全容身区;同时,驾驶室外部骨架在侧推工况中最大应变为 0.011,远远低于骨架材料的塑性应变 0.18;此外,在侧推的过程中骨架所受的最大应力为 433.2 MPa,低于骨架材料的应力极限(480~620 MPa)。因此,在侧推工况下,驾驶室骨架不会出现断裂现象。

图 5-52 侧推工况驾驶室位移分布   图 5-53 侧推工况驾驶室应变分布

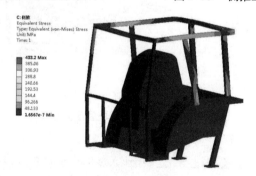

图 5-54 侧推工况驾驶室应力分布

侧推工况下优化前后的驾驶室骨架仿真结果如表 5-12 所示。由对比结果可看出,在减小了部分驾驶室壁板的厚度后,驾驶室外部骨架的最大变形量、最大应变与最大应力都略有增加,同时,与优化后的其他工况下的变形量相比,侧推工况下的变形量较大,这也与驾驶室优化前情况类似。对比侧推工况下的仿真结果与规定值,不难看出,优化后的驾驶室能够满足驾驶室的安全性要求。

表 5-12 侧推工况仿真结果对比

	最大变形量 /mm	最大应变	最大应力 /MPa
规定值	—	0.180	480~620
优化前	44.316	0.010	418.91
优化后	49.119	0.011	433.20

4.前压工况分析

与前文分析类似,对优化后驾驶室再次进行前压工况仿真分析。该工况施加的压力大小为 1.0196×10^5 N,持续施加载荷直至驾驶室停止变形,输出驾驶室的位移、应力、应变分布结果,如图 5-55、图 5-56、图 5-57 所示。

图 5-55　前压工况驾驶室位移分布　　　图 5-56　前压工况驾驶室应变分布

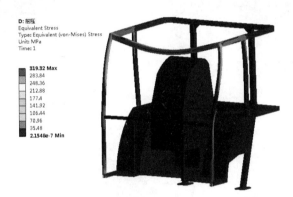

图 5-57　前压工况驾驶室应力分布

由前压工况仿真结果可看出:前压工况下驾驶室前上横梁的变形量最大,最大的变形位移为 32.929 mm,最大变形位移并未侵入作业人员的安全容身区;前压工况下驾驶室外部骨架最大应变为 0.005,远低于骨架材料的塑性应变 0.18;同时,在前压工况中骨架所受的最大应力为 319.32 MPa,与骨架材料的应力极限(480 ~ 620 MPa)有明显差距,驾驶室未出现断裂。

同样地,对比驾驶室优化前后的前压工况仿真结果,如表 5-13 所示,优化后的驾驶室在前压工况仿真的过程中,最大变形量、最大应变与最大应力稍稍增长,且增长量仍在规定值以内,满足驾驶室安全性的验收标准。

表 5-13　前压工况仿真结果对比

	最大变形量 /mm	最大应变	最大应力 /MPa
规定值	—	0.1800	480 ~ 620
优化前	29.035	0.0051	315.00
优化后	32.929	0.0057	319.32

5.前推工况分析

对优化后驾驶室进行前推工况仿真,施加逐渐增大的垂直于横梁面的水平载荷,直至水平载荷达到 3.9×10^4 N 时,驾驶室吸收总能量达到 1793.5 J,高于仿真所需的 1784.3 J。

在前推载荷停止施加后,驾驶室的位移、应变、应力分布结果如图 5-58、图 5-59、图 5-60 所示。由结果可知,前推工况下,前上横梁的变形量最大,最大的变形位移为 14.729 mm,未侵入作业人员的安全容身区;驾驶室外部骨架在前推工况中最大应变为 0.0026,远远低于骨架材料的塑性应变 0.18;此外,在前推工况中骨架所受的最大应力为 293 MPa,远小于骨架材料的应力极限(480~620 MPa),骨架不会发生断裂。

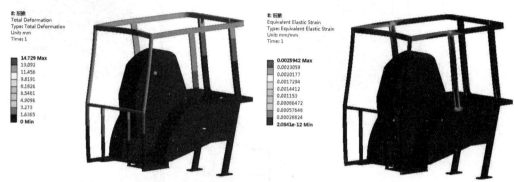

图 5-58　前推工况驾驶室位移分布　　图 5-59　前推工况驾驶室应变分布

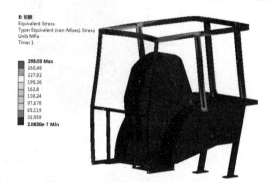

图 5-60　前推工况驾驶室应力分布

将前推仿真结果进行对比(表 5-14),与前文工况类似,优化后的驾驶室在前推工况仿真中,最大变形量与最大应力稍稍增长,且增长量仍在规定值以内。上述分析结果表明,在进行前推工况仿真过程中以及载荷停止施加后,驾驶室外部骨架均未出现断裂,也未侵入作业人员的安全容身区,进而说明所设计的驾驶室外部骨架强度符合安全性要求。

表 5-14　前推工况仿真结果对比

	最大变形量 /mm	最大应变	最大应力 /MPa
规定值	—	0.1800	480~620
优化前	10.94	0.0026	266.2
优化后	14.73	0.0026	293.0

5.4 基于DELMIA的驾驶室人机系统静态舒适性分析

本节主要以 5.3 节设计的驾驶室为基础,利用 DELMIA 人机工程仿真分析模块从视野范围、上肢伸展域、驾驶坐姿舒适度以及换挡舒适性四方面对不同体型的驾驶员 – 驾驶室人机系统进行静态舒适性分析,以校核驾驶室静态舒适性的设计合理性。

一、DELMIA人机工程仿真概述

作为法国达索公司继 CATIA 后开发的大型工业软件,DELMIA 软件可提供当前最全面的数字化设计、制造、生产的解决方案,其功能涵盖了产品概念与工业设计、三维建模、仿真分析、工程图的生成直至产品生产加工的整个过程,广泛应用于汽车、航空航天、机械电子等制造业。

DELMIA 中的人机工程仿真分析模块可根据人体尺寸数据在虚拟环境中建立人体模型,并对人体作业过程进行人机工效学仿真分析。该模块可分为人体模型建立、人体模型编辑、人体模型姿态分析以及人体模型运动分析四个子模块。本节综合运用各模块对拖拉机驾驶室进行人机工程静态舒适性分析。

二、驾驶员–驾驶室人机系统模型的构建

根据前文修正后的驾驶员身体尺寸数据,在 DELMIA 人体模型建立模块中建立 5、50、95 百分位的驾驶员人体模型。图 5-61 所示为建立的 50 百分位驾驶员人体模型的坐姿与站姿示意图。

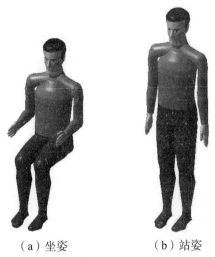

（a）坐姿　　　　　　　（b）站姿

图 5-61　50百分位驾驶员模型示意图

根据前文计算的各百分位 H 点位置与座椅的行程,对 5、50、95 百分位驾驶员人体模型在拖拉机驾驶室中进行定位。待人体模型位置确定后,使用姿态编辑功能对各个模型的颈部、胸部、腰部、四肢等部位进行自由度调节,同时,使用人体模型接触约束建立驾驶员模型与方向盘、座椅、踏板等内部装置的接触,从而模拟驾驶员的驾驶坐姿,完成 5、50、95 百分位驾驶员 – 驾驶室人机系统模型的建立。50 百分位驾驶员 – 驾驶室人机系统模型如图 5-62 所示。

图 5-62　50 百分位驾驶员 – 驾驶室人机系统模型

三、人机系统静态舒适性分析

本研究对所设计的驾驶员 – 驾驶室人机系统的静态舒适性仿真分析从视野范围、上肢伸展域、驾驶坐姿舒适度以及换挡舒适性四方面进行。同时,考虑到大多数针对设计驾驶室进行的舒适性方面研究总是以 50 百分位(中等身材)驾驶员模型为研究对象,却忽略了 5 百分位和 95 百分位驾驶员在操纵驾驶室时的静态舒适性情况,因此,本研究对于设计驾驶室的静态舒适性仿真分析以 5、50、95 百分位驾驶员模型为研究对象,对不同体型的驾驶员分别进行舒适性仿真分析。

1.视野仿真分析

在拖拉机作业过程中,驾驶员视野是影响其安全性与舒适性的重要因素。在驾驶拖拉机进行作业时,要求驾驶员对驾驶室内部空间装置及室外的作业环境拥有充足的可视性。在驾驶拖拉机时,除了平视前方,驾驶员经常左右转动头部对作业环境进行观察。因此,本研究采用 DELMIA 人机系统视野分析功能对拖拉机驾驶员驾驶坐姿时的平视视野、头部左右转动 35° 视野、头部左右转动 75° 视野(最大幅度)分别进行仿真分析,以评估驾驶室的设计合理性。

1) 50 百分位驾驶员视野仿真分析

图 5-63、图 5-64、图 5-65 为 50 百分位驾驶员 – 驾驶室人机系统的视野仿真结果,其中,深红色 [1] 部分为人体盲区,浅红色部分为左眼或者右眼观察到的区域,内部无阴影部分为左右眼皆可观察的区域,为最佳视觉区。

由图 5-63 可知,驾驶员的平视视野开阔,整个视野范围包括后视镜的下端、绝大部分的前挡风玻璃以及操纵台方向盘的上半部分等,最佳视觉区集中于前挡风玻璃的中部与方向盘的上半部分,可保证驾驶室前方环境状况清晰可见。

[1] 编者按：请扫码查看彩图。

由图 5-64 可知，驾驶员头部转动 35° 时，整个视野范围包括门玻璃与大部分的前挡风玻璃，最佳视觉区集中于后视镜、扶手以及前挡风玻璃的左 / 右边部分，同时，操纵台角落也位于最佳视觉区范围内，符合驾驶室视野设计的人机工效学要求。

如图 5-65 所示，驾驶员头部转动 75° 时最佳视觉区主要集中于门玻璃与后视镜，视野范围涵盖大部分的门玻璃，对驾驶室左右两侧的环境具有足够的可视性。

综上分析，50 百分位的驾驶员视野未受到内部装置布局的遮挡，整体情况良好，驾驶室设计可满足中等身材驾驶员的需求。

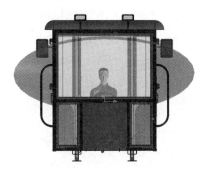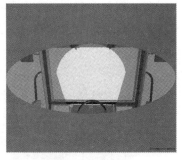

图 5-63　50 百分位驾驶员平视视野

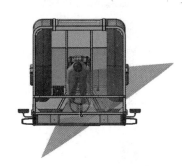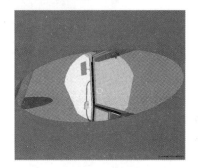

图 5-64　50 百分位驾驶员头部转动 35° 视野

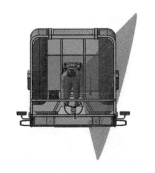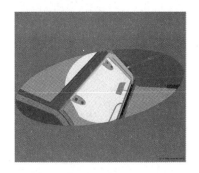

图 5-65　50 百分位驾驶员头部转动 75° 视野

2) 5 百分位驾驶员视野仿真分析

5 百分位驾驶员的坐姿平视视野如图 5-66 所示，驾驶员视野未受到操纵台的遮挡，平视最佳视觉区集中于前挡风玻璃，视野范围涵盖了方向盘与后视镜的边缘、绝大部分的前挡风玻璃、扶手、部分操纵台等，对于拖拉机前方视野良好。

如图 5-67 和图 5-68 可知,驾驶员头部转动 35° 时,整个视野范围包括门玻璃与前挡风玻璃的大部分,最佳视觉区集中于后视镜、扶手以及部分前挡风玻璃;驾驶员头部转动 75° 时,最佳视觉区主要集中于门玻璃与后视镜,视野范围涵盖大部分的门玻璃。故 5 百分位驾驶员对于驾驶室左右两侧的作业环境可视性较好。

与 50 百分位驾驶员的视野相比,5 百分位驾驶员的视野范围略小,尤其是平视视野。结合驾驶员的坐姿,尤其是座椅与方向盘的距离进行分析,可知 5 百分位的驾驶员坐的位置更靠前,与前挡风玻璃的距离较近,因此,对于驾驶室整体的视野范围更小。总体而言,5 百分位驾驶员的视野未受到内部装置布局的影响,在平视或头部转动一定角度时,可通过前挡风玻璃和门玻璃等直接观察驾驶室外的环境,整体视野开阔,驾驶室设计可满足 5 百分位(小身材)作业人员的作业需求。

 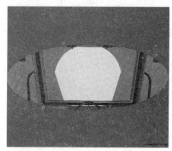

图 5-66　5 百分位驾驶员平视视野

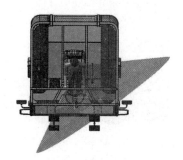 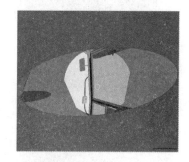

图 5-67　5 百分位驾驶员头部转动 35° 视野

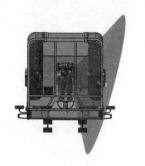 

图 5-68　5 百分位驾驶员头部转动 75° 视野

3) 95 百分位驾驶员视野仿真分析

与前文分析类似,95 百分位驾驶员驾驶坐姿下平视、头部转动 35°、头部转动 75° 视野分别如图 5-69、图 5-70、图 5-71 所示。

　　驾驶员平视时,最佳视觉区主要集中于前挡风玻璃,整体视野开阔,视线未受到内部装置的遮挡;当头部转动 35° 时,最佳视觉区集中于前围立柱附近,涵盖了后视镜、扶手以及部分前挡风玻璃等装置,整个视野包括绝大部分的前挡风玻璃与门玻璃等;当头部转动 75° 时,最佳视觉区主要集中于门玻璃与后视镜,视野范围涵盖大部分的门玻璃。故 95 百分位驾驶员对于驾驶室左右两侧的作业环境可视性较好,整体视野情况良好。

　　与 50 百分位、5 百分位驾驶员的视野相比,95 百分位驾驶员的视野范围更开阔,这是由于 95 百分位驾驶员的身材较高大,驾驶坐姿时眼睛的高度比身材较小驾驶员更高,同时 95 百分位驾驶员在驾驶室内坐的位置较靠后,与前挡风玻璃的距离较远,故对于驾驶室整体的视野范围更广阔。

　　综上分析,驾驶坐姿下的 95 百分位驾驶员视野开阔,本研究设计的驾驶室足以满足 95 百分位(大体型)驾驶员的视野需求。

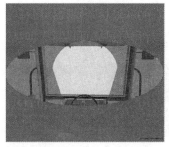

图 5-69　95 百分位驾驶员平视视野

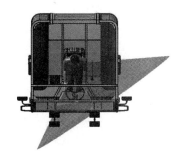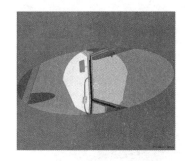

图 5-70　95 百分位驾驶员头部转动 35° 视野

图 5-71　95 百分位驾驶员头部转动 75° 视野

2.上肢伸展域仿真分析

　　上肢伸展域是指驾驶员在某一固定姿态下上肢伸展能够达到的空间范围,本研究应用

DELMIA 的上肢伸展域模块对 5、50、95 百分位驾驶员的驾驶坐姿上肢伸展域进行仿真分析。

1) 50 百分位驾驶员上肢伸展域仿真

50 百分位驾驶员左手与右手的伸展域分别如图 5-72 和图 5-73 所示，在驾驶坐姿下，左右手的伸展域分别以绿色阴影和蓝色阴影表示。由图中阴影部分可知，左手与右手伸展域范围涵盖了换挡杆、动力输出操纵杆、方向盘等主要操纵装置，同时，可达范围可及左右门道区域，满足作业人员驾驶室内可达区域要求。由此可知，本研究设计的驾驶室内主要操纵装置均在 50 百分位驾驶员的上肢伸展域内，在驾驶坐姿时不必调整身体姿势即可对主要操纵装置进行操纵，可达到作业人员操纵的便捷性与舒适性的要求。

图 5-72　50 百分位驾驶员左手伸展域

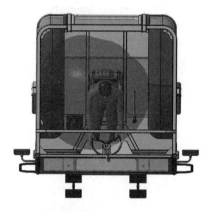

图 5-73　50 百分位驾驶员右手伸展域

2) 5 百分位驾驶员上肢伸展域仿真

图 5-74、图 5-75 中阴影部分为 5 百分位驾驶员的上肢伸展域，与 50 百分位驾驶员的上肢伸展域情况类似，在驾驶姿态下 5 百分位驾驶员的上肢伸展域范围包括操纵杆、方向盘等主要操纵装置，满足驾驶员对拖拉机驾驶室操纵装置的使用要求。与 50 百分位驾驶员的上肢伸展域的仿真结果相比，5 百分位驾驶员的上肢伸展域范围较小，且该伸展域整体高度偏低，这主要受制于 5 百分位驾驶员的身材比例，特别是受上肢尺寸的限制，但总体伸展域涵盖了主要操纵部件。总体看来，所设计的拖拉机驾驶室满足小身材驾驶员的可达性要求。

图 5-74　5 百分位驾驶员左手伸展域

图 5-75　5 百分位驾驶员右手伸展域

3) 95 百分位驾驶员上肢伸展域仿真

对 95 百分位驾驶员上肢伸展域进行仿真分析,左右手伸展域结果分别如图 5-76 和图 5-77 所示,左右手伸展域范围均涵盖了左右两部分的操纵装置,足够满足作业人员的操纵需求,最远可达范围可触及左右门道区域,满足作业人员驾驶室内可达区域要求。由仿真结果可知,设计的拖拉机驾驶室内的主要操纵装置均在 95 百分位驾驶员的操作范围内,该百分位驾驶员对驾驶室适应性良好。与 50 百分位、5 百分位驾驶员的上肢伸展域相比,95 百分位驾驶员上肢伸展域明显范围更大,足够覆盖驾驶室内的各操纵件,因此,本研究所设计的驾驶室满足大体型驾驶员的可达性要求。

图 5-76　95 百分位驾驶员左手伸展域

图 5-77　95 百分位驾驶员右手伸展域

3.驾驶坐姿舒适度分析

在拖拉机作业的过程中,作业人员需长时间地保持驾驶坐姿,不合理的驾驶室内部布局易导致坐姿时腰、颈等部位的疲劳与损伤,对驾驶员的舒适性和安全性造成影响。驾驶员驾驶坐姿静态舒适性通常以人体各部位关节角度为评价指标,本部分基于人体各部位舒适性角度范围,对设计驾驶室进行驾驶员坐姿舒适度仿真分析。

采用 DELMIA 人机工程模块的 Human Posture Analysis 工具对驾驶员人体模型的姿势进行设定与调节,把驾驶员模型的腰椎、上臂、前臂等部位关节分别划分成不同的区域,并根据各个关节的舒适角度在模型中给各区域赋予不同的评分,如表 5-15 所示,评分越高代表关节的舒适性越好。在评分体系的基础上,DELMIA 可设置人体模型各关节的舒适性最佳角度,并根据当前驾驶室内驾驶员坐姿对各关节的评分进行加权插值运算,最终得出驾驶员坐姿的综合评分。

表 5-15　人体各部位驾驶坐姿舒适性评分表

人体部位	不同分数对应的角度范围 / (°)				
	60	70	80	90	98
眼	15 ~ 25	5 ~ 15	−35 ~ −15	−15 ~ −5	−5 ~ 5
颈	−19 ~ −10	−10 ~ 0	5 ~ 12	12 ~ 23	0 ~ 5
胸	—	−10 ~ 0	10 ~ 15	5 ~ 10	0 ~ 5
腰椎	−9.5 ~ 0	20 ~ 37	10 ~ 20	5 ~ 10	0 ~ 5
上臂	90 ~ 170	−60 ~ 0	60 ~ 90	35 ~ 60	0 ~ 35
前臂	0 ~ 10	125 ~ 140	10 ~ 85	85 ~ 115	115 ~ 125
手腕	−70 ~ −30	40 ~ 80	−30 ~ −5	15 ~ 40	−5 ~ 15
大腿	−18 ~ 55	55 ~ 75	75 ~ 85	100 ~ 113	85 ~ 100
小腿	120 ~ 135	0 ~ 60	90 ~ 120	85 ~ 90	60 ~ 85
脚踝	−50 ~ −20	20 ~ 38	10 ~ 20	−20 ~ 0	0 ~ 10

表 5-15 中人体各部位角度正方向的定义如下:眼部视线以水平线以上为正,水平线以下为负;颈部以低头为正,仰头为负;上臂以向前摆动为正,向后摆动为负;躯干部分(胸部、腰部)以前倾为

正,后压为负;手腕以向内弯曲为正,向外弯曲为负;大腿以前伸为正,后伸为负;脚踝以向前弯曲为正,向后弯曲为负。图 5-78 所示为脚踝正方向示意图。

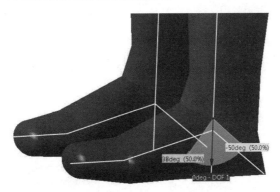

图 5-78　脚踝处正方向划分结果

在 50 百分位驾驶员坐姿模型的大腿与上臂处建立首选角度,并依据不同舒适性角度划分不同区域结果,其中不同区域以不同的颜色表示,代表不同的舒适性评分,如图 5-79 所示。设定 98 分及以上以绿色表示,为舒适性最佳区域;90～98 分以青色表示,为次舒适区域;80～90 分与 70～80 分分别以紫色和蓝色表示;70 分以下用红色表示,为不舒适区域。其他身体部位的舒适性角度编辑过程与上臂处类似。编辑完成驾驶员坐姿模型人体各部位舒适性角度划分后,输出各部位评分和最终评分,进而完成人机系统坐姿舒适度仿真分析。

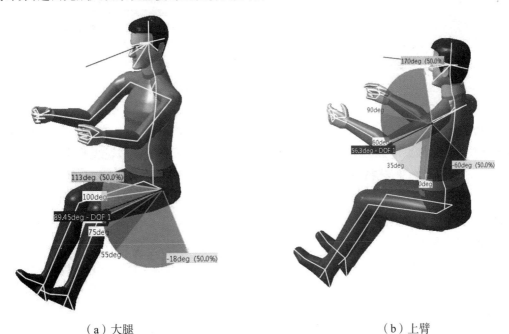

（a）大腿　　　　　　　　　　　　　　（b）上臂

图 5-79　50 百分位驾驶员模型驾驶坐姿时舒适性角度划分区域

1) 50 百分位驾驶员驾驶坐姿舒适度仿真

50 百分位驾驶员驾驶坐姿舒适度仿真评分如图 5-80(a)所示,为更直观获取坐姿舒适性评分结果,此处以条形图形式输出该评分结果,如图 5-80(b)所示。由评分可知,50 百分位驾驶员的舒适性总分为 92.2 分,表明总体舒适性较好。

从各部位的分值来看,眼睛视线处的评分最高,可达 100 分,胸椎处评分最低,低至 81.7 分。大部分部位舒适性评分都在 90 分以上,其中,大腿、小腿、手部等评分在 95 分以上,舒适性较好;而左右前臂处、胸椎、腰部等评分在 90 分以下,表明这些部位与其他部位相比舒适性略差。从仿真结果可发现,人体各部位并非都处于最佳舒适性角度区域,但是总体上满足 50 百分位驾驶员驾驶坐姿舒适性需求。

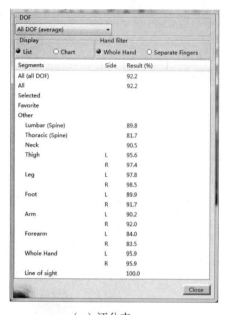
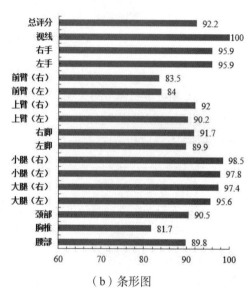

（a）评分表　　　　　　　　（b）条形图

图 5-80　50 百分位驾驶员驾驶坐姿舒适度仿真结果

2）5 百分位驾驶员驾驶坐姿舒适度仿真

与 50 百分位驾驶员的舒适性分析类似,5 百分位驾驶员的舒适性评分情况如图 5-81 所示,该百分位驾驶员舒适性总评分为 91.3 分。从各部位的评分明细表可知,眼睛视线处的评分最高,可达 100 分,腰部评分最低,低至 76 分。大部分人体部位评分都高于 90 分,说明大部分部位舒适性较好,而少数部位例如腰部、脚踝、前臂评分不及 90 分,表明这些部位在驾驶坐姿下舒适性略差。

此外,与 50 百分位驾驶员的舒适性相比,5 百分位驾驶员的舒适性评分略低,表明该驾驶室中小身材驾驶员的舒适性略差。从各部位比较来看,5 百分位驾驶员的腰部、前臂、脚踝处舒适性得分低于 50 百分位驾驶员,表明在驾驶坐姿下 5 百分位驾驶员这些部位的舒适性不及 50 百分位驾驶员;而 5 百分位驾驶员胸椎处的舒适性评分高于 50 百分位驾驶员,可见在驾驶坐姿下 5 百分位驾驶员胸椎处舒适性更佳。

综上分析,驾驶坐姿下的 5 百分位驾驶员比 50 百分位驾驶员的舒适性略差。总体看来,所设计的驾驶室可满足驾驶坐姿下 5 百分位驾驶员的舒适性需求。

3）95 百分位驾驶员驾驶坐姿舒适度仿真

同样地,对驾驶坐姿下的 95 百分位驾驶员进行舒适性分析,评分结果如图 5-82 所示。该百分位驾驶员舒适性总评分为 92 分,稍低于 50 百分位驾驶员的舒适性评分,表明 95 百分位驾驶员舒适性略差于 50 百分位驾驶员。从各部位的评分可知,每个部位舒适性评分皆在 80 分以上,说明各个部位的舒适性良好。舒适性评分偏低的部位如腰部、胸椎、前臂等,评分均不及 90 分,这与 50 百分位驾驶员各部位评分类似,说明这些部位与其他身体部位(如颈部、大腿、上臂等)相比,舒适性略差。总体看来,大部分人体部位舒适性评分都在 90 分以上,舒适性良好,表明所设计的驾驶室可满足 95 百分位驾驶员的坐姿舒适性需求。

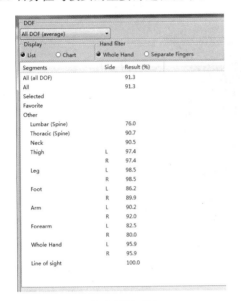
（a）评分表

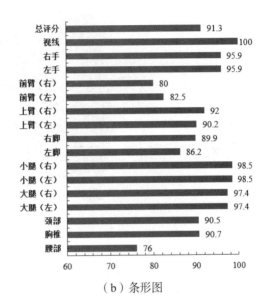
（b）条形图

图 5-81　5 百分位驾驶员驾驶坐姿舒适度仿真结果

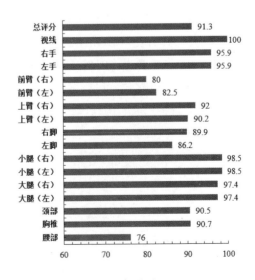
（a）评分表　　　　　　　　　　　　　　　　　（b）条形图

图 5-82　95 百分位驾驶员驾驶坐姿舒适度仿真结果

4.换挡姿态舒适性仿真分析

在操纵拖拉机进行实际作业过程中,除了需要保持长时间手握方向盘的驾驶坐姿,左手握方向盘、右手操纵换挡操纵杆进行换挡也是最频繁的操纵动作之一。考虑到该动作主要依靠上肢进行操作,本研究利用 DELMIA 上肢分析模块对驾驶员换挡姿态进行仿真分析。在进行驾驶员定位时,以各自 H 点为基准点调整坐姿,将右手与左手分别以抓握姿态约束于换挡操纵杆和方向盘上,同时将左脚踏点约束于离合器踏板平面,图 5-83 所示为 50 百分位驾驶员模型的换挡姿态示意图。

图 5-83　50 百分位驾驶员模型的换挡姿态

上肢分析模块的仿真结果以不同的色块和评分等级共同体现。色块的颜色有绿色、黄色、橙色以及红色,其中,绿色代表舒适性最好,黄色表示舒适性欠佳,橙色以及红色则表示舒适性差与不舒适,此时需对驾驶室结构进行改进优化。而评分等级与舒适性呈负相关关系,即评分值越小表示舒适性越好,评分最低为 0 分,代表舒适性最佳。此外,由于不同身体部位的耐受度差异,不同部位的评分等级一致不代表舒适性一致,因此,要结合色块和评分对结果进行综合分析。

图 5-84 所示为 50 百分位驾驶员在换挡姿态下左右侧上肢舒适性仿真结果,根据该结果将人体主要部位评分汇总,如表 5-16 所示。总体来看,左右侧上肢的总评分值都是 2 分,且色块都为绿色,表明左右侧上肢在换挡操作时舒适性较好。对比上肢各部位评分明细可知:右前臂处评分色块为黄色,表示此处舒适性欠佳,可见右前臂操纵换挡杆时对其舒适性有一定影响。总体而言,50 百分位驾驶员在所设计的驾驶室内操作换挡,舒适性较好,表明驾驶室设计较为合理。

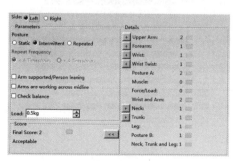

（a）左上肢

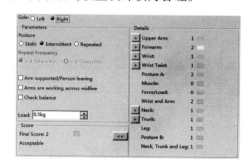

（b）右上肢

图 5-84　50 百分位驾驶员上肢舒适性分析结果

表 5-16　50 百分位驾驶员换挡舒适性等级

人体部位	左侧	右侧
上臂	2	1
前臂	1	2
手腕	1	1
肌肉	0	0
颈部	1	1
躯干	1	1
总评分	2	2

　　同样地,分别对 5 百分位、95 百分位驾驶员换挡姿态下进行左右侧上肢舒适性分析。图 5-85 和表 5-17 为 5 百分位驾驶员的换挡舒适性仿真结果,对比上肢各部位评分明细可知:右前臂与手腕处舒适性略差,其他部位与 50 百分位驾驶员类似,舒适性较好。总的看来,5 百分位驾驶员在所设计的驾驶室内操作换挡,姿势较为舒适,驾驶室的设计达到小身材驾驶员的换挡舒适性的要求。

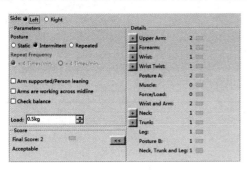

（a）左上肢　　　　　　　　　　　　　　（b）右上肢

图 5-85　5 百分位驾驶员上肢舒适性分析结果

表 5-17　5 百分位驾驶员换挡舒适性等级

人体部位	左侧	右侧
上臂	2	1
前臂	1	2
手腕	1	2
肌肉	0	0
颈部	1	1
躯干	1	1
总评分	2	2

　　图 5-86 和表 5-18 所示为 95 百分位驾驶员换挡姿态下的上肢舒适性仿真结果,总体而言,该

百分位驾驶员此姿势下舒适性比5、50百分位驾驶员略逊一筹。从仿真结果可看出,右上肢总体评分为3分,且右上肢色块为黄色,说明舒适性欠佳,尤其是右臂手腕、前臂以及颈等部位舒适性略差,表明在所设计的驾驶室内大体型驾驶员操作换挡时舒适性稍差。

结合50、5、95百分位驾驶员的换挡舒适性分析结果,可知在操作换挡时,把握换挡杆的右臂的舒适性不如左臂,尤其是右臂的前臂、手腕处舒适性相对较差。这与实际换挡情况基本相符,一定程度上反映了仿真分析的准确性。此外,95百分位驾驶员的换挡舒适性稍差,但是本研究从适应大部分驾驶员(中等体型驾驶员)的换挡舒适性需求来考虑,保留现有设计,以提高驾驶室对所有用户的适应性。

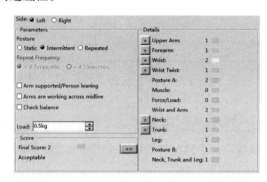 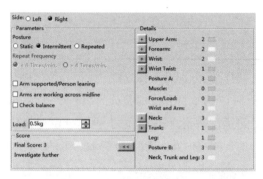

（a）左上肢　　　　　　　　　　　　　　　（b）右上肢

图5-86　95百分位驾驶员上肢舒适性分析结果

表5-18　95百分位驾驶员换挡舒适性等级

人体部位	左侧	右侧
上臂	1	2
前臂	1	2
手腕	2	2
肌肉	0	0
颈部	1	3
躯干	1	1
总评分	2	3

5.5　驾驶室静态舒适性测试与评价

在前文驾驶室内部布局与各操纵装置设计的基础上,本节搭建了驾驶试验平台,平台的整体布局以及各装置的调节范围与驾驶室的设计相对应。以前文驾驶坐姿各关节的舒适性角度为评价指标,选取不同体型试验人员进行驾驶室静态舒适性测试,并结合测试结果对驾驶室设计布局适应性进行评价分析。

一、试验目的

为验证拖拉机驾驶室各装置和整体布局的设计合理性以及驾驶员驾驶坐姿静态舒适性仿真结果的准确性,本研究专门搭建驾驶试验平台(图 5-87)以开展驾驶室静态舒适性验证试验。该试验平台的主要操纵装置(方向盘、踏板、操纵杆、驾驶座椅)的位置均可调节,根据 5.2 节设计要求,主要操纵装置调节范围如图 5-88 与表 5-19 所示。

图 5-87　驾驶试验平台

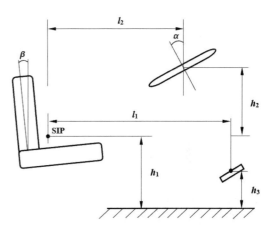

图 5-88　主要操纵装置侧视简图

表 5-19　试验平台主要操纵部件的调节范围

参数	调节范围
SIP 点与踏板中心点的水平距离 l_1	546 ~ 678 mm
SIP 点高度 h_1	495 mm
座面高度	371 ~ 456 mm
靠背倾角 β	5 ~ 15°
方向盘的盘面倾角 α	20 ~ 50°
方向盘与 SIP 点的垂直距离 h_2	325 mm
方向盘与 SIP 点的水平距离 l_2	475 mm
踏板中心点的高度 h_3	70 mm

二、试验人员的选取

本试验选取 30 名具有拖拉机驾驶经验的试验人员,根据前文修正后的人体尺寸,选取 5、50、95 百分位体型的试验人员各 10 人。试验前对试验人员进行部分人体尺寸数据测量并对代表各百分位的受试者进行信息统计,将测量结果做均值化处理,处理后结果如表 5-20 所示。此外,为提高试验结果的可靠性,试验人员在试验前需休息充分,情绪稳定,试验时间选择受试者正常工作时间上午 9:00—11:00。

农机装备舒适性评价
与工效学设计方法
Nongji Zhuangbei Shushixing Pingjia yu Gongxiaoxue Sheji Fangfa

表 5-20 试验人员人体尺寸数据

（单位：mm）

测量项目	5 百分位	50 百分位	95 百分位
身高	1600	1693	1799
小腿加足高	383	413	448
坐深	421	461	499
臀膝距	515	554	595
坐姿眼高	749	814	865
坐姿肘高	228	263	298
坐姿膝高	456	493	532
坐姿颈椎点高	579	618	658

三、试验过程与数据采集

试验人员在驾驶试验平台上自行调整操纵装置位置,如方向盘的盘面倾角与方向盘高度以及座椅高度、倾角等,并找到自我感觉舒适的驾驶姿势。待试验人员驾驶坐姿稳定后,对受试者操纵状态下的部分身体部位关节角度进行测量(图 5-89),待测量关节角度如图 5-90 与表 5-21 所示。为了减小测量误差,每位受试者重复试验 3 次,将各百分位试验人员数据分别汇总并记录。

图 5-89 驾驶坐姿关节角度测量

根据各百分位试验人员的人体尺寸数据,在 DELMIA 软件内新建人体模型,依据各个试验人员测得的关节角度对人体模型进行操纵姿势的编辑,并根据人体各姿势舒适度划分区间和 DELMIA 评分体系,对受试者各部位操纵舒适性进行评分,评分越高说明舒适性越好。最后对各部位角度测量结果和评分结果进行研究分析。

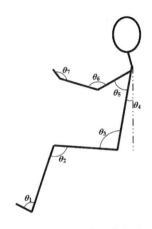

图 5-90 待测量关节角度

表 5-21 待测量关节角度及其含义

角度符号	角度含义
θ_1	踩踏踏板时脚底面与小腿轴线夹角
θ_2	小腿轴线与大腿轴线夹角
θ_3	大腿轴线与躯干夹角
θ_4	垂直面与躯干夹角
θ_5	上臂轴线与躯干夹角
θ_6	上臂轴线与前臂轴线夹角
θ_7	前臂轴线与手腕夹角

四、试验结果及分析

50、5、95 百分位试验人员的数据测量结果分别如表 5-22、表 5-23、表 5-24 所示,将此测量结果进行均值化处理并输入 DELMIA 驾驶坐姿评分体系,总的评分结果见表 5-25,将各部位评分明细输出条形图,如图 5-91 所示。

表 5-22 50 百分位试验人员角度测量结果

试验人员序号	θ_1	θ_2	θ_3	θ_4	θ_5	θ_6	θ_7
1	85.1	115.5	110.6	22.8	45.2	132.4	170.2
2	86.3	116.9	106.7	23.5	47.1	139.5	174.1
3	83.5	112.1	103.4	24.3	45.1	137.6	173.0
4	86.0	109.8	106.0	21.9	44.2	136.0	168.7
5	82.1	133.0	104.5	21.7	47.2	140.4	165.6
6	87.2	115.0	101.2	26.0	41.5	133.2	171.2
7	85.4	106.3	103.1	26.9	45.3	140.6	162.4
8	86.7	128.4	100.1	20.6	43.9	140.1	169.5
9	87.2	107.6	106.8	27.1	46.1	139.3	169.2
10	85.6	122.4	98.6	25.2	44.4	130.9	168.1
均值	85.5	116.7	104.1	24.0	45.0	137.0	169.2

表 5-23   5 百分位试验人员角度测量结果

试验人员序号	θ_1	θ_2	θ_3	θ_4	θ_5	θ_6	θ_7
11	85.5	110.5	101.2	18.2	39.8	135.4	171.5
12	82.6	112.9	100.1	14.9	39.9	136.3	172.1
13	80.5	107.5	99.6	15.8	38.2	134.0	169.2
14	81.4	107.4	99.4	17.2	39.6	132.5	173.5
15	80.0	113.2	102.7	18.9	42.5	133.5	174.2
16	80.3	113.4	95.3	15.3	40.2	136.1	174.1
17	82.1	108.2	101.1	18.2	37.6	131.6	173.6
18	84.5	106.7	106.6	16.6	42.1	138.2	177.0
19	83.6	117.1	98.2	14.8	38.3	135.6	165.5
20	79.5	106.1	101.8	20.1	41.8	130.0	170.3
均值	82.0	110.3	100.6	17.0	40.0	134.3	172.1

表 5-24   95 百分位试验人员角度测量结果

试验人员序号	θ_1	θ_2	θ_3	θ_4	θ_5	θ_6	θ_7
21	86.5	120.5	112.1	26.3	48.3	137.4	172.5
22	87.6	126.9	113.5	29.8	47.9	138.3	171.2
23	88.9	119.4	113.4	26.9	47.4	138.2	169.8
24	85.1	124.0	113.3	29.7	47.1	138.5	173.0
25	83.6	120.1	110.1	27.5	46.5	139.3	172.2
26	86.2	124.4	113.5	29.1	48.2	138.2	171.2
27	89.3	123.8	114.2	24.9	44.1	141.3	173.1
28	87.1	120.1	110.6	30.0	46.3	136.5	170.2
29	81.9	119.9	113.1	27.2	47.2	133.9	172.3
30	87.0	122.8	111.1	28.8	51.2	141.6	171.7
均值	86.3	122.2	112.5	28.0	47.4	138.3	171.7

表 5-25   各百分位试验人员舒适性评分

人体部位	5 百分位	50 百分位	95 百分位
腰部	80.7	86.9	86.4
胸椎	85.4	84.1	87.2
大腿	95.3	97.4	97.2
小腿	98.1	93.8	90.1
脚踝	86.2	92.7	91.3
前臂	83.8	82.5	78.8
上臂	93.9	98.5	91.9
手部	94.7	95.9	96.3
综合评分值	89.8	91.5	89.9

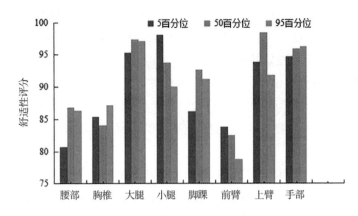

图 5-91 舒适性评分明细

从舒适性综合评分可看出,50 百分位试验人员的评分最高可达 91.5 分,而 5、95 百分位试验人员评分分别为 89.8 分、89.9 分,三者分数都高于 70 分,表明所设计的驾驶室驾驶环境可满足各体型驾驶员的舒适性需求。此外,中等身材驾驶员舒适性最好;小身材与大体型驾驶员在所设计驾驶环境下舒适性相对略差。

对比各百分位试验人员评分结果,可知各部位评分结果有相似之处又有所差别。各百分位驾驶员评分较低的部位主要集中于腰部、胸椎、前臂,三种身材比例的试验人员这三处的评分均不足 90 分,表明在本设计驾驶室布局下腰部、胸椎、前臂的舒适性相对较差。从各百分位驾驶员的评分情况可看出,小身材驾驶员的评分最低的部位为腰部,脚踝处的评分也不足 90 分,而中等身材与大体型驾驶员的评分最低部位皆为前臂处,表明对不同身材驾驶员舒适性最差的部位略有不同。

与前文驾驶坐姿舒适性仿真分析结果类似,50 百分位驾驶员的驾驶坐姿综合性评分高于 5、95 百分位驾驶员的评分,且腰部、前臂等部位评分相对偏低,表明测试和仿真分析结果基本保持一致,从而一定程度上验证前文仿真结果的准确性。

基于上述分析,在本设计驾驶室各操纵装置与整体布局环境下,对于大部分驾驶员而言,驾驶坐姿舒适性较好;对于小身材与大体型驾驶员,驾驶坐姿舒适性略差,但是依然达到舒适的水平。总体而言,本研究设计的驾驶室的设计参数合理,可满足驾驶员的静态舒适性需求。

5.6 本章小结

本章主要以人机工效学与驾驶室设计相关理论为指导,从驾驶室静态舒适性与安全性两方面入手,对拖拉机驾驶室内的布局、主要操纵装置以及外部结构等进行设计,并以此为基础进行驾驶室防护装置静载强度与驾驶室静态舒适性仿真分析,对驾驶室的安全性与舒适性进行评价,同时,在驾驶室试验平台上进行静态舒适性验证试验,以进一步校核驾驶室设计的合理性。

主要研究工作及结论如下:

(1)结合人机工效学与国内外驾驶室设计的相关理论,基于驾驶员静态舒适性与安全性对拖拉机驾驶室的布局、内部装置以及外部防护装置等进行设计,完成拖拉机驾驶室的三维建模,为后续驾驶室的安全性与舒适性分析奠定基础。

(2)从校核驾驶员的安全性出发,采用 ANSYS 软件对驾驶室防护装置进行后推、后压、侧推、前压、前推五种工况条件下的静载强度仿真分析,结果表明,驾驶室防护装置在各种工况下的整体变形量均未侵入作业人员的安全容身区,且应变与应力均符合材料属性的允许范围,进而说明驾驶室防护强度符合安全性能要求。

(3)考虑到驾驶室存在一定的材料冗余,本研究以轻量化设计为目标,通过拓扑优化,对侧围挡板和后围挡板的厚度进行改进,优化后整个驾驶室质量减轻了 82.47 kg,优化后的驾驶室强度仍然满足要求,表明驾驶室结构优化合理,驾驶室防护装置能够满足驾驶员安全性需求。

(4)基于 DELMIA 人体工效学仿真模块建立 5、50、95 百分位驾驶员人体模型,分别与驾驶室组合构建人机系统,并以此为基础对驾驶员的视野、上肢伸展域、驾驶坐姿舒适度以及换挡舒适性进行分析,提出了不同百分位驾驶员对拖拉机驾驶舒适性需求的相同点和不同点,分析了所设计拖拉机驾驶室总体布局的合理性及与不同体型驾驶员之间的人机匹配性。分析结果表明,各体型驾驶员在驾驶室内视野开阔,上肢可达性良好,同时,在该驾驶环境下,50 百分位驾驶员驾驶坐姿舒适性略优于 5、95 百分位驾驶员,50、5 百分位驾驶员换挡姿势舒适性优于 95 百分位驾驶员。总体上看,该驾驶环境可满足各体型驾驶员的舒适性需求。

(5)根据所设计的驾驶环境搭建了驾驶试验平台,以驾驶坐姿的各部位关节角度为舒适性的评价指标,选取不同体型的驾驶员进行驾驶室静态舒适性测试,并结合测试结果完成不同体型驾驶员对驾驶室设计布局的适应性分析。结果表明,各体型驾驶员腰部、胸椎、前臂处舒适性相对较差,本设计驾驶室环境可满足各体型驾驶员的舒适性需求,其中,中等身材驾驶员舒适性最佳,小身材与大体型驾驶员舒适性略差。

第 6 章
总结与展望

6.1 全书总结

　　人机工效学研究是涉及工效学、生物力学、工效学以及测量学等学科的重要课题。近年来,随着计算机软硬件、计算机辅助设计以及虚拟现实等技术的迅速发展,人机工效学的理论与方法也在不断成熟和完善,基于工效学理论的人机界面布局与操纵装置人性化设计更是国内外专家学者与工程技术人员关注的焦点,尤其是在汽车工程领域,经过多年的研究和积累,目前已形成比较完整的汽车人机工效学理论体系及技术规范。但是在农机工程领域,尤其是在我国,农机装备人机工效性问题尚未引起足够重视。从目前的报道来看,关于农机装备人机工效问题的研究较为缺乏,而且现有研究主要是通过驾驶员主观评价试验或在静态驾驶姿势下,采用关节活动角度作为评价指标,对驾驶员的静态舒适性进行定性分析与评价,而对动态操纵过程中驾驶员的振动与操纵舒适性进行定量分析与综合评价的研究相对较少。上述问题的研究对提升我国农机装备的人机品质与市场竞争力具有重要的现实意义。

　　本书主要围绕国家自然科学基金项目"农机装备人－机－路面耦合系统动力学模型与舒适性多维评价机制的研究"和"农机装备作业人员手臂振动生物力学模型及动态响应特性研究"展开,聚焦农机装备舒适性定量分析与综合定量评价问题,综合运用多种现代设计理论与分析方法,对农机装备的振动舒适性、操纵舒适性以及静态舒适性问题进行系统深入的研究,分析揭示农机装备人机系统的设计参数与外部环境因素对系统舒适性的影响机制,完成农机装备驾驶室与主要操纵装置的工效学设计。在研究工作中,主要取得以下研究成果和结论:

　　(1)通过对某稻麦油联合收获机的振动舒适性进行仿真分析与试验研究发现,路面硬度对人体振动舒适性具有较大影响,收获机在平坦松软的泥土路面行驶作业时,人体对振动舒适性的主观感受较好,而在平坦坚实的水泥路面行驶作业时,其主观感受较差,说明松软的路面对振动能量具有一定的吸收作用,路面硬度对人体振动舒适性有重要影响,在硬度较大的路面上行驶时,驾驶员的主观振动感明显强于在松软路面上行驶的振动感。此外,收获机行驶速度对人体振动舒适性也具有较大影响,随着行驶速度的增加,人体振动舒适性不断降低。

(2)分别采用基于熵的综合评价法、主成分分析法、灰色关联分析法、理想解法以及改进理想解法对八台拖拉机的换挡操纵舒适性进行分析评价发现,五种评价方法的评价结论具有较好的一致性,因而可以对其进行组合,构建组合评价模型;除最大分离力外,平均踏板力、非线性度、曲线下面积以及冲量四个评价指标对组合评价模型的评价结果都具有显著影响,说明所构建的评价指标体系是科学合理的;组合评价模型综合评价结果与测试人员的主观评分结果基本一致,说明所构建的组合评价模型是有效的,组合评价方法可以弥补单一方法的不足和结论的不一致性,得到更加客观合理的评价结果。

(3)采用熵权物元分析模型对八台拖拉机的操纵舒适性进行分析评价发现,熵权物元分析模型的评价结果与多指标综合评价的结果基本一致,以 1 号拖拉机为例,熵权物元分析模型给出了载具总体舒适性的评分值(0.8867),且该评分值与多指标综合评价的评分值(0.8841)非常接近,说明所选用的基本评价指标及建立的熵权物元分析模型是科学有效的;离合器的分离行程对舒适性的影响最大;物元分析模型可以计算操纵过程各个动作单元的评分值,因此可以明确操纵过程的薄弱环节;从各个单元的贴近度来看,退挡、进挡单元为换挡操纵过程最薄弱的环节。采用物元分析模型对操纵舒适性进行评价,不仅可以分析部件的操作舒适程度,而且可以对整个操纵过程中的负面环节进行定位。

(4)对收获机车身框架进行模态分析发现,收获机正常工作时,车身框架第一阶固有频率与横割刀摆环机构主动轴的转速为 439 r/min 时割刀的激励频率(7 Hz)接近,第三、四阶固有频率与脱粒滚筒转动速度处于 800～1100 r/min 时的激励频率(15 Hz)接近,易与车身框架发生共振。收获机田间行驶作业时传入人体的振动能量主要集中于 7 Hz 与 14 Hz 这 2 个频率点。频率接近 7 Hz 的第一阶模态振型的形变主要集中在驾驶室,发生共振时对人体舒适性的影响较大,频率接近 15 Hz 的第三、四阶模态振型的形变主要集中在脱粒滚筒支撑架的面板上,发生共振时对人体舒适性的影响较小。因此需要针对车身框架的第一阶模态(7 Hz)对车身框架结构进行优化。

(5)通过对车身框架进行尺寸优化与拓扑优化发现,经尺寸优化后,收获机车身框架第一阶固有频率在提升至 8.49 Hz 的条件下,车身框架质量下降了 0.85%;经拓扑优化后,收获机车身框架第一阶固有频率在提升至 8.63 Hz 的条件下,车身框架质量下降了 15.09%。拓扑优化与尺寸优化均可使收获机车身框架固有频率避开外部激振频率范围,从而降低车身框架发生共振的概率。对收获机车身框架进行拓扑优化后,车身框架质量下降更加明显,采用拓扑优化技术对车身框架进行轻量化设计更为适合。但拓扑优化会使车身框架骨架梁单元的密度分布不均匀,其加工较为困难。综合考虑优化设计的目标与生产制造成本,采用尺寸优化技术对收获机车身框架进行结构优化更为适合。相关研究成果可为农机装备整机车身框架轻量化与舒适性优化设计提供一定的参考。

(6)对农机装备四个主要操纵装置的舒适性进行定量分析与综合评价发现,座椅舒适性的最佳位置参数组合如下:H 点(胯点)相对踏点的前后距离为 701.26 mm、上下高度为 431.18 mm,靠背倾角为 111.67°。座椅的舒适性综合评分为 0.904 分。方向盘舒适性的最佳位置参数组合如下:盘面倾角为 32.29°、W 点(盘心点)相对 H 点的前后距离为 400.85 mm、上下高度为 293.18 mm。此时,方向盘的舒适性综合评分为 0.864 分。脚踏板舒适性的最佳位置参数组合如下:踏板平面倾角为 33.27°,踏点相对 H 点的左右距离为 211.55 mm。此时,脚踏板的舒适性综合评分为 0.831 分。操纵杆舒适性的最佳位置参数组合如下:手柄球心相对 H 点的前后距离为 297.65 mm、左右距离为 350.78 mm、上下高度为 11.13 mm。此时,操纵杆的舒适性综合评分为 0.867 分。为了提高农机装备操纵杆的舒适性,可以将其操纵杆调节至使右前臂水平且朝向正前方的位置,从而使驾驶员可以轻松地推拉操纵杆。

(7)采用 ANSYS 软件对拖拉机驾驶室防护装置进行后推、后压、侧推、前压、前推五种工况条件下的静载强度仿真分析发现,本研究所设计的驾驶室防护装置在各种工况下的整体变形量均未侵入作业人员的安全容身区,且应变与应力均符合材料属性的允许范围,说明驾驶室防护强度符合安全性能要求。

(8)采用 DELMIA 软件建立拖拉机驾驶室人机系统仿真分析模型,对驾驶员视野范围、上肢伸展域、驾驶坐姿舒适度以及换挡舒适性进行分析发现,不同体型驾驶员与驾驶环境的匹配性均比较好,驾驶员在驾驶室内视野开阔,上肢可达性良好;驾驶环境相同时,50 百分位驾驶员坐姿舒适性略优于 5、95 百分位驾驶员,50、5 百分位驾驶员换挡姿势舒适性优于 95 百分位驾驶员。因此,本研究所设计的驾驶室环境满足不同体型驾驶员的舒适性需求。

6.2　主要创新点

本文主要在以下几个方面进行了一些创新性研究工作:

(1)创新性地建立了收获机人-机-路面系统刚柔耦合多体动力学模型,并以此为基础,结合振动测试,深入研究了路面激励、机具行驶速度、人体自身的振动力学特性、人体与座椅之间的耦合作用、农机装备与路面之间的耦合作用等因素对农机装备振动舒适性的影响机制。

(2)创新性地建立了两种农机装备操纵舒适性定量分析与综合评价模型,即基于离差最大化的操纵舒适性组合评价模型和基于动作元分析的操纵舒适性熵权物元分析模型,并以此为基础,对农机装备的换挡操纵舒适性进行定量分析和综合评价;利用负面因素追踪函数,对影响换挡操纵舒适性的负面设计因素进行追踪,揭示操纵装置设计因素与其舒适性之间的关系;开发一套用于换挡操纵舒适性评价的软件系统。

(3)创新性地构建了农机装备操纵装置舒适性多级评价指标体系,并以此为基础,结合单因素与响应面试验,对农机装备座椅、方向盘、脚踏板以及操纵杆四个操纵装置的舒适性进行定量分析与综合评价,深入分析关键位置参数及其交互作用对各操纵装置舒适性的影响机制,完成操纵装置关键位置参数的优化,获得最佳人机工程设计方案。

(4)课题研究内容属于国际农机工程领域人机工效学研究的重要方向与研究热点。从研究方法和手段来看,本研究创新地将机械振动理论、多体系统动力学理论、人机工效学理论、动态系统理论、有限元法、虚拟样机动态仿真技术等先进理论与方法相结合,并将其应用于农机装备振动与操纵舒适性研究,可为农机装备舒适性分析与工效学设计提供一种新方法和新途径。

6.3　不足与展望

本研究虽然在农机装备舒适性定量分析与综合评价方面取得一定的进展与突破,基本达到预期研究目标。但由于农机装备的工效学研究涉及多个学科,加之作者时间与能力有限,本研究还存在以下不足及待改进之处:

(1)在对收获机振动舒适性进行仿真分析时,收获机虚拟样机的振动激励仅考虑了横竖割刀、脱粒滚筒以及路面激励等低频振动激励源(激振频率低于 20 Hz)。对收获机进行振动测试分析发现,正常作业时,四缸发动机的振动频率一般为 30～150 Hz,对人体振动舒适性进行评价时,该频率段的加权因子较小,但是因其幅值较大,对人体振动舒适性仍然具有一定的影响。因此,在后续研究中,需要考虑发动机激励,建立更加完善的收获机虚拟样机模型。

(2)对农机装备的操纵舒适性进行定量分析和综合评价时,由于缺乏相关标准,相应的标准值、标准等级值以及标准节域都无法确定,处理过程中尚存在简单地将极大值或极小值作为最优解的问题,因此评价指标的选择和节域的界定等问题还需要深入研究和探讨。此外,本研究主要以舒适性综合评分为评价指标,对操纵装置的舒适性进行定量分析与综合评价,但对于给定的综合评分当从属于何种主观舒适性水平,本文并未深入研究。后续研究可以考虑采用智能算法建立主观感受与客观评分值之间的映射模型,获取客观评价值与主观舒适性感受之间的映射关系。

(3)总体来说,项目研究成果转化不足。虽然课题组在农机装备舒适性定量分析与综合评价方面取得重要进展,相关研究成果对农机装备工效学设计也具有一定的指导意义,但目前并未对成果进行有效转化。因此,后期要继续加强相关课题的研究工作,争取在农机装备舒适性分析与工效学设计方面形成优势推广技术,同时还要加强与企业及地方政府部门的交流合作,促进科研成果转化落地。

REFERENCES

[1] 赵军平. 国内外农机装备发展现状及发展趋势 [J]. 河北农机, 2012（2）:31–32.

[2] 本刊编辑部. 罗锡文院士: 谈加速我国农业机械化发展的几点建议 [J]. 新农业, 2011（10）:4–6.

[3] 周一鸣. 拖拉机人机工程学 [M]. 北京: 机械工业出版社, 1988.

[4] Mehta C R, Tewari V K.Seating discomfort for tractor operators——A critical review[J].International Journal of Industrial Ergonomics, 2000, 25（6）:661–674.

[5] Mehta C R, Tewari V K. Damping characteristics of seat cushion materials for tractor ride comfort[J]. Journal of Terramechanics, 2010, 47（6）:401–406.

[6] Mehta C R, Gite L P, Pharade S C, et al. Review of anthropometric considerations for tractor seat design[J]. International Journal of Industrial Ergonomics, 2008, 38（5–6）: 546–554.

[7] 王余锐. 联合收获机驾驶室驾驶舒适性的人机工程设计 [D]. 哈尔滨: 东北农业大学, 2013.

[8] Hostens I, Deprez H, Ramon H. An improved design of air suspension for seats of mobile agricultural machines[J]. Journal of Sound and Vibration, 2004, 276（1）:141–156.

[9] De Temmerman J, Deprez K, Hostens I, et al. Conceptual cab suspension system for a self–propelled agricultural machine——Part 2: operator comfort optimisation[J]. Biosystems Engineering, 2005, 90（3）:271–278.

[10] Marsili A, Ragni L, Santoro G, et al. Innovative systems to reduce vibrations on agricultural tractors: Comparative analysis of acceleration transmitted through the driving seat[J]. Biosystems Engineering, 2002, 81（1）:35–47.

[11] 李帅, 陈军, 赵腾, 等. 拖拉机座椅振动特性研究 [J]. 农机化研究, 2011（6）:194–197.

[12] Shu Q, Zhu J. Research on running ride comfort of the multifunctional harvester[C]. The 3rd International Symposium on Chemical Engineering and Material Properties, Sanya, 2013, 791: 795–798.

[13] 孔德刚, 张帅, 朱振英, 等. 机械化播种作业中驾驶员疲劳分析与评价 [J]. 农业机械学报, 2008, 39（8）:74–78.

[14] 刘军, 孔德刚, 刘立意, 等. 拖拉机座椅振动对驾驶员腰部疲劳影响研究——以积分肌电值和主观感受评价值为指标 [J]. 农机化研究, 2011（1）:53–56.

[15] 苏锦涛, 孔德刚, 李紫辉, 等. 拖拉机座椅振动加速度对驾驶疲劳的影响——以心率增加率和疲劳评价值为指标 [J]. 农机化研究, 2011（1）:161–164.

[16] 徐清俊, 董昊, 杨茵, 等. 人机工程学在拖拉机换挡操纵装置中的应用 [J]. 拖拉机与农用运输车, 2013, 40（5）:65–67.

[17] 应义斌, 张立斌, 胥芳, 等. 工农–5 型手扶拖拉机手把振动的测试分析及评价 [J]. 浙江农业大学学报, 1996, 22（1）:68–72.

[18] 张立彬, 蒋帆, 王扬渝, 等. 基于 LMS Test.Lab 的小型农业作业机振动测试与分析 [J]. 农业工程学报, 2008, 24（5）:100–104.

[19] Society of Automotive Engineers.Human physical dimensions: SAE J833—2003[S]. USA: SAE International, 2003.

[20] Society of Automotive Engineers.Devices for use in defining and measuring vehicle seating accommodation: SAE J826—2008 [S]. USA: SAE International, 2008.

[21] Chisholm C J, Bottoms D J, Dwyer M J, et al. Safety, health and hygiene in agriculture[J]. Safety Science, 1992, 15（04）:225–248.

[22] Shao W, Zhou Y. Design principles of wheeled–tractor driver–seat static comfort[J]. Journal of Beijing Agricultural Engineering University, 1990, 33（07）:959–965.

[23] Giuseppe D G, Antonio L, Kenan M, et al. A top–down approach for virtual redesign ergonomic optimization of an agricultural tractor's driver cab [C].Nantes: Proceedings of the ASME 2012 11th Biennial Conference on Engineering Systems Design and Analysis, 2012.

[24] 中华人民共和国国家质量监督检验检疫总局, 中国国家标准化管理委员会. 农业拖拉机驾驶员座位装置尺寸: GB/T 6235—2004 [S]. 北京: 中国标准出版社, 2004.

[25] 中华人民共和国国家质量监督检验检疫总局, 中国国家标准化管理委员会. 农业拖拉机驾驶室门道、紧急出口与驾驶员的工作位置尺寸: GB/T 6238—2004 [S]. 北京: 中国标准出版社, 2004.

[26] Seidl A. RAMSIS——A new CAD–tool for ergonomic analysis of vehicles developed for the German automotive industry[J]. Physics of Particles & Nuclei Letters, 2013, 10（06）:528–534.

[27] Issachar G, Eyal B. Quantifying driver's field–of–view in tractors: Methodology and case study[J]. International Journal of Occupational Safety and Ergonomics, 2015, 21（1）:20–29.

[28] Wu Y W, Zhou Z L, Xi Z Q, et al. Tractor cab virtual modeling and ergonomic evaluation based on Jack[C]. Quebec: Proceedings of the ASME 2018 International Design Engineering Technical Conferences and Computers and Information in Engineering Conference, 2018.

[29] Daniel L, Tuomas N, Lars H, et al. Visualization of comfort and reach in cab environment[C]. Reykjavik: 40th Annual Nordic Ergonomic Society Conference, 2008.

[30] 梁海莎. 基于人机工程学的拖拉机驾驶室设计研究 [D]. 南京: 南京农业大学, 2012.

[31] 苏珂, 廖越. 基于 JACK 的电动拖拉机驾驶室人机工程改进设计 [J]. 机械设计, 2018, 35（8）:106–110.

[32] 郭晖, 吴蒙, 刘忠杰. 基于 RAMSIS 的拖拉机驾驶室人机工程分析 [J]. 拖拉机与农用运输车, 2016, 43（05）:19–24.

[33] 刘海悦. 农机装备驾驶操纵舒适性试验平台的设计 [D]. 武汉: 华中农业大学, 2018.

[34] 刘明周, 胡金鑫, 扈静, 等. 基于动作元的汽车离合器操纵舒适性的优化 [J]. 汽车工程, 2011, 33 (1):43–46.

[35] 扈静, 刘明周, 胡金鑫, 等. 基于舒适性分析的踏板装置操纵过程数字化描述 [J]. 合肥工业大学学报: 自然科学版, 2010, 33 (10):1454–1457.

[36] 胡金鑫. 基于动作元的操纵装置舒适性研究 [D]. 合肥: 合肥工业大学, 2010.

[37] 李宝筏. 农业机械学 [M]. 北京: 中国农业出版社, 2003.

[38] 李耀明, 李有为, 徐立章, 等. 联合收获机割台机架结构参数优化 [J]. 农业工程学报, 2014, 30(18): 30–37.

[39] 中国农业机械化科学研究院. 农业机械设计手册 [M]. 北京: 中国农业科学技术出版社, 2007.

[40] 张广成. 如何合理选择联合收获机作业时的前进速度 [J]. 山西农机, 2003(3): 30.

[41] 杨德民. 基于 RecurDyn 的多关节机器人动力学仿真研究 [D]. 上海: 上海师范大学, 2016.

[42] 秦绪友. 基于 RecurDyn 的伸缩臂履带起重机回转动态特性分析 [D]. 大连: 大连理工大学, 2014.

[43] 李显荣. 基于 RecurDyn 的带式输送机打滑特性研究 [D]. 太原: 太原理工大学, 2015.

[44] 焦晓娟, 张湉渭, 彭斌彬. RecurDyn 多体系统优化仿真技术 [M]. 北京: 清华大学出版社, 2010.

[45] 李彩云. 高压水射流割缝设备行走部特性分析 [D]. 太原: 太原理工大学, 2015.

[46] 刘虹玉. 微型履带山地拖拉机性能分析与仿真 [D]. 杨凌: 西北农林科技大学, 2014.

[47] 王雷. 履带式滩涂运输车行驶性能分析研究 [D]. 哈尔滨: 哈尔滨工业大学, 2010.

[48] 李阳. 铰接式履带车辆行驶性能研究 [D]. 长春: 吉林大学, 2011.

[49] 张光裕. 工程机械底盘构造与设计 [M]. 2 版. 北京: 中国建筑工业出版社, 1986.

[50] 魏书宁. 输电线路除冰机器人抓线智能控制方法研究 [D]. 长沙: 湖南大学, 2013.

[51] 薛峰. 液压破碎锤工作装置设计理论 [J]. 城市建设理论研究: 电子版, 2011(19).

[52] Haug E J, Huston R L. Computer Aided Analysis and Optimization of Mechanical System Dynamics[J]. ASME J Appl Mech, 1985, 52 (1): 243.

[53] 陈立平. 机械系统动力学分析及 ADAMS 应用教程 [M]. 北京: 清华大学出版社, 2005.

[54] 洪嘉振. 计算多体系统动力学 [M]. 北京: 高等教育出版社, 1999.

[55] 朱海杰. 作大范围运动空间柔性机械臂动力学建模与控制的研究 [D]. 南京: 南京航空航天大学, 2015.

[56] 方建士. 多体系统的刚柔耦合动力学及其在发射系统中的应用 [D]. 南京: 南京理工大学, 2006.

[57] 刘义, 徐恺, 李济顺, 等. RecurDyn 多体动力学仿真基础应用与提高 [M]. 北京: 电子工业出版社, 2013.

[58] 于春玲. 某大型客车车身有限元分析 [D]. 哈尔滨: 哈尔滨工业大学, 2012.

[59] 李凤成. 1500 米水头段多级能量回收透平水力模型方案的开发研究 [D]. 兰州: 兰州理工大学, 2011.

[60] 罗竹辉, 魏燕定, 周晓军, 等. 随机激励三维路面空间域模型建模与仿真 [J]. 振动与冲击, 2012, 31 (21): 68–72.

[61] 谢斌, 鲁倩倩, 毛恩荣, 等. 基于 ADAMS 的联合收获机行驶平顺性仿真 [J]. 农机化研究, 2014（11）: 38–41.

[62] 朱志豪, 华顺刚, 张丽娜, 等. 履带车辆行驶平顺性仿真及试验 [J]. 光电技术应用, 2010, 25（2）: 71–74.

[63] 王俊龙, 汪洋, 王吉华. 基于 ADAMS 的随机路面不平度建模及参数选择 [J]. 汽车科技, 2011（4）: 41–44.

[64] 崔锦羽. 基于虚拟样机的 ATV 舒适性仿真分析 [D]. 重庆: 重庆大学, 2008.

[65] 尹彦, 杨洁, 马春生, 等. 东西方人体测量学尺寸差异分析 [J]. 标准科学, 2015（7）: 10–14.

[66] 兰豹. 基于中国人体尺寸的汽车驾驶室人机工程研究 [D]. 长春: 吉林大学, 2009.

[67] Kumbhar P, Xu P, Yang J. Evaluation of human body response for different vehicle seats using a multibody biodynamic model[J]. SAE Technical Paper, 2013, doi: 10.4271/2013–01–0994.

[68] 王叙超. 基于标准粒子群算法的汽车乘坐舒适性优化分析 [D]. 青岛: 山东科技大学, 2015.

[69] 陈乾, 朱湘璇, 崔云翔. "人体 – 座椅" 系统对非公路车辆乘坐舒适性的研究 [J]. 企业科技与发展, 2014（1）: 21–24.

[70] 郭长城. 轿车车架模态分析与结构优化 [D]. 长春: 吉林大学, 2011.

[71] 王亚丁. 履带式联合收获机驾驶台振动分析与结构优化 [D]. 镇江: 江苏大学, 2016.

[72] 赵永辉. 大客车车身骨架结构拓扑优化设计 [D]. 武汉: 武汉理工大学, 2008.

[73] 卢利平. 载货汽车车架拓扑优化设计及有限元分析 [D]. 合肥: 合肥工业大学, 2009.

[74] 石作维. 机械结构拓扑优化及其在重型卡车平衡轴支架改进设计中的应用 [D]. 合肥: 合肥工业大学, 2009.

[75] 张胜兰, 郑冬黎, 郝琪. 基于 HyperWorks 的结构优化设计技术 [M]. 北京: 机械工业出版社, 2007.

[76] 鲍艳, 胡振琪, 柏玉, 等. 主成分聚类分析在土地利用生态安全评价中的应用 [J]. 农业工程学报, 2006, 22（8）:87–90.

[77] 蔡文. 可拓论及其应用 [J]. 科学通报, 1999, 44（7）:673–682.

[78] 蔡文. 物元分析 [M]. 广州: 广东高等教育出版社, 1987.

[79] 曾宪报. 关于组合评价法的事前事后检验 [J]. 统计研究, 1997, 14（6）:56–58.

[80] 陈楚. 福建省主要城市自主创新投入能力的组合评价模型 [D]. 武汉: 华中师范大学, 2015.

[81] 陈刚, 张为公, 龚宗洋, 等. 基于证据理论和模糊神经网络的汽车换挡平顺性评价方法 [J]. 汽车工程, 2009, 31（4）:308–312.

[82] 陈国宏, 陈衍泰, 李美娟. 组合评价系统综合研究 [J]. 复旦学报: 自然科学版, 2003,42（5）:667–672.

[83] 陈国宏, 李美娟. 组合评价收敛性验证的计算机模拟实验 [J]. 系统工程理论与实践, 2005, 25（5）:74–82.

[84] 程启月. 评测指标权重确定的结构熵权法 [J]. 系统工程理论与实践, 2010, 30（7）:1225–1228.

[85] 戴文婕. 中国省域低碳经济发展的一致性组合评价研究 [D]. 武汉: 华中科技大学, 2015.

[86] 邓丽, 陈波, 余隋怀. 面向舱室布局优化的上肢操作舒适性评估方法研究 [J]. 机械科学与技术,

2017, 36（1）:108–113.

[87] 杜波,秦大同,段志辉,等.混合动力汽车模式切换与 AMT 换挡品质评价方法[J].汽车科技,2014（6）:6–13.

[88] 范晓玲.教育统计学与 SPSS[M].长沙:湖南师范大学出版社,2005.

[89] 傅隆生,宋思哲,邵玉玲,等.基于主成分分析和聚类分析的海沃德猕猴桃品质指标综合评价[J].食品科学,2014,35（19）:6–10.

[90] 高新波.模糊聚类分析及其应用[M].西安:西安电子科技大学出版社,2004.

[91] 高燚,蒙小亮,劳小青.基于聚类分析的海南岛雷电灾害易损度风险区划[J].自然灾害学报,2013,22（1）:175–182.

[92] 公丽艳,孟宪军,刘乃侨,等.基于主成分与聚类分析的苹果加工品质评价[J].农业工程学报,2014,30（13）:276–285.

[93] 郭晖,贾腾,刘忠杰,等.拖拉机驾驶员田间作业操纵行为的研究[J].拖拉机与农用运输车,2017（4）:6–10.

[94] 郭金玉,张忠彬,孙庆云.层次分析法的研究与应用[J].中国安全科学学报,2008,18（5）:148–153.

[95] 郭显光.一种新的综合评价方法——组合评价法[J].统计研究,1995,12（5）:56–59.

[96] 何源,扈静,蒋增强,等.基于踏板力和力变率的离合器操纵舒适性评价[J].合肥工业大学学报:自然科学版,2010,33（1）:10–13.

[97] 胡惟璇,凌丹,杜妍.基于组合评价的 VTS 综合评估应用研究[J].科研管理,2016(S1):533–546.

[98] 扈静.基于舒适性指数的汽车离合器操纵舒适性研究[D].合肥:合肥工业大学,2014.

[99] 李惠林,殷国富,谢庆生,等.面向网络化制造的制造资源组合评价方法研究[J].计算机集成制造系统,2008,14（5）:955–961.

[100] 李珠瑞,马溪骏,彭张我林.基于离差最大化的组合评价方法研究[J].中国管理科学,2013,21（1）:174–179.

[101] 廉琪,苏屹.基于 SOM 和 PSO 聚类组合算法的客户细分研究[J].华东经济管理,2011,25（1）:118–121.

[102] 刘明周,阿地兰木·斯塔洪,扈静,等.基于模糊神经网络的汽车变速杆操纵舒适性评价[J].中国机械工程,2016,27（17）:2402–2407.

[103] 刘明周,龚任波,扈静,等.基于灰色关联分析的操纵装置操纵舒适性评价[J].中国机械工程,2011,22（21）:2642–2645.

[104] 刘明周,张淼,扈静,等.基于操纵力感知场的人机系统操纵舒适性度量方法研究[J].机械工程学报,2016,52（12）:192–198.

[105] 刘明周,周维维,张大伟,等.汽车变速杆操纵舒适性的矢量描述与聚类分析[J].汽车工程,2013,35（6）:521–525.

[106] 龙立梅,宋沙沙,李奈,等.3 种名优绿茶特征香气成分的比较及种类判别分析[J].食品科学,2015,36（2）:114–119.

[107] 罗承忠.模糊集引论 [M].北京:北京师范大学出版社,2007.

[108] 吕胜,谷正气,伍文广,等.基于人机工程的自卸车操纵杆舒适度分析 [J].中南大学学报:自然科学版,2013(9):3665-3669.

[109] 毛定祥.一种最小二乘意义下主客观评价一致的组合评价方法 [J].中国管理科学,2002,10(5):95-97.

[110] 彭猛业,楼超华,高尔生.加权平均组合评价法及其应用 [J].中国卫生统计,2004,21(3):146-149.

[111] 彭勇行.管理决策分析 [M].北京:科学出版社,2000.

[112] 邱东.多指标综合评价方法 [J].统计研究,1990,7(6):43-51.

[113] 上衍猛.基于模糊 C 均值算法在文本聚类中的研究与实现 [D].上海:东华大学,2013.

[114] 宋国岩.摩擦式离合器常见故障诊断及排除 [J].农机使用与维修,2006(6):50-51.

[115] 宋江峰,刘春泉,姜晓青,等.基于主成分与聚类分析的菜用大豆品质综合评价 [J].食品科学,2015,36(13):12-17.

[116] 孙贤安,吴光强.双离合器式自动变速器车辆换挡品质评价系统 [J].机械工程学报,2011,47(8):146-151.

[117] 谭超,戴波,刘华戎,等.不同品种红茶及茶膏的 Fisher 判别分析 [J].食品科学,2016,37(7):62-65.

[118] 汪培庄.模糊集合论及其应用 [M].上海:上海科学技术出版社,1983.

[119] 王爱平,周焱,李枋燕,等.指标权重方法比较研究——以湄潭县基本农田划定为例 [J].贵州大学学报:自然科学版,2015,32(2):135-140.

[120] 王化吉,宗长富,管欣,等.基于模糊层次分析法的汽车操纵稳定性主观评价指标权重确定方法 [J].机械工程学报,2011,47(24):83-90.

[121] 文俊,吴开亚,金菊良,等.基于信息熵的农村饮水安全评价组合权重模型 [J].灌溉排水学报,2006,25(4):43-47.

[122] 熊文涛,齐欢,雍龙泉.一种新的基于离差最大化的客观权重确定模型 [J].系统工程,2010,28(5):95-98.

[123] 徐泽水,达庆利.多属性决策的组合赋权方法研究 [J].中国管理科学,2002,10(2):84-87.

[124] 杨飞,史庆春,万小玲,等.基于 Pro/E Manikin 的拖拉机驾驶室人机工程评价方法 [J].农业工程学报,2013,29(9):32-38.

[125] 尹钢.汽车单控制动装置研究浅析及其配件探索性设计分析 [J].汽车零部件,2013(1):72-81.

[126] 于共增,吴铃海,周建军.汽车离合器操纵舒适度的模糊综合评价研究 [J].机电工程,2009,26(3):69-72.

[127] 张建国,雷雨龙,王健,等.基于 BP 神经网络的换挡品质评价方法 [J].吉林大学学报,2007,37(5):1019-1022.

[128] 张先起,梁川.基于熵权的模糊物元模型在水质综合评价中的应用 [J].水利学报,2005,36(9):1057-1061.

[129] 张小青. 基于组合评价法的中国区域投资环境评价研究 [D]. 武汉: 华中农业大学, 2011.

[130] 张晓秋. 基于并行工程的仪表板造型可行性研究 [D]. 长春: 吉林大学, 2006.

[131] 张正祥. 工业工程基础 [M]. 北京: 高等教育出版社, 2006.

[132] 赵其斌. 拖拉机离合器的使用维护保养与调整 [J]. 农业机械: 导购版, 2016 (7) :36–38.

[133] 赵新泉. 管理决策分析 [M]. 北京: 科学出版社, 2014.

[134] 周泰, 叶怀珍. 基于模糊物元欧式贴近度的区域物流能力量化模型 [J]. 系统工程, 2008, 26 (6) : 27–31.

[135] 朱雪龙. 应用信息论基础 [M]. 北京: 清华大学出版社, 2001.

[136] Ache A G, Viaclovsky J A. Obstruction–flat asymptotically locally Euclidean metrics[J]. Geometric and Functional Analysis, 2012, 22 (4) :832–877.

[137] Alkarkhi A, Muhammad N, Alqaraghuli W, et al. An investigation of food quality and oil stability indices of muruku by cluster analysis and discriminant analysis[J].International Journal on Advanced Science Engineering and Information Technology, 2017, 7 (6) :2279.

[138] Barbosa I D S, Brito G B, Santos G L D, et al. Multivariate data analysis of trace elements in bivalve molluscs: Characterization and food safety evaluation[J]. Food Chemistry, 2018 (2) : 64–70.

[139] Champely S, Chessel D. Measuring biological diversity using Euclidean metrics[J]. Environmental and Ecological Statistics, 2002, 9 (2) :167–177.

[140] DeLooze M P, Kuijt–Evers L F, Van D J. Sitting comfort and discomfort and the relationships with objective measures.[J]. Ergonomics, 2003, 46 (10) :985–997.

[141] Dewangan K N, Tewari V K. Characteristics of vibration transmission in the hand–arm system and subjective response during field operation of a hand tractor[J]. Biosystems Engineering, 2008, 100 (4) :535–546.

[142] Juárez–Barrientos J M, Díaz–Rivera P, Rodríguez–Miranda J, et al. Characterization of milk and quality classification by cluster analysis in dual purpose systems[J]. Revista Mexicana De Ciencias Pecuarias, 2016, 7 (4) :525–537.

[143] Jung M C, Park D, Lee S J, et al. The effects of knee angles on subjective discomfort ratings, heart rates, and muscle fatigue of lower extremities in static–sustaining tasks[J]. Applied Ergonomics, 2011, 42 (1) :184–192.

[144] Kuijt–Evers L F M, Vink P, Looze M P D. Comfort predictors for different kinds of hand tools: Differences and similarities[J]. International Journal of Industrial Ergonomics, 2007, 37 (1) :73–84.

[145] Wang X, Breton–Gadegbeku B L, Bouzon L. Biomechanical evaluation of the comfort of automobile clutch pedal operation[J]. International Journal of Industrial Ergonomics, 2004, 34 (3) :209–221.

[146] 陈佩. 主成分分析法研究及其在特征提取中的应用 [D]. 西安: 陕西师范大学, 2014.

[147] 李佳. 我国农业机械化现状与发展对策研究 [D]. 泰安: 山东农业大学, 2009.

[148] 邓萍, 扈静, 葛茂根. 基于典型相关分析的操纵杆操纵疲劳分析 [J]. 机械工程师, 2014 (7) : 40–42.

[149] 樊慧.基于虚拟样机和人机工程学的汽车座椅舒适性研究 [D].哈尔滨:哈尔滨工业大学,2009.

[150] 郭伏,孙永丽,叶秋红.国内外人因工程学研究的比较分析 [J].工业工程与管理,2007,12(6):118-122.

[151] 郝增涛.80 型轮式装载机驾驶室人机工程学研究 [D].长春:吉林大学,2008.

[152] 侯静.基于 FAHP 的汽车变速杆操纵舒适性心理测评方法研究 [D].合肥:合肥工业大学,2015.

[153] 李华,戴锦轩.改善拖拉机乘坐舒适性的研究 [J].农业机械学报,1985(4):15-26.

[154] 李佳洁.基于人机工程学的汽车车身内部布置方法研究 [D].长春:吉林大学,2007.

[155] 李亮之.世界工业设计史潮 [M].北京:中国轻工业出版社,2001.

[156] 李晓玲,张翔,张鄂,等.用肌电信号评价人体振动舒适性的方法研究 [J].西安交通大学学报,2009,43(3):22-26.

[157] 刘中华,张鄂,张进华,等.一种动态乘驾环境人体生理特性及生物力学测试平台:CN101214143A[P].2008-07-09.

[158] 罗仕鉴,朱上上,孙守迁.人体测量技术的现状与发展趋势 [J].人类工效学,2002,8(2):31-34.

[159] 马江彬.人机工程学及其应用 [M].北京:机械工业出版社,1993.

[160] 孟庆祎.客车半自动换档原理研究及执行系统开发 [D].长春:大连理工大学,2006.

[161] 饶培伦.人因工程 [M].北京:中国人民大学出版社,2013.

[162] 宋福宏.基于汽车人机工程的虚拟人体模型研究 [D].哈尔滨:哈尔滨工程大学,2007.

[163] 滕俊章,李焱,吕治国,等.基于虚拟人的驾驶员踏板操作舒适性分析方法 [J].系统仿真学报,2009(S1):193-196.

[164] 王红州.汽车座椅参数化设计及驾驶室座椅与仪表板的布置 [D].南京:南京航空航天大学,2008.

[165] 王克军.80 型轮式装载机结构部件性能分析 [D].长春:吉林大学,2008.

[166] 王睿,庄达民.基于舒适性分析的舱室手操纵装置优化布局 [J].兵工学报,2008,29(9):1149-1152.

[167] 王银芝.农用车辆整车振动特性研究 [D].南京:南京农业大学,2003.

[168] 王智.基于人机工程学的大型轮式拖拉机人性化设计研究 [D].无锡:江南大学,2007.

[169] 向锋,李光明.CATIA 人机工程学模块在乘用车内部布置中的应用 [J].客车技术,2013(1):31-33.

[170] 徐向阳.基于人机工程学的工业车辆驾驶室设计研究 [D].南京:南京航空航天大学,2012.

[171] 张鄂,洪军,王崴,等.汽车乘驾体位生物力学特性测试平台:CN1731102A[P].2006-02-08.

[172] 张广海.基于人机工程学的汽车室内数字化设计研究 [D].镇江:江苏大学,2007.

[173] 张峻霞,梅飞雪,赵俊芬.CATIA V5 人机工程学功能及应用 [J].包装工程,2005,26(3):194-196.

[174] 周剑.汽车座椅舒适性试验——体压分布测量 [C].芜湖:2012 中国汽车工程学会汽车安全技术学术会议,2012.

[175] 周杰.稻麦油收获机振动舒适性仿真分析与结构优化 [D].武汉:华中农业大学,2017.

[176] 周美玉.工业设计应用人类工程学 [M].北京:中国轻工业出版社,2001.

[177] 周维维. 人机系统操纵舒适性度量方法与优化技术研究 [D]. 合肥: 合肥工业大学, 2012.

[178] 周志艳, 李庆, 臧英. 农业机械化与社会主义新农村建设 [J]. 农机化研究, 2007（3）:5-7.

[179] 中华人民共和国国家质量监督检验检疫总局, 中国国家标准化管理委员会. 土方机械：操纵的舒适区域与可及范围: GB/T 21935—2008[S]. 北京: 中国标准出版社, 2008.

[180] 中华人民共和国国家技术监督局. 操纵器一般人类功效学要求: GB/T 14775—1993[S]. 北京: 中国标准出版社, 1993.

[181] 中华人民共和国国家质量监督检验检疫总局, 中国国家标准化管理委员会. 农业拖拉机驾驶员座位装置尺寸: GB/T 6235—2004[S]. 北京: 中国标准出版社, 2004.

[182] 机械工业工程机械标准化技术委员会. 土方机械：司机座椅尺寸和要求: JB/T 10301—2001[S]. 中国机械工业联合会, 2001.

[183] Bao S, Spielholz P, Howard N, et al. Force measurement in field ergonomics research and application[J]. International Journal of Industrial Ergonomics, 2009, 39（2）:333–340.

[184] Borg G. Perceived exertion as an indicator of somatic stress[J]. Scand J Rehabil Med,1970,2（2）:92–98.

[185] Branton P. Behaviour, body mechanics and discomfort[J]. Ergonomics, 1969, 12（2）:316–327.

[186] Davidoff N A, Freivalds A. A graphic model of the human hand using CATIA[J]. International Journal of Industrial Ergonomics, 1993, 12（4）:255–264.

[187] Dewangan K N, Tewari V K. Vibration energy absorption in the hand–arm system of hand tractor operator[J]. Biosystems Engineering, 2009, 103（4）:445–454.

[188] Haj–Fraj A, Pfeiffer F. Optimal control of gear shift operations in automatic transmissions[J]. Journal of the Franklin Institute, 2001, 338（2）:371–390.

[189] Liu W, Yuan X G, Wang L G, et al. Human movement characteristics of target acquisition[J]. Space Medicine & Medical Engineering, 2001, 14（5）:313.

[190] Nishimatsu T, Hayakawa H, Shimizu Y, et al. Influence of top coated cloth for sitting comfort of car driver's seat[C]. Proceedings of the 17th IEEE Instrumentation and Measurement Technology Conference, 2000.

[191] Ryait H S, Arora A S, Agarwal R. Interpretations of wrist/grip operations from SEMG signals at different locations on arm[J]. IEEE Transactions on Biomedical Circuits & Systems, 2010, 4（2）:101–111.

[192] Caffaro F, Lundqvist P, Micheletti Cremasco M. Machinery–related perceived risks and safety attitudes in senior Swedish farmers[J]. Journal of Agromedicine, 2018, 23（1）: 78–91.

[193] Carvalho L, Barbosa F, Jordão A. The importance of ergonomic analysis for buses and agricultural equipment[R]. SAE Technical Paper, 2014.

[194] Chen S, Wang L, Song J. Interior high frequency noise analysis of heavy vehicle cab and multi–objective optimization with statistical energy analysis method[J]. Fluctuation and Noise Letters, 2017, 16（2）:1–23.

[195] Comolli F, Ballo F M, Gobbi M, et al. Instrumented steering wheel: Accurate experimental

农机装备舒适性评价
与工效学设计方法
Nongji Zhuangbei Shushixing Pingjia yu Gongxiaoxue Sheji Fangfa

characterisation of the forces exerted by the driver hands for future advanced driver assistance systems[C].Quebec:Proceedings of ASME 2018 International Design Engineering Technical Conferences and Computers and Information in Engineering Conference, 2018:1–9.

[196] Dharmasena L S, Zeephongsekul P. A new process capability index for multiple quality characteristics based on principal components[J]. International Journal of Production Research, 2016, 54(15):4617–4633.

[197] Dutu I, Dutu M F, Biris S. Considerations on the suspension system components of agricultural tractors[J]. Annals of the Faculty of Engineering Hunedoara, 2016, 14(4):69–72.

[198] Elbert K K, Kroemer H B, Hoffman A D K. Ergonomics: How to design for ease and efficiency[M]. New York:Academic Press, 2018.

[199] Feyzi M, Navid H, Dianat I. Ergonomically based design of tractor control tools[J]. International Journal of Industrial Ergonomics, 2019, 72(7):298–307.

[200] Gonen D, Oral A, Yosunlukaya M. Computer-aided ergonomic analysis for assembly unit of an agricultural device[J]. Human Factors and Ergonomics in Manufacturing & Service Industries, 2016, 26(5):615–626.

[201] Hnilica R, Jankovsky M, Dado M, et al. Use of the analytic hierarchy process for complex assessment of the work environment[J]. Quality & Quantity, 2017, 51(1):93–101.

[202] Hruka M. Assessment of the actual hand position on the steering wheel for drivers of passenger cars while driving[J].Agronomy Research, 2018, 16(4):1668–1676.

[203] Hussain M M, Qutubuddin S M, Kumar K P R. Digital human modeling in ergonomic risk assessment of working postures using RULA[C].Thailand:Proceedings of the International Conference on Industrial Engineering and Operations Management Bangkok, 2019.

[204] Jamshidi N, Abdollahi S M, Maleki A. A survey on the actuating force on brake and clutch pedal controls in agricultural tractor in use in Iran[J]. Polish Annals of Medicine, 2016, 23(2):113–117.

[205] Jiang W, Zhou J, Xu H M. Research of the influence of road excitation on human body comfort under the harvester working condition[J]. Applied Engineering in Agriculture, 2019, 35(4):495–502.

[206] Khadatkar A, Mehta C R, Gite L P. Development of reach envelopes for optimum location of tractor controls based on central Indian male agricultural workers[J]. Agricultural Engineering Today, 2017, 41(2):34–39.

[207] Koegeler H M, Schick B, Pfeffer P E. Model-based steering ECU calibration on a steering-in-the-loop test bench[C]//6th International Munich Chassis Symposium 2015. Springer Vieweg, Wiesbaden, 2015:455–466.

[208] Kumar N A, Yoon H U, Hur P. A user-centric feedback device for powered wheelchairs comprising a wearable skin stretch device and a haptic joystick[C]//2017 IEEE Workshop on Advanced Robotics and its Social Impacts（ARSO）. IEEE, 2017:1–2.

[209] Lee D, Yi K, Chang S. Robust steering-assist torque control of electric-power-assisted-steering systems for target steering wheel torque tracking[J]. Mechatronics, 2018, 49: 157-167.

[210] Lee S, Park J, Jung K, et al. Development of statistical models for predicting a driver's hip and eye locations[C]//Proceedings of the Human Factors and Ergonomics Society Annual Meeting. Sage CA: Los Angeles, CA: SAGE Publications, 2017, 61(1): 501-504.

[211] Lepczyk D, Oberthür J. Active accelerator pedal for a vehicle: USA 10052951[P].2018-8-21.

[212] Lim J, Jang Y S, Chang H S. Role of multi-response principal component analysis in reliability-based robust design optimization: An application to commercial vehicle design[J]. Structural and Multidisciplinary Optimization, 2018, 58(2):785-796.

[213] Lu Z L, Li S B, Schroeder F. Driving comfort evaluation of passenger vehicles with natural language processing and improved AHP[J]. Journal of Tsinghua University: Science and Technology, 2016, 56(2):137-143.

[214] Mahajan H P, Spaeth D M, Dicianno B E. Preliminary evaluation of a variable compliance joystick for people with multiple sclerosis[J]. Journal of rehabilitation research and development,2014,51(6):951-962.

[215] Pekarcikova M, Trebuna P, Popovic R. Utilization of the software product Tecnomatix Jack in optimizing of working activities[J]. Acta Simulatio, 2015, 1(3):5-11.

[216] Petrakos G, Tynan N C, Vallely-Farrell A M. Reliability of the maximal resisted sprint load test and relationships with performance measures and anthropometric profile in female field sport athletes[J]. The Journal of Strength & Conditioning Research, 2019, 33(6):1703-1713.

[217] Prado W B, Iombriller S F, Silva M A, et al. Brake pedal feeling comfort analysis for trucks with pneumatic brake system[R]. SAE Technical Paper, 2019.

[218] Raikwar S, Tewari V K, Mukhopadhyay S. Simulation of components of a power shuttle transmission system for an agricultural tractor[J].Computers and Electronics in Agriculture, 2015, 114:114-124.

[219] Savta P A, Jain P H. A study of reduction in the vibrations of steering wheel of agricultural tractor[J]. International Journal of Engineering Research and Applications, 2016, 6(10):80-87.

[220] Scataglini S, Andreoni G, Truyen E. Design of smart clothing for Belgian soldiers through a preliminary anthropometric approach[J]. Age, 2016, 28:1-13.

[221] Schmidt S, Seiberl W, Schwirtz A. Influence of different shoulder-elbow configurations on steering precision and steering velocity in automotive context[J]. Applied Ergonomics, 2015, 46:176-183.

[222] Sen P K, Patel S D, Bohidar S K. A review performance of steering system mechanism[J]. Int J Technol Res Eng, 2015, 2(8):1561-1564.

[223] Shiryaeva L K. On distribution of Grubbs' statistics in case of normal sample with outlier[J]. Russian Mathematics, 2017, 61(4):72-88.

[224] Siefert A. Occupant comfort——A mixture of joint angles, seat pressure and tissue loads[R]. SAE Technical Paper, 2016.

[225] Singh S P, Singh M K, Singh M K. Ergonomics for gender friendly farm equipment to enhance better

human–machine interaction[J]. RASSA Journal of Science for Society, 2019, 1: 54–59.

[226] Stojanovic N, Ghazaly N M, Grujic I. Influence of anthropometric dimensions on pedals activation force and on H–point position[J]. International Journal of Advanced Science and Technology, 2019, 28（15）:1–8.

[227] Sugioka I, Frasher D H, Downs J. Steering wheel assembly for retracting a steering wheel in a vehicle:USA 9764756[P]. 2017–9–19.

[228] Vink P, Lips D. Sensitivity of the human back and buttocks: The missing link in comfort seat design[J]. Applied Ergonomics, 2017, 58: 287–292.

[229] Walker M D, Bradley K M, McGowan D R. Evaluation of principal component analysis–based data–driven respiratory gating for positron emission tomography[J]. The British Journal of Radiology, 2018, 91（1085）: 20170793.

[230] Xu H M, Zhong W J, Wang C L. Quantitative analysis and evaluation of manipulation comfort of tractor gear shifting based on combined methods[J]. Human Factors and Ergonomics in Manufacturing & Service Industries, 2019, 29（4）: 285–292.

[231] Yarmohammadisatri S, Shojaeefard M H, Khalkhali A. Sensitivity analysis and optimisation of suspension bushing using Taguchi method and grey relational analysis[J]. Vehicle System Dynamics, 2019, 57（6）: 855–873.

[232] Yolmeh M, Jafari S M. Applications of response surface methodology in the food industry processes[J]. Food and Bioprocess Technology, 2017, 10（3）: 413–433.

[233] 欧阳丹. 基于动态舒适性的汽车座椅系统的研究 [D]. 湘潭：湘潭大学, 2012.

[234] 任金东, 王登峰, 王善坡, 等. 适合重型商用车人机设计的数字人体模型研究 [J]. 机械工程学报, 2010, 46（02）:69–75.

[235] 王继新, 李国忠, 王国强. 工程机械驾驶室设计与安全技术 [M]. 北京：化学工业出版社, 2010:159–172.

[236] 王茜, 徐志刚, 白鑫林, 等. 基于 DELMIA 的弹药填充机器人工艺仿真及优化 [J]. 控制工程, 2016, 23（S1）:73–78.

[237] 王振伟. 拖拉机驾驶室强度分析及结构优化 [D]. 长春：吉林大学, 2016.

[238] 谢斌,武仲斌,毛恩荣.农业拖拉机关键技术发展现状与展望[J].农业机械学报,2018,49（08）:1–17.

[239] 徐立友, 吴依伟, 周志立. 基于人体测量学的拖拉机驾驶员工作空间设计 [J]. 农业工程学报, 2016, 32（11）:124–129.

[240] 薛念文. 驾驶室结构安全强度分析 [J]. 农业工程学报, 1994, 10（3）:70–73.

[241] 杨洋,李宛骏,李延凯,等.基于生物力学模型的拖拉机离合踏板人因工程设计[J].农业工程学报, 2019, 35（03）:82–91.

[242] 张广鹏. 功效学原理与应用 [M]. 北京：机械工业出版社, 2008:56–57.

[243] 张旻轩. 中小功率农林拖拉机两柱式 ROPS 的优化设计与开发 [D]. 上海：上海交通大学, 2016.

[244] 张润生, 牛毅, 汪洪洲, 等. 东方红 902 履带拖拉机乘坐舒适性研究 [J]. 拖拉机与农用运输车, 2000 (04):21–22.

[245] 张志伟, 王登峰, 李杰敏, 等. 拖拉机安全驾驶室的强度研究 [J]. 农业机械学报, 1993 (2):54–59.

[246] 钟文杰, 徐红梅, 徐奥. 基于 CATIA 的拖拉机驾驶室人机系统舒适性分析与评价 [J]. 江苏大学学报: 自然科学版, 2017, 38 (1):47–51.

[247] 中华人民共和国国家质量监督检验检疫总局. 机车司机室前窗、侧窗和其他窗的配置: GB/T 5914.2—2000[S]. 北京: 中国标准出版社, 2000.

[248] 中华人民共和国国家质量监督检验检疫总局, 中国国家标准化管理委员会. 农林轮式拖拉机防护装置强度试验方法和验收条件: GB/T 7121.1—2008[S]. 北京: 中国标准出版社, 2008.

[249] Bordignon M, Cutini M, Bisaglia C. Evaluation of agricultural tractor seat comfort with a new protocol based on pressure distribution assessment[J]. Journal of Agricultural Safety and Health, 2018, 24 (1): 13–26.

[250] Dimitrios D, Danny D M. An ergonomis analysis of the controls present in a tractor workstation[C]. Edmonton: CSBE/SCGAB 2006 Annual Conference, 2006, 16 (6): 149.

[251] Graham F. Tractor cab design still in its infancy[J]. Australian Farm Journal, 2006, 31 (2): 45–46.

[252] Nishiyama K, Taoda K, Kitahara T. A decade of improvement in whole–body vibration and low back pain for freight container tractor drivers[J]. Journal of Sound and Vibration, 1998, 215 (4):635–642.

[253] Loczi J. Ergonomics program at Freightliner[J]. SAE Transactions, 2000, 109 (5): 462–469.

[254] Myers M L, Cole H P, Westneat S C. Injury severity related to overturn characteristics of tractors [J]. Journal of Safety Research, 2009, 40 (2): 165–170.

[255] Reynolds S J, Groves W. Effectiveness of roll–over protective structures in reducing farm tractor fatalities[J]. American Journal of Preventive Medicine, 2000, 18 (5):63–69.

[256] Springfeldt B. Rollover tractors–international experiences[J]. Safety Science, 1996, 24 (2): 95–166.

[257] Steven C. A brief history of comfort[J]. Ergonomics, 2006, 14 (9):15–19.